Elemente der Mathematik

EdM

Nordrhein-Westfalen

Qualifikationsphase Leistungskurs
Lösungen Kapitel 1 bis 3

Herausgegeben von
Heinz Griesel, Andreas Gundlach, Helmut Postel, Friedrich Suhr

Schroedel
westermann

Elemente der Mathematik

EdM

LÖSUNGEN KAPITEL 1 BIS 3
Nordrhein-Westfalen
Qualifikationsphase Leistungskurs

Herausgegeben von
Prof. Dr. Heinz Griesel, Dr. Andreas Gundlach, Prof. Helmut Postel, Friedrich Suhr

Bearbeitet von
Karin Benecke, Sibylle Brinkmann, Martin Brüning, Gabriele Dybowski, Dr. Andreas Gundlach,
Dr. Arnold Hermans †, Jakob Langenohl, Matthias Lösche, Hanns Jürgen Morath, Dr. Holger Reeker,
Sigrid Schwarz, Heinz Klaus Strick, Friedrich Suhr

Beratend wirkte mit
Dr. Reinhard Köhler

westermann GRUPPE

© 2015 Bildungshaus Schulbuchverlage
Westermann Schroedel Diesterweg Schöningh Winklers GmbH, Braunschweig
www.schroedel.de

Druck A⁴ / Jahr 2018
Alle Drucke der Serie A sind im Unterricht parallel verwendbar.

Redaktion: Dr. Petra Brinkmeier
Grafiken: imprint, Ilona Külen, Zusmarshausen; Michael Wojczak, Braunschweig
Taschenrechner-Screenshots: Texas Instruments Education Technology GmbH, Freising
Umschlagsgestaltung: Janssen Kahlert Design & Kommunikation
Druck und Bindung: Westermann Druck GmbH, Braunschweig

ISBN 978-3-507-**87992**-8

Inhaltsverzeichnis

1 Funktionen als mathematische Modelle

Noch fit ... in Differenzialrechnung?

12

1. a) Höhenänderung zwischen 0 m und 1 200 m (in der Horizontalen):

ca. 800 m – 600 m = 200 m

durchschnittliche Änderungsrate im Intervall [0; 1 200]: $\frac{200\,m}{1\,200\,m} = \frac{1}{6}$

b) Um die lokale Änderungsrate an einer Stelle zu ermitteln, müssen wir die Steigung der Tangente an dieser Stelle ermitteln.

- Im Bereich zwischen x = 200 und x = 400 verläuft das Höhenprofil nahezu geradlinig.

  Somit ist die lokale Änderungsrate nach 300 m ca. $\frac{850\,m - 770\,m}{400\,m - 300\,m} = \frac{80\,m}{100\,m} = 0,8$.

- An der Stelle x = 500 hat das Höhenprofil einen Hochpunkt, die lokale Änderungsrate beträgt 0.

- An der Stelle x = 700 ermitteln wir näherungsweise $\frac{-140\,m}{100\,m} = -1,4$.

- An der Stelle x = 1 000 hat das Höhenprofil einen Sattelpunkt, die lokale Änderungsrate beträgt 0.

2. a) $f'(x) = 3x^2$ **c)** $f'(x) = 9x^2 - 4$ **e)** $f'(x) = \cos(x)$

    b) $f'(x) = 8x^3$ **d)** $f'(x) = -\frac{3}{2}x^2 - \sqrt{2}$ **f)** $f'(x) = 12x^2 - 3\cos(x)$

13

3. a)

Uhrzeit	7 – 9	9 – 10	10 – 13	13 – 17
Wasseranstieg (in cm pro Stunde)	15	40	30	5

Also steigt das Wasser von 9 Uhr bis 10 Uhr mit 40 $\frac{cm}{h}$ am schnellsten an.

b) Wir wissen, dass die durchschnittliche Geschwindigkeit von 7 Uhr bis 9 Uhr 15 $\frac{cm}{h}$ beträgt und zwischen 9 Uhr und 10 Uhr 40 $\frac{cm}{h}$. Die momentane Geschwindigkeit, mit der sich der Wasserstand um 9 Uhr ändert, liegt zwischen diesen Werten.

Als ungefähren Wert könnte man berechnen: $\left(40\,\frac{cm}{h} + 15\,\frac{cm}{h}\right) : 2 = 27,5\,\frac{cm}{h}$.

Um die momentane Geschwindigkeit zum Zeitpunkt 9 Uhr exakter zu bestimmen, müsste man wissen, wie hoch der Wasserstand um kurz vor und um kurz nach 9 Uhr war. Damit könnte man eine Durchschnittsgeschwindigkeit bestimmen, die hinreichend nah an der momentanen Geschwindigkeit liegt.

4.
-     0 m – 1 500 m: positive Steigung
  1 500 m – 2 000 m: negative Steigung
  2 000 m – 2 500 m: positive Steigung
  2 500 m – 3 000 m: negative Steigung
  3 000 m – 3 750 m: positive Steigung
  3 750 m – 4 500 m: negative Steigung
  4 500 m – 6 500 m: positive Steigung
  6 500 m – 8 500 m: negative Steigung
- Die Steigung ist null an den Stellen
  ≈ 1 500, ≈ 2 000, ≈ 2 500, ≈ 3 000, ≈ 3 750, ≈ 4 500, ≈ 6 500.
  An diesen Stellen besitzt der Graph der Funktion eine waagerechte Tangente.

13

Stelle (in m)	geschätzte Steigung an der Stelle
4000	$\frac{1200-1225}{4400-3700}=\frac{-25}{700}\approx-0{,}036 \, \hat{=} \, 3{,}6\,\%$ Gefälle
6000	$\frac{1790-1250}{6400-5500}=\frac{40}{900}\approx 0{,}044 \, \hat{=} \, 4{,}4\,\%$ Steigung
7000	$\frac{1260-1290}{7500-6600}=\frac{-30}{900}\approx-0{,}033 \, \hat{=} \, 3{,}3\,\%$ Gefälle

5. a)

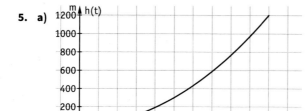

b) (1) $h(5)=3\cdot 5^2=75$

Die Rakete ist also nach 5 s in 75 m Höhe.

(2) $h(10)-h(0)=3\cdot 10^2-0=300$

Das bedeutet, dass die Rakete in den ersten 10 s um 300 m gestiegen ist.

(3) $\frac{h(10)-h(0)}{10-0}=\frac{3\cdot 10^2-0}{10-0}=30$

Das bedeutet, dass die Rakete in den ersten 10 s eine durchschnittliche Geschwindigkeit von $30\,\frac{m}{s}$ hatte.

(4) $h'(x)=6x$

$h'(5)=6\cdot 5=30$

Das bedeutet, dass die Rakete nach 5 s eine Geschwindigkeit von $30\,\frac{m}{s}$ erreicht hat.

(5) $\lim\limits_{t\to 10}\frac{h(t)-h(10)}{t-10}=\lim\limits_{t\to 10}\frac{3\cdot t^2-3\cdot 100}{t-10}=\lim\limits_{t\to 10}3\,(10+t)=3\cdot 20=60$

Das bedeutet, dass die Rakete nach 10 s eine Geschwindigkeit von $60\,\frac{m}{s}$ erreicht hat.

14

6.

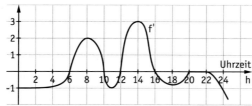

Die Ableitung gibt Auskünfte darüber, wie schnell die Temperatur gestiegen bzw. gesunken ist. Ihre Einheit wäre $\frac{°C}{h}$.

7. a) (A) → (2) bzw. (5)
(B) → (2) bzw. (5)
(C) → (1)
(D) → (3)
(E) → (4)

b) (A): $x \mapsto x^2$ (A)$'$ = (2) = (5): $x \mapsto 2x$
(B): $x \mapsto x^2 - 1$ (B)$'$ = (2) = (5): $x \mapsto 2x$
(C): $x \mapsto \frac{1}{2}x^2$ (C)$'$ = (1): $x \mapsto x$
(D): $x \mapsto (x - 1)^2$ (D)$'$ = (3): $x \mapsto 2 \cdot (x - 1)$
(E): $x \mapsto \frac{1}{2}x^3$ (E)$'$ = (4): $x \mapsto \frac{3}{2}x^2$

8. a) $f'(x) = 7x^6$ **c)** $f'(x) = 4x^3 + 2x$ **e)** $f'(x) = 20x^3 - 2x^2$
b) $f'(x) = 24x^7$ **d)** $f'(x) = 6x^2 - \frac{1}{2}$ **f)** $f'(x) = \cos(x) + 2$

9. a) $f(x) = x^9 + c, \ c \in \mathbb{R}$
b) $f(x) = x^3 - \frac{1}{2}x^2 + c, \ c \in \mathbb{R}$
c) $f(x) = 3\cos(x) + x + c, \ c \in \mathbb{R}$

10. a) $f'(x) = 3x^2;$ $f'(2) = 12$
b) $f'(x) = \frac{4}{3}x^3 - 15x^2;$ $f'(0) = 0$
c) $f'(x) = 1 + \cos(x);$ $f'(\pi) = 1 + \cos(\pi) = 1 + (-1) = 0$

11. $f(a) = a^3$
Änderungsrate: $f'(a) = \lim\limits_{h \to 0} \dfrac{f(a + h) - f(a)}{h} = \lim\limits_{h \to 0} \dfrac{(a + h)^3 - a^3}{h} = 3a^2$
Das Volumen wächst kubisch, seine lokale Änderungsrate dagegen quadratisch.
Geometrisch ist die lokale Änderungsrate $3a^2$ die Hälfte des Oberflächeninhalts $6a^2$ des Quadrats.

12. a) $f'(x) = 2x;$ $f'(x) = 1$, also $2x = 1$ $\Rightarrow x = \frac{1}{2}$
b) $f'(x) = 2x^3;$ $f'(x) = 1$, also $2x^3 = 1$ $\Rightarrow x = \sqrt[3]{\frac{1}{2}}$
c) $f'(x) = -3x^2 + 1;$ $f'(x) = 1$, also $-3x^2 + 1 = 1$ $\Rightarrow x = 0$
d) $f'(x) = \cos(x);$ $f'(x) = 1$, also $\cos(x) = 1$ $\Rightarrow x = 2 \cdot k \cdot \pi, \ k \in \mathbb{Z}$

13. a) $\dfrac{f(3) - f(1)}{3 - 1} = \dfrac{9a - a}{2} = 4a = \frac{1}{2} \Rightarrow a = \frac{1}{8}$
b) $f'(x) = 2ax;$ $f'(1) = 2a = 4 \Rightarrow a = 2$
c) Die Steigung einer Geraden, die die x-Achse unter einem Winkel von 45° schneidet, beträgt 1.
$f'(2) = 4a = 1 \Rightarrow a = \frac{1}{4}$

Noch fit ... in Funktionsuntersuchungen?

15

1. f ist streng monoton wachsend, wenn f' > 0 ist.
   Deshalb ist die Funktion für –1 < x < 4 streng monoton wachsend.
   f ist streng monoton fallend, wenn f' < 0 ist.
   Deshalb ist die Funktion für x < –1 und x > 4 streng monoton fallend.
   Die Extrempunkte liegen bei x = –1 und x = 4.
   Dort liegen die Nullstellen des Graphen der Ableitung.

Möglicher Graph:

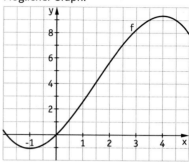

2. ■ $f(x) = \frac{1}{3}x^3 - 2x$

   Graph (3): Die Funktion enthält nur ungerade Exponenten, also ist ihr Graph punktsymmetrisch zum Ursprung.

   ■ $g(x) = \frac{1}{2}x^4 - 4x^2 + 3$

   Graph (1): y-Achsenabschnitt: 3; nur gerade Exponenten, also achsensymmetrisch zur y-Achse.

   ■ $h(x) = \frac{1}{5}x^5 - \frac{3}{4}x^4$

   Graph (2): Der Graph von h ist weder achsensymmetrisch zur y-Achse noch punktsymmetrisch zu O (0 | 0), weil h (x) sowohl gerade als auch ungerade Exponenten besitzt.
   $\left(\text{Außerdem gilt für } h'(x) = x^4 - 3x^3\colon h'(0) = 0 \text{ und } h'(x) > 0 \text{ für } x < 0 \text{ und } h'(x) < 0 \text{ für } x > 0 \text{ (und } x < 3), \text{ also Hochpunkt bei } (0 | 0).\right)$

17

3. a) $x \to -\infty\colon f(x) \to \infty$, $\quad x \to \infty\colon f(x) \to \infty$
   b) $x \to -\infty\colon f(x) \to -\infty$, $\quad x \to \infty\colon f(x) \to \infty$
   c) $x \to -\infty\colon f(x) \to -\infty$, $\quad x \to \infty\colon f(x) \to -\infty$
   d) $x \to -\infty\colon f(x) \to \infty$, $\quad x \to \infty\colon f(x) \to -\infty$
   e) $x \to -\infty\colon f(x) \to -\infty$, $\quad x \to \infty\colon f(x) \to \infty$
   f) $x \to -\infty\colon f(x) \to -\infty$, $\quad x \to \infty\colon f(x) \to -\infty$

4. a) punktsymmetrisch zum Ursprung
   b) symmetrisch zur y-Achse
   c) keine Symmetrie zur y-Achse bzw. zum Ursprung
   d) punktsymmetrisch zum Ursprung
   e) keine Symmetrie zur y-Achse bzw. zum Ursprung
      (aber punktsymmetrisch zu P (0 | –1)).
   f) symmetrisch zur y-Achse

17

5. a) $x_1 = 0$; $x_2 = 4$; $x_3 = 2$; $x_4 = -2$

b) $x_1 = 0$ oder $x^2 + 1{,}5x - 1 = 0$, also $x_1 = 0$; $x_2 = -2$; $x_3 = 0{,}5$

c) $x - 1 = 0$ oder $x^2 + 2x + 2 = 0$ (keine Lösung), also $x_1 = 1$

d) $2x(x^2 + x - 6) = 0$, $2x = 0$ oder $x^2 + x - 6 = 0$, also $x_1 = 0$; $x_2 = -3$; $x_3 = 2$

e) $2x^3(x^2 - 2) = 0$, $2x^3 = 0$ oder $x^2 - 2 = 0$, also $x_1 = 0$; $x_2 = -\sqrt{2}$; $x_3 = \sqrt{2}$

f) $8x^4 + 6x^2 - 54 = 0$, Substitution $x^2 = u$

$8u^2 + 6u - 54 = 0$ hat die Lösungen $u_1 = -3$; $u_2 = \frac{9}{4}$

Rücksubstitution: $x^2 = -3$ keine Lösung; $x^2 = \frac{9}{4}$, also $x_1 = \frac{3}{2}$; $x_2 = -\frac{3}{2}$

6. a) $f(x) = x^4 + 1$

b) $f(x) = a \cdot (x + 2) \cdot (x - 1) \cdot (x - 4)$, $a \neq 0$

c) $f(x) = a \cdot (x + 4) \cdot (x - 5) \cdot (x - c)$, $a \neq 0$, $c \neq -4$ und $c \neq 5$

7. a) Es gilt:

$f(x) = \left(x + \frac{1}{2}\right)\left(x^2 + bx + c\right) = x^3 + bx^2 + \frac{1}{2}x^2 + \frac{b}{2}x + cx + \frac{c}{2} = x^3 + \left(b + \frac{1}{2}\right)x^2 + \left(\frac{b}{2} + c\right) \cdot x + \frac{c}{2}$

Vergleich mit $f(x) = x^3 - x^2 - \frac{1}{4}x + \frac{1}{4}$ ergibt

(1) $b + \frac{1}{2} = -1$

(2) $\frac{b}{2} + c = -\frac{1}{4}$

(3) $\frac{c}{2} = \frac{1}{4}$

also $b = -\frac{3}{2}$, $c = \frac{1}{2}$

Damit gilt: $f(x) = \left(x + \frac{1}{2}\right)\left(x^2 - \frac{3}{2}x + \frac{1}{2}\right)$

Nullstellen $x_1 = -\frac{1}{2}$; $x_2 = \frac{1}{2}$; $x_3 = 1$

b) Der Graph von f ist achsensymmetrisch zur y-Achse, also hat f die Nullstellen $x_1 = -3$; $x_2 = -2$; $x_3 = 2$; $x_4 = 3$

Weitere Nullstellen kann es nicht geben.

18

8. (1) Wir lesen am Graphen die Nullstellen -3, 0 und 3 sowie $f(1) = 8$ ab.

$f(x) = a \cdot (x + 3) \cdot x \cdot (x - 3)$

Aus $f(1) = 8$ erhält man $a = -1$

Also $f(x) = -x \cdot (x^2 - 9) = -x^3 + 9x$

(2) f hat die doppelte Nullstelle $x_1 = -2$ sowie die einfachen Nullstellen $x_2 = 0$ und $x_3 = 3$.

Außerdem gilt: $f(2) = -8$

Also $f(x) = a \cdot (x + 2)^2 \cdot (x - 3) \cdot x$

Aus $f(2) = -8$ erhält man $a = \frac{1}{4}$

Also $f(x) = \frac{1}{4} \cdot x \cdot (x + 2)^2 \cdot (x - 3) = \frac{1}{4}x^4 + \frac{1}{4}x^3 - 2x^2 - 3x$

(3) f hat die einfachen Nullstellen $x_1 = -2$ und $x_2 = 3$ sowie die dreifache Nullstelle $x_3 = 0$.

Außerdem können wir näherungsweise $f(1) \approx -5$ ablesen.

Also $f(x) = a \cdot x^3(x + 2)(x - 3)$

Aus $f(1) = -5$ erhält man $a = \frac{5}{6}$.

Ein möglicher Funktionsterm könnte $f(x) = \frac{5}{6} \cdot x^3(x + 2)(x - 3)$ sein.

18

9. **a)**

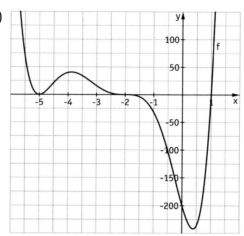

b)

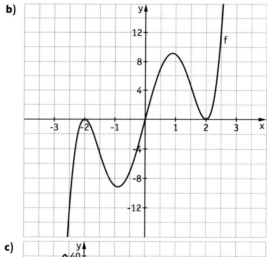

c)

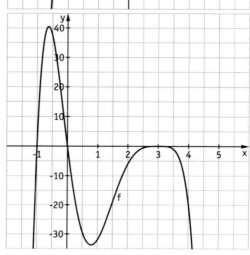

18

d)

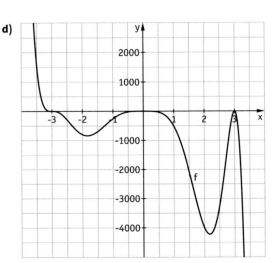

10. a) $f(x) = 6 \cdot \left(x + \frac{5}{2}\right) \cdot x \cdot \left(x - \frac{2}{3}\right)$

Der Graph hat einfache Nullstellen bei $x = -\frac{5}{2}$, $x = 0$ und $x = \frac{2}{3}$.

b) $f(x) = x \cdot (x - 3) \cdot (x - 1)^2$

Der Graph hat einfache Nullstellen bei $x = 0$, $x = 3$ und eine doppelte Nullstelle bei $x = 1$.

c) $f(x) = (x - 2)^2 \cdot (x - 1) \cdot (x + 3)^2$

f hat eine einfache Nullstelle bei $x = 1$ sowie je eine doppelte Nullstelle bei $x = 2$ und $x = -3$.

d) $f(x) = (x - 2)^3 \cdot x^2 \cdot (x + 1)^2$

Der Graph hat doppelte Nullstellen bei $x = 0$ und $x = -1$ und eine dreifache Nullstelle bei $x = 2$.

11. ■ $(1) \rightarrow$ Graph (3)

y-Achsenabschnitt 90, symmetrisch zur y-Achse. Der Graph zeigt nur einen Teil des Verlaufs „in der Mitte", denn für $x \rightarrow \pm\infty$ gilt: $f(x) \rightarrow +\infty$.

■ $(2) \rightarrow$ Graph (1)

y-Achsenabschnitt 0, punktsymmetrisch zum Ursprung. Der Graph zeigt nicht den wesentlichen Verlauf, denn für $x \rightarrow -\infty$ gilt: $f(x) \rightarrow -\infty$.

■ $(3) \rightarrow$ Graph (2)

y-Achsenabschnitt -9, keine Symmetrie zur y-Achse bzw. zum Ursprung. Der Graph zeigt den wesentlichen Verlauf: Alle 3 Nullstellen sind zu sehen.

12. a) f streng monoton steigend: $]-\infty; -3[$, $]-1; 2[$, $]2; \infty[$

f streng monoton fallend: $]-3; -1[$

b) Maximum bei $x = -3$

Minimum bei $x = -1$

Sattelpunkt bei $x = 2$

Wendestellen bei $x = -2{,}25$ und $x = 0{,}25$

18

c)

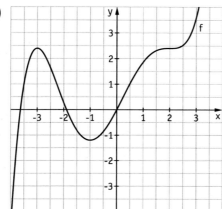

13. a)

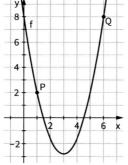

c)

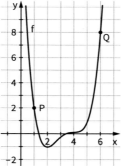

e)

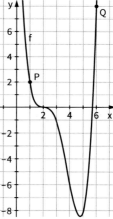

b)

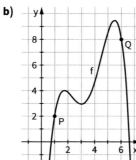

d)

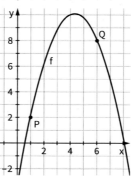

19

14. (1) Richtig, denn in dem Intervall gilt: Für $x_1 < x_2 \Rightarrow f(x_1) < f(x_2)$.

(2) Falsch, denn $f'(-2) = 0$ und für $-2 < x < 0$ ist $f'(x) < 0$.

(3) Die korrekte Formulierung lautet: Der Grad der Funktion f ist mindestens 3, denn f hat drei Nullstellen und zwei Extrema.

(4) Richtig, denn f hat bei $x = 3$ ein Extremum.

(5) Falsch, denn die Steigung (und somit die Ableitung) von f ist in diesem Intervall größer null.

19

15. a) Ja, es sind alle Punkte mit waagerechter Tangente zu sehen.
Bei einer Funktion vierten Grades hat die Ableitung den Grad 3, also 3 Nullstellen.
Da beim Graphen ein Sattelpunkt (doppelte Nullstelle der Ableitung) und ein Minimum (einfache Nullstelle) zu sehen sind, sind im Graphen alle Punkte sichtbar.

b) Zu sehen ist eine Funktion 3. Grades mit einer doppelten Nullstelle bei – 1 und einer einfachen Nullstelle bei 2.

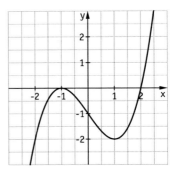

16. a) $f'(x) = 3x^2 - \frac{9}{2}x - 3$

f' hat die einfachen Nullstellen $x_1 = -\frac{1}{2}$; $x_2 = 2$ jeweils mit einem VZW.

Es gilt: $f'(x) = \left(x + \frac{1}{2}\right)(x - 2)$

$f'(x) > 0$ für $x < -\frac{1}{2}$ oder für $x > 2$

$f'(x) < 0$ für $-\frac{1}{2} < x < 2$

Damit gilt:
- f streng monoton wachsend für $x < -\frac{1}{2}$ oder für $x > 2$
- f streng monoton fallend für $-\frac{1}{2} < x < 2$
- an der Stelle $x = -\frac{1}{2}$ hat der Graph von f einen Hochpunkt, da f' an dieser Stelle eine Nullstelle mit einem VZW von + nach – hat.
- an der Stelle $x = 2$ hat der Graph von f einen Tiefpunkt, da f' an dieser Stelle eine Nullstelle mit einem VZW von – nach + hat.

b) Nullstellen von f: $x\left(x^2 - \frac{9}{4}x - 3\right) = 0$, also

$x = 0$ oder $x^2 - \frac{9}{4}x - 3 = 0$

Also:

$x_1 = 0$;

$x_2 = \frac{9 - \sqrt{273}}{8} \approx -0,94$;

$x_3 = \frac{9 + \sqrt{273}}{8} \approx 3,19$

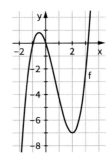

19

17. a) f' hat die beiden einfachen Nullstellen $x_1 = -1$; $x_2 = 3$
jeweils mit einem VZW.

Es gilt: $f'(x) = -\frac{1}{2} \cdot (x+1)(x-3)$

An der Stelle $x_1 = -1$ hat f' einen VZW von − nach +,
also hat der Graph von f an dieser Stelle einen
Tiefpunkt.

An der Stelle $x = 3$ hat f' einen VZW von + nach −,
also hat der Graph von f an dieser Stelle einen Hochpunkt.

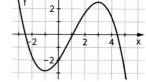

b) $f(x) = -\frac{1}{6}x^3 + \frac{1}{2}x^2 + \frac{3}{2}x + c$

Aus $f(0) = -2$ erhält man $c = -2$, also $f(x) = -\frac{1}{6}x^3 + \frac{1}{2}x^2 + \frac{3}{2}x - 2$.

18. a) $f'(x) = 5x^4 - 8x = x \cdot (5x^3 - 8)$

Nullstellen von f': $x_1 = 0$; $x_2 = \frac{2}{\sqrt[3]{5}}$, jeweils mit VZW

An der Stelle $x = 0$ liegt ein Hochpunkt des Graphen, da f' einen VZW von + nach − hat:
$H(0|0)$

An der Stelle $x = \frac{2}{\sqrt[3]{5}} \approx 1{,}17$ liegt ein Tiefpunkt des Graphen, da f' einen VZW von
− nach + hat: $T(1{,}17|-3{,}28)$

b) $f'(x) = x^2 + 2x + 4$

f' hat keine Nullstellen, d. h. der Graph von f hat keine Extrempunkte.

c) $f'(x) = 3x^2 - 1$

Nullstellen von f': $x_1 = -\frac{1}{\sqrt{3}}$; $x_2 = \frac{1}{\sqrt{3}}$ jeweils mit VZW

$f'(x) > 0$ für $x < -\frac{1}{\sqrt{3}}$ oder $x > \frac{1}{\sqrt{3}}$

$f'(x) < 0$ für $-\frac{1}{\sqrt{3}} < x < \frac{1}{\sqrt{3}}$

An der Stelle $x = -\frac{1}{\sqrt{3}}$ liegt ein Hochpunkt, an der Stelle $x = \frac{1}{\sqrt{3}}$ liegt ein Tiefpunkt.

19. a) $f'(x) = \frac{1}{2}x^2 - \frac{1}{2}x - 3$

Nullstellen von f': $x_1 = -2$; $x_2 = 3$

Punkte mit waagerechter Tangente: $P_1\left(-2\left|\frac{14}{3}\right.\right)$, $P_2\left(3\left|-\frac{23}{4}\right.\right)$

b) $f(2) = -\frac{14}{3}$

$m_1 = f'(2) = -2$

$-\frac{14}{3} = -2 \cdot 2 + c_1$, also $c_1 = -\frac{2}{3}$

$t: y = -2x - \frac{2}{3}$

c) $m_2 = \frac{1}{2}$

$-\frac{14}{3} = \frac{1}{2} \cdot 2 + c_2 \Rightarrow c_2 = -\frac{17}{3}$

$n: y = \frac{1}{2}x - \frac{17}{3}$

19

20. a)

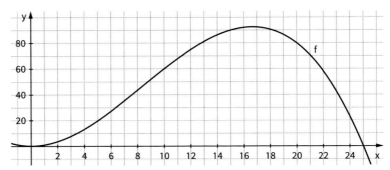

b) $f(6) = \frac{684}{25} \approx 27,4$

Am 6. Tag sind ca. 27 Personen erkrankt.

c) $f(25) = 0$

Nach 25 Tagen sind keine Personen mehr erkrankt.

d) $f'(x) = -\frac{3}{25}x^2 + 2x = x\left(-\frac{3}{25}x + 2\right)$

Nullstellen von f': $x_1 = 0$; $x_2 = \frac{50}{3} \approx 16,7$

an der Stelle $x_1 = 0$ VZW von f' von – nach +

an der Stelle $x_2 = \frac{50}{3}$ VZW von f' von + nach –

$f\left(\frac{50}{3}\right) \approx 92,6$

Am 17. Tag ist mit ca. 93 Personen der Höchststand der Krankheitswelle erreicht.

e) Am Graphen von f' lesen wir ein Maximum bei $x \approx 8,3$ ab.

Dort ist die Zunahme am größten.

Die Zunahme hat an der Stelle $x = \frac{50}{3}$ den Wert 0, danach nimmt die Zahl der Erkrankten ab.

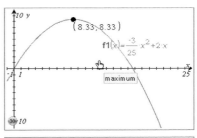

f) Schnitt des Graphen von f' mit der Geraden $y = 7$

Schnittstellen: $x_1 = 5$; $x_2 \approx 11,7$

Am 5. sowie am 12. Tag betrug die Erkrankungsrate 7 Personen am Tag.

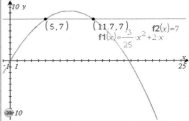

1.1 Weiterführung der Differenzialrechnung

1.1.1 Wendepunkte – Linkskurve, Rechtskurve

20

Einstiegsaufgabe ohne Lösung

■ Mögliche Lage eines Koordinatensystems

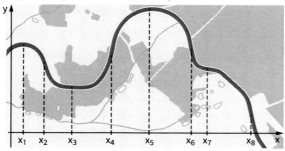

Die Stellen x_1, x_3 und x_5 sind Extremstellen von f. An den Stellen x_2, x_4, x_6 und x_8 hat der Graph von f eine minimale bzw. maximale Steigung.
An der Stelle x_7 könnte der Graph von f einen Sattelpunkt haben.

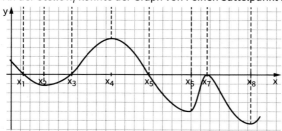

■ Rechtskurve: zwischen $x = 0$ und x_2
                        zwischen x_4 und x_6
                        zwischen x_7 und x_8

   Linkskurve: zwischen x_2 und x_4
                        zwischen x_6 und x_7
                        nach x_8

In einer Rechtskurve sind Fahrer und Motorrad stark nach rechts geneigt, in einer Linkskurve stark nach links.
Beim Übergang von einer Rechts- in eine Linkskurve oder umgekehrt muss der Fahrer schnell seine Position wechseln.

■ Bildet der Graph von f eine Rechtskurve, so ist f′ streng monoton fallend.
   Bildet der Graph von f eine Linkskurve, so ist f′ streng monoton wachsend.

23

1. a) $f'(x) = 12x^2 - 24x + 7$; $f''(x) = 24x - 24$

b) $f'(x) = -4x^7 - 8x^5 + 21x^2$; $f''(x) = -28x^6 - 40x^4 + 42x$

c) $f'(t) = -10t + 4$; $f''(t) = -10$

d) $f(x) = 9x^2 + 6x + 1$; $f'(x) = 18x + 6$; $f''(x) = 18$

e) $f'(s) = 48s^3 - 3s^2 + 1$; $f''(s) = 144s^2 - 6s$

f) $f(s) = s^4 + 3s^3 - \frac{11}{4}s^2 - 15s - \frac{45}{4}$; $f'(s) = 4s^3 + 9s^2 - \frac{11}{2}s - 15$; $f''(s) = 12s^2 + 18s - \frac{11}{2}$

2. a) $f'(x) = x^2 - 1$; $f''(x) = 2x$, Nullstelle von f'': $x = 0$

Für $x < 0$: $f''(x) < 0$, also im Intervall $]-\infty; 0[$ Rechtskurve

Für $x > 0$: $f''(x) > 0$, also im Intervall $[0; \infty[$ Linkskurve

b) $f'(x) = x^3 - 3x$; $f''(x) = 3x^2 - 3$, Nullstellen von f'': $x_1 = -1$; $x_2 = 1$

	$x < -1$	$x = -1$	$-1 < x < 1$	$x = 1$	$x > 1$
Vorzeichen von f''	+		–		+
Krümmungs-verhalten von f	Linkskurve	Wendestelle	Rechtskurve	Wendestelle	Linkskurve

c) $f'(x) = 2x^3 - 24x + 1$; $f''(x) = 6x^2 - 24 = 6 \cdot (x^2 - 4)$

Nullstellen von f'': $x_1 = -2$; $x_2 = 2$

	$x < -2$	$x = -2$	$-2 < x < 2$	$x = 2$	$x > 2$
Vorzeichen von f''	+		–		+
Krümmungs-verhalten von f	Linkskurve	Wendestelle	Rechtskurve	Wendestelle	Linkskurve

d) $f(x) = x^3 - 6x^2 + 12x - 8$, $f'(x) = 3x^2 - 12x + 12$; $f''(x) = 6x - 12 = 6 \cdot (x - 2)$

Nullstelle von f'': $x = 2$

	$x < 2$	$x = 2$	$x > 2$
Vorzeichen von f''	–		+
Krümmungs-verhalten von f	Rechtskurve	Wendestelle	Linkskurve

3. a) $f''(x) = 2 \cdot a \cdot x + 8$; $f''(2) = 4a + 8$; $f''(2) = 0$ für $a = -2$

Somit $f''(x) = -4 \cdot x + 8$

Für $x < 2$ gilt $f''(x) > 0$; für $x > 2$ gilt $f''(x) < 0$.

An der Stelle $x = 2$ wechselt der Graph von einer Links- in eine Rechtskurve.

b) $f''(x) = 5x^2 + (2 \cdot a + 15) \cdot x + 6a$; $f''(2) = 10a + 50$; $f''(2) = 0$ für $a = -5$

Somit $f''(x) = 5x^2 + 5 \cdot x - 30 = 5 \cdot (x - 2) \cdot (x + 3)$

Für $-3 < x < 2$ gilt $f''(x) < 0$; für $x > 2$ gilt $f''(x) > 0$.

An der Stelle $x = 2$ wechselt der Graph von einer Rechts- in eine Linkskurve.

4. $f''(x) = \frac{1}{2}x^2 + 3 > 0$ für alle $x \in \mathbb{R}$, d. h. f' ist streng monoton wachsend für alle $x \in \mathbb{R}$. Somit ist der Graph von f für alle $x \in \mathbb{R}$ linksgekrümmt.

23

5. ▪ Nullstellen von f'':

$\frac{27}{32}x^2 - \frac{9}{2}x + \frac{9}{2} = 0 \quad | \cdot \frac{32}{27}$

$x^2 - \frac{16}{3}x + \frac{16}{3} = 0$

$x_{1,2} = \frac{8}{3} \pm \sqrt{\frac{64}{9} - \frac{16}{3}} = \frac{8}{3} \pm \sqrt{\frac{16}{9}}$

$x_1 = \frac{4}{3}; \; x_2 = 4$

	$x < \frac{4}{3}$	$x = \frac{4}{3}$	$\frac{4}{3} < x < 4$	$x = 4$	$x > 4$
Vorzeichen von f''	+		−		+
Krümmungs-verhalten von f	Linkskurve	Wendestelle	Rechtskurve	Wendestelle	Linkskurve

Zur Funktion f gehört der Graph (C).

▪ $g''(x) < 0$ für alle $x \in \mathbb{R}$, d. h der Graph von g bildet für alle $x \in \mathbb{R}$ eine Rechtskurve. Zur Funktion g gehört der Graph (D).

▪ Nullstelle von h'': $x = -2$

$h''(x) < 0$ für $x < -2$, also Rechtskurve von h

$h''(x) > 0$ für $x > -2$, also Linkskurve von h

Zur Funktion h gehört der Graph (A).

▪ Nullstellen von i'':

$\frac{x^2}{4} + \frac{x}{4} - \frac{3}{2} = 0 \quad | \cdot 4$

$x^2 + x - 6 = 0$

$x_1 = -3; \; x_2 = 2$

	$x < -3$	$x = -3$	$-3 < x < 2$	$x = 2$	$x > 2$
Vorzeichen von i''	+		−		+
Krümmungs-verhalten von i	Linkskurve	Wendestelle	Rechtskurve	Wendestelle	Linkskurve

Zur Funktion i gehört der Graph (B).

24

6. **a)** Die Aussage ist richtig.

Der Graph von f' hat im Intervall $[-2; 4]$ genau drei Extremstellen.

Diese Extremstellen sind Wendestellen von f.

b) Die Aussage ist falsch.

Die Stelle $x = 1$ ist eine Extremstelle des Graphen von f', also gilt $f''(1) = 0$.

c) Die Aussage ist falsch.

Die Stelle $x = 1$ ist eine Wendestelle des Graphen von f, also wechselt im Intervall $[0; 2]$ das Krümmungsverhalten.

d) Die Aussage ist falsch. Beispielsweise gilt $f'(-2) > 0$.

7. (1) Für $c > 0$: der Graph von f wird mit dem Faktor c in Richtung der y-Achse gestreckt.

Für $c < 0$: der Graph von f wird mit dem Faktor $|c|$ in Richtung der y-Achse gestreckt und an der x-Achse gespiegelt.

Für den Graphen von g_1 gilt:

Für $c > 0$: $H(-2 \,|\, c \cdot 4)$, $T(4 \,|\, 0)$, $W(1 \,|\, c \cdot 2)$

Für $c < 0$: $T(-2 \,|\, c \cdot 4)$, $H(4 \,|\, 0)$, $W(1 \,|\, c \cdot 2)$

24

(2) Der Graph von g_2 entsteht aus dem Graphen von f durch eine Verschiebung um $|c|$ nach oben, falls $c > 0$ bzw. nach unten, falls $c < 0$.
Für den Graphen von g_2 gilt: $H(-2\,|\,4 + c)$, $T(4\,|\,c)$, $W(1\,|\,2 + c)$

(3) Der Graph von g_3 entsteht aus dem Graphen von f durch eine Verschiebung um c nach links.
Für den Graphen von g_3 gilt: $H(-2 - c\,|\,4)$, $T(4 - c\,|\,0)$, $W(1 - c\,|\,2)$

(4) Der Graph von g_4 entsteht aus dem Graphen von f durch eine Streckung in Richtung der x-Achse mit dem Faktor $\frac{1}{c}$.
Für den Graphen von g_4 gilt: $H\left(\frac{-2}{c}\,\middle|\,4\right)$, $T\left(\frac{4}{c}\,\middle|\,0\right)$, $W\left(\frac{1}{c}\,\middle|\,2\right)$

8. (1) Die Aussage ist richtig.
An der Stelle $x = 2$ liegt ein Wendepunkt des Graphen von f, da $x = 2$ eine Extremstelle des Graphen von f' ist. Außerdem gilt $f'(2) < 0$.

(2) Die Aussage ist falsch.
Für $2 < x < 4$ ist $f'(x) < 0$, also ist f in diesem Intervall streng monoton fallend.

(3) Die Aussage ist richtig.
Im Intervall $[-1; 2]$ ist f' streng monoton fallend.

(4) Die Aussage ist richtig.
Die Stellen $x_1 = -1$ und $x_2 = 2$ sind Extremstellen des Graphen von f'.

(5) Die Aussage ist richtig.
$x = 4$ ist eine Nullstelle von f' mit einem Vorzeichenwechsel von Minus nach Plus.

9. a) $f''(x) < 0$ für $x < 3$ und $f''(x) > 0$ für $x > 3$.
Somit ist der Graph von f für $x < 3$ rechtsgekrümmt und für $x > 3$ linksgekrümmt.
Möglicher Graph siehe rechts.

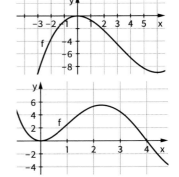

b) $f''(x) > 0$ für $x < 1$ oder $x > 4$
In diesen beiden Intervallen ist der Graph von f linksgekrümmt.
$f''(x) < 0$ für $1 < x < 4$
In diesem Intervall ist der Graph von f rechtsgekrümmt. Möglicher Graph siehe rechts.

10. (1) Ist $f''(x) > 0$ für alle $x \in I$, so ist f' auf I streng monoton fallend.

(2) Der Graph von f bildet eine Linkskurve auf I.

11. a) Wenn der Graph von f' in einem Intervall streng monoton wachsend ist, dann bildet der Graph von f auf diesem Intervall eine Linkskurve.

b) Wenn x_0 eine Wendestelle des Graphen von f ist, dann ist es auch eine Extremstelle des Graphen von f'.

24

12. a) Der Graph ist links von W rechtsgekrümmt, folglich muss er rechts von W linksgekrümmt sein. Es könnte also in diesem Bereich ein Tiefpunkt liegen, dieser ist aber nicht zwingend notwendig. Aussagen über den genauen Verlauf für $x > 1$ sind nicht möglich.

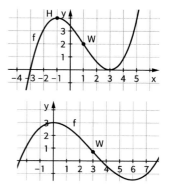

b) Für $x < 3$ ist der Graph von f rechtsgekrümmt
$x = 3$ Wendestelle.
Für $x > 3$ ist der Graph von f linksgekrümmt.

13. Sind x_1 und $x_2 > x_1$ zwei Extremstellen einer Funktion f, so sind x_1 und x_2 jeweils Nullstellen mit einem Vorzeichenwechsel der Ableitungsfunktion f'. Zwischen den beiden Nullstellen von f' liegt mindestens eine Extremstelle von f', die Wendestelle von f ist.

1.1.2 Kriterien für Extrem- und Wendepunkte

26

1. a) $f'(x) = x^2 - 2x$; $f''(x) = 2x - 2$
Nullstelle von f'': $x = 1$ einfache Nullstelle mit VZW
$x = 1$ ist die einzige Wendestelle von f.

b) $f'(x) = \frac{3}{4}x^2 + 3x$; $f''(x) = \frac{3}{2}x + 3$
Nullstelle von f'': $x = -2$ einfache Nullstelle mit VZW
$x = -2$ ist die einzige Wendestelle von f.

c) $f'(x) = \frac{4}{3}x^3 - 16x$; $f''(x) = 4x^2 - 16$
Nullstellen von f'': $x_1 = 2$; $x_2 = -2$ zwei einfache Nullstellen jeweils mit VZW
$x_1 = -2$ und $x_2 = 2$ sind die beiden Wendestellen von f.

d) $f'(x) = x^4 + 2x^3$; $f''(x) = 4x^3 + 6x^2 = 2x^2(2x + 3)$
Nullstellen von f'': $x_1 = 0$ doppelte Nullstelle ohne VZW
$x_2 = -\frac{3}{2}$ einfache Nullstelle mit VZW
$x = -\frac{3}{2}$ ist die einzige Wendestelle von f.

e) $f'(x) = 2x^3 - 3x^2 - 36x$; $f''(x) = 6x^2 - 6x - 36 = 6(x^2 - x - 6)$
Nullstellen von f'': $x_1 = -2$; $x_3 = 3$ jeweils einfache Nullstellen mit VZW
$x_1 = -2$ und $x_2 = 3$ sind die beiden Wendestellen von f.

f) $f'(x) = \frac{3}{2}x^4 - 12x^2 + 24$; $f''(x) = 6x^3 - 24x = 6x(x^2 - 4)$
Nullstellen von f'': $x_1 = 0$; $x_2 = -2$; $x_3 = 2$ drei einfache Nullstellen, jeweils mit VZW
$x_1 = 0$; $x_2 = -2$ und $x_3 = 2$ sind die Wendestellen von f.

2. a) $f'(x) = 3x^2 + 6x = 3x(x + 2)$; $f''(x) = 6x + 6$
Nullstellen von f': $x_1 = 0$; $x_2 = -2$
- $f''(0) = 6 > 0$; an der Stelle $x = 0$ liegt ein Tiefpunkt.
- $f''(-2) = -12 + 6 = -6 < 0$; an der Stelle $x = -2$ liegt ein Hochpunkt.

26

    b) $f'(x) = 4x^3 - 4x = 4x(x^2 - 1)$; $f''(x) = 12x^2 - 4$
    Nullstellen von f': $x_1 = 0$; $x_2 = -1$; $x_3 = 1$
- $f''(0) = -4 < 0$; an der Stelle $x_1 = 0$ liegt ein Hochpunkt.
- $f''(-1) = 8 > 0$; an der Stelle $x_2 = -1$ liegt ein Tiefpunkt.
- $f''(1) = 8 > 0$; an der Stelle $x_3 = 1$ liegt ein Tiefpunkt.

    c) $f'(x) = \frac{1}{2}x^2 - 2x = x\left(\frac{1}{2}x - 2\right)$; $f''(x) = x - 2$
    Nullstellen von f': $x_1 = 0$; $x_2 = 4$
- $f''(0) = -2 < 0$; an der Stelle $x_1 = 0$ liegt ein Hochpunkt.
- $f''(4) = 2 > 0$; an der Stelle $x_2 = 4$ liegt ein Tiefpunkt.

    d) $f'(x) = x^3$; Nullstelle von f': $x = 0$ dreifache Nullstelle mit VZW von – nach +
    An der Stelle $x = 0$ liegt ein Tiefpunkt.

    e) $f'(x) = x^4 - 4x^3 + 4x^2 = x^2(x^2 - 4x + 4) = x^2 \cdot (x - 2)^2$
    Nullstellen von f': $x_1 = 0$; $x_2 = 2$
    Beide Nullstellen sind doppelte Nullstellen ohne VZW, somit keine Extremstellen von f.
    $f''(x) = 4x^3 - 12x^2 + 8x = 4x(x^2 - 3x + 2)$
    Nullstellen von f'': $x_1 = 0$; $x_2 = 2$; $x_3 = 1$
    Alle drei Nullstellen von f'' sind einfache Nullstelllen mit VZW. Somit hat der Graph von f an den Stellen $x_1 = 0$ und $x_2 = 2$ Sattelpunkte, er besitzt aber keine Extrempunkte.

    f) $f'(x) = x^6 - x^4 - 12x^2 = x^2 \cdot (x^4 - x^2 - 12) = x^2 \cdot (x + 2) \cdot (x - 2) \cdot (x^2 + 3)$;
    $f''(x) = 6x^5 - 4x^3 - 24x$
    f' hat die doppelte Nullstelle $x_1 = 0$ ohne Vorzeichenwechsel sowie die beiden einfachen Nullstellen $x_2 = -2$ und $x_3 = 2$, jeweils mit einem Vorzeichenwechsel.
    $f''(-2) = -112 < 0$; an der Stelle $x_2 = -2$ liegt ein Hochpunkt des Graphen.
    $f''(2) = 112 > 0$; an der Stelle $x_3 = 2$ liegt ein Tiefpunkt des Graphen.
    An der Stelle $x_1 = 0$ liegt ein Sattelpunkt des Graphen, da $x = 0$ eine einfache Nullstelle von f'' ist.

27

    3. Ist $f''(x_W) = 0$ und $f'''(x_W) \neq 0$, so ist x_W eine Extremstelle von f', denn es gilt:
- Falls $f'''(x_W) > 0$, so liegt an der Stelle x_W ein Tiefpunkt des Graphen von f'.
- Falls $f'''(x_W) < 0$, so liegt an der Stelle x_W ein Hochpunkt des Graphen von f'.

    Damit ist x_W eine Wendestelle des Graphen von f.

    4. **a)** $f'(x) = 3x^2 - 12x + 9 = 3(x^2 - 4x + 3)$; $f''(x) = 6x - 12$
- Nullstellen von f': $x_1 = 1$; $x_2 = 3$
  $f''(1) = -6 < 0$; $f(1) = 0$, also $H(1 \mid 0)$
  $f''(3) = 6 > 0$; $f(3) = -4$, also $T(3 \mid -4)$
- Nullstelle von f'': $x_3 = 2$; einfache Nullstelle mit VZW
  $f(2) = -2$; also $W(2 \mid -2)$

    b) $f'(x) = \frac{4}{9}x^3 - 4x = 4x\left(\frac{1}{9}x^2 - 1\right)$; $f''(x) = \frac{4}{3}x^2 - 4$
- Nullstellen von f': $x_1 = 0$; $x_2 = -3$; $x_3 = 3$
  $f''(0) = -4 < 0$; $f(0) = 8$, also Hochpunkt $H(0 \mid 8)$
  $f''(-3) = f''(3) = 8 > 0$; $f(-3) = f(3) = -1$
  Tiefpunkte $T_1(-3 \mid -1)$, $T_2(3 \mid -1)$

27

- Nullstellen von f'': $x_4 = -\sqrt{3}$; $x_5 = \sqrt{3}$
  Beide Nullstellen sind einfache Nullstellen von f'' mit VZW.
  $f(-\sqrt{3}) = f(\sqrt{3}) = 3$
  Wendepunkte $W_1(-\sqrt{3} \,|\, 3)$, $W_2(\sqrt{3} \,|\, 3)$

c) $f'(x) = 4x^3 - 12x = 4x(x^2 - 3)$; $f''(x) = 12x^2 - 12$
- Nullstellen von f': $x_1 = 0$; $x_2 = -\sqrt{3}$; $x_3 = \sqrt{3}$
  $f''(0) = -12 < 0$; $f(0) = 5$, also Hochpunkt $H(0\,|\,5)$
  $f''(-\sqrt{3}) = f''(\sqrt{3}) = 24 > 0$; $f(-\sqrt{3}) = f(\sqrt{3}) = -4$
  Tiefpunkte $T_1(-\sqrt{3} \,|\, -4)$, $T_2(\sqrt{3} \,|\, -4)$
- Nullstellen von f'': $x_4 = -1$; $x_5 = 1$
  Beide Nullstellen sind einfache Nullstellen von f'' mit VZW.
  $f(-1) = f(1) = 0$
  Wendepunkte $W_1(-1\,|\,0)$, $W_2(1\,|\,0)$

d) $f'(x) = \frac{1}{2}x^2 - 2x + 2$; $f''(x) = x - 2$
- Nullstellen von f': $\frac{1}{2}x^2 - 2x + 2 = 0$

  $x = 2$ doppelte Nullstelle ohne VZW.
  An der Stelle $x = 2$ liegt kein Extrempunkt.
- Nullstelle von f'': $x = 2$ einfache Nullstelle von f'' mit VZW.
  $f(2) = \frac{1}{3}$, also $W\left(2\,\Big|\,\frac{1}{3}\right)$

5. a)
- Einige Rechner besitzen die Möglichkeit, über einen Befehl wie z. B. polyroots( ) die „Nullstellen" einer Funktion, hier von f'', näherungsweise zu berechnen.

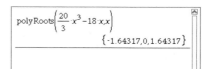

- Ein GTR hat im Grafik-Menü keinen Befehl zur Bestimmung der Wendestellen, wie wir das von den Nullstellen oder den Extremstellen kennen. Wir können deshalb die Wendestellen von f als Extremstellen von f' bestimmen.

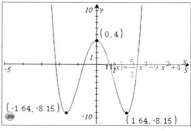

- Kann die zweite Ableitung einfach berechnet werden, so können wir auch die Nullstellen von f'' am Graphen f'' bestimmen.

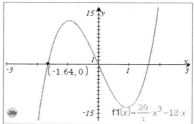

b) Bestimmen wir die Wendestellen z. B. als Extremstellen von f', erhalten wir:
$x_1 \approx -1{,}64$; $x_2 = 0$; $x_3 \approx 1{,}64$ und damit die Wendepunkte $W_1(-1{,}64\,|\,2{,}72)$, $W_2(0\,|\,0)$, $W_3(1{,}64\,|\,-2{,}72)$

6. a) $f'(x) = 3x^2 - 6x - 2$; $f''(x) = 6x - 6$

Aus $f''(x) = 0$ erhalten wir die Nullstelle $x = 1$ mit VZW.

$f(1) = -4$, also $W(1|-4)$

$f'(1) = -5$

An der Wendestelle liegt die minimale Steigung von f vor.

b) $f'(x) = \frac{1}{3}x^3 - \frac{1}{2}x^2 - 6x + 2$; $f''(x) = x^2 - x - 6$

Aus $f''(x) = 0$ erhalten wir die beiden einfachen Nullstellen $x_1 = -2$; $x_2 = 3$.

$f(-2) = -\frac{49}{3}$; $f(3) = -\frac{87}{4}$, also Wendepunkte $W_1\left(-2\left|-\frac{49}{3}\right.\right)$, $W_2\left(3\left|-\frac{87}{4}\right.\right)$

$f'(-2) = \frac{28}{3}$; $f'(3) = -\frac{23}{2}$

An beiden Extremstellen von f' liegen lokale Extremwerte, an der Stelle $x = \frac{28}{3}$ ein lokales Maximum, an der Stelle $x = 3$ ein lokales Minimum. Die Ableitungsfunktion f' besitzt aber keine globalen Extrema.

c) $f'(x) = \frac{2}{3}x^3 - 2x$; $f''(x) = 2x^2 - 2$

Aus $f''(x) = 0$ erhalten wir die beiden einfachen Nullstellen $x_1 = -1$; $x_2 = 1$ jeweils mit VZW.

$f(-1) = -\frac{5}{6}$, also $W_1\left(-1\left|-\frac{5}{6}\right.\right)$

Aus Symmetriegründen gilt auch $W_2\left(1\left|-\frac{5}{6}\right.\right)$.

$f'(-1) = \frac{4}{3}$; $f'(1) = -\frac{4}{3}$

An der Stelle $x_1 = -1$ liegt ein lokales Maximum der Steigung, an der Stelle $x_2 = 1$ ein lokales Minimum.

d) $f'(x) = 8x^3 - 15x^2 + 2$; $f''(x) = 24x^2 - 30x = 6x(4x - 5)$

Aus $f''(x) = 0$ erhalten wir die beiden einfachen Nullstellen $x_1 = 0$; $x_2 = \frac{5}{4}$ jeweils mit VZW.

$f(0) = -7$; $f\left(\frac{5}{4}\right) = -\frac{1201}{128}$, also Wendepunkte $W_1(0|-7)$, $W_2\left(\frac{5}{4}\left|-\frac{1201}{128}\right.\right)$

$f'(0) = 2$; $f'\left(\frac{5}{4}\right) = -\frac{93}{16}$

An der Stelle $x_1 = 0$ liegt ein lokales Maximum der Steigung, an der Stelle $x_2 = \frac{5}{4}$ ein lokales Minimum.

7. $f'(x) = 5x^4 - 40x^3 + 120x^2 - 160x$;

$f''(x) = 20x^3 - 120x^2 + 240x - 160 = 20 \cdot (x^3 - 6x^2 + 12x - 8) = 20 \cdot (x - 2)^3$;

$f'''(x) = 60x^2 - 240x + 240 = 60 \cdot (x - 2)^2$

$f''(2) = 160 - 480 + 480 - 160 = 0$;

$f'''(2) = 240 - 480 + 240 = 0$

f'' hat an der Stelle $x = 2$ eine Nullstelle mit einem Vorzeichenwechsel.

Somit hat der Graph von f an der Stelle $x = 2$ einen Wendepunkt.

8. $f'(x) = -\frac{1}{2}x^2 + 2x$; $f''(x) = -x + 2$

Nullstelle von f'': $x = 2$ Nullstelle mit VZW

$f(2) = \frac{2}{3}$, also $W\left(2\left|\frac{2}{3}\right.\right)$

$f'(2) = 2$

Die maximale Steigung erreicht der Graph von f an der Stelle $x = 2$; sie beträgt $f'(2) = 2$.

27

9. $f'(x) = 3tx^2 - 6x + 8$; $f''(x) = 6tx - 6$

Nullstelle von f'': $x = \frac{1}{t}$

$x = \frac{1}{t} = 3$ für $t = \frac{1}{3}$

Für $t = \frac{1}{3}$ liegt der Wendepunkt an der Stelle $x = 3$; er hat die Koordinaten $W(3|6)$

Extrempunkte des Graphen:

$f'(x) = x^2 - 6x + 8$

Nullstellen von f': $x_1 = 2$; $x_2 = 4$

$f''(x) = 2x - 6$

$f''(2) = -2 < 0$; $f(2) = \frac{20}{3}$, also Hochpunkt $H\left(2\left|\frac{20}{3}\right.\right)$

$f''(4) = 2 > 0$; $f(4) = \frac{16}{3}$, also Tiefpunkt $T\left(4\left|\frac{16}{3}\right.\right)$

10. a) Die zweite Ableitungsfunktion f'' einer ganzrationalen Funktion f mit ungeradem Grad größer als 1 ist wieder eine ganzrationale Funktion f mit ungeradem Grad. Eine ganzrationale Funktion ungeraden Grades hat mindestens eine Nullstelle. Aufgrund des Globalverlaufs einer solchen Funktion muss unter diesen Nullstellen mindestens eine Nullstelle mit einem Vorzeichenwechsel sein. An dieser Nullstelle von f'' liegt ein Wendepunkt des Graphen von f.

    b) Gegeben ist eine Funktion f mit $f(x) = a \cdot x^3 + c \cdot x + d$. $f''(x) = 6a \cdot x$.

$x = 0$ ist die Nullstelle mit Vorzeichenwechsel von f''.

Der Wendepunkt liegt also auf der y-Achse.

28

11. a) Die Aussage ist richtig. f' hat an der Stelle $x = 0$ eine Extremstelle und es gilt $f'(0) > 0$.

    b) Die Aussage ist falsch. $f'(-1) \neq 0$.

    c) Die Aussage ist falsch. Es gilt: $f'(0) = 3$, also hat die Tangente an den Graphen von f an der Stelle $x = 0$ die Steigung 3.

    d) Die Aussage ist richtig: f' ist im Intervall $[-4; -1]$ streng monoton wachsend. Somit ist der Graph von f in diesem Intervall eine Linkskurve.

    e) Die Aussage ist falsch; $f'(x) > 0$, d. h. f ist streng monoton wachsend. Der Graph einer streng monoton wachsenden Funktion ist nicht symmetrisch zur y-Achse.

    f) Die Aussage ist richtig. Siehe Begründung zu e).

12. ■ Die Nullstellen mit VZW von f' sind die Extremstellen von f. An der Stelle $x = 1$ hat der Graph von f einen Hochpunkt, da f' einen VZW von + nach – hat. An der Stelle $x = 4$ liegt ein Tiefpunkt, da f' einen VZW von – nach + hat.

    ■ Die Extremstellen von f' sind die Wendestellen von f. An den Stellen $x = 0$ und $x = 3$ liegt jeweils ein Wendepunkt des Graphen von f. An der Stelle $x = -2$ hat der Graph von f einen Sattelpunkt, da zudem $f'(-2) = 0$ gilt.

13. a) Wenn der Graph von f im Intervall I rechtsgekrümmt ist, dann ist f' auf I streng monoton fallend.

    b) Hat der Graph von f' an der Stelle x_0 einen Tiefpunkt, so ist x_0 auch eine Wendestelle von f.

    c) Ist der Graph von f links und rechts von der Stelle x_0 rechtsgekrümmt und gilt $f'(x_0) = 0$, dann hat der Graph von f an der Stelle x_0 einen Hochpunkt.

28

14. $f''(x) = 12x^2 + 24x + 12 = 12(x^2 + 2x + 1) = 12(x+1)^2$

$f''(x) > 0$ sowohl für $x < -1$ als auch für $x > -1$, d. h. der Graph von f bildet für alle $x \in \mathbb{R}$ eine Linkskurve.

An der Stelle $x = -1$ liegt somit kein Wendepunkt, sondern ein Tiefpunkt des Graphen von f.

Lauras Aussage ist falsch.

15. a) Die Funktion f hat die beiden doppelten Nullstellen $x_1 = -2$ und $x_2 = 2$, jeweils ohne VZW. Die Funktion g hat die doppelte Nullstelle $x_1 = -2$ ohne VZW und die einfache Nullstelle $x_2 = 2$ mit VZW.

Somit ist (1) der Graph von g und (2) der Graph von f.

b) Grafik siehe rechts.

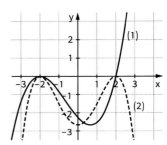

c) ■ $f(x) = -\frac{1}{6}x^4 + \frac{4}{3}x^2 - \frac{8}{3}$; $f'(x) = -\frac{2}{3}x^3 + \frac{8}{3}x$

$f''(x) = -2x^2 + \frac{8}{3}$

Nullstellen von f″:

$x_1 = -\frac{2}{\sqrt{3}}$; $x_2 = \frac{2}{\sqrt{3}}$ jeweils mit VZW

$f\left(-\frac{2}{\sqrt{3}}\right) = -\frac{32}{27}$; also $W_1\left(-\frac{2}{\sqrt{3}}\bigg|-\frac{32}{27}\right)$

Aus Symmetriegründen $W_2\left(\frac{2}{\sqrt{3}}\bigg|-\frac{32}{27}\right)$

■ $g(x) = \frac{9}{32}x^3 + \frac{9}{16}x^2 - \frac{9}{8}x - \frac{9}{4}$

$g'(x) = \frac{27}{32}x^2 + \frac{9}{8}x - \frac{9}{8}$; $g''(x) = \frac{27}{16}x + \frac{9}{8}$

Nullstelle von f″: $x = -\frac{2}{3}$ mit VZW

$f\left(-\frac{2}{3}\right) = -\frac{4}{3}$, also $W\left(-\frac{2}{3}\bigg|-\frac{4}{3}\right)$

16. ■ $f'(x) = -12x^2 + 12x$; $f''(x) = -24x + 12$

Nullstellen von f': $x_1 = 0$; $x_2 = 1$

$f''(0) = 12 > 0$, also Tiefpunkt $T(0|-1)$

$f''(1) = -12 < 0$, also Hochpunkt $H(1|1)$

■ Tangente im Hochpunkt: $y = 1$

Schnitt der Tangente mit dem Graphen von f

$S(0,5|1)$

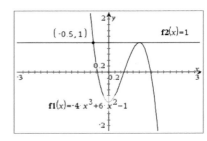

28

17. ■ $f'(x) = 3x^2 + 6x;\ f''(x) = 6x + 6$
Nullstelle von f'': $x = -1$ mit VZW
$f(-1) = -2$, also $W(-1|-2)$

■ Gleichung der Wendetangente
$m = f'(-1) = -3$
t: $y = -3x + c$
W liegt auf t, also $-2 = -3 \cdot (-1) + c$
$c = -5$
Also t: $y = -3x - 5$

■ Schnittpunkte der Wendetangente mit den Koordinatenachsen:
mit der y-Achse: $P(0|-5)$

mit der x-Achse: $Q\left(-\frac{5}{3}\Big|0\right)$

■ Länge der Strecke $\overline{PQ}$

$$|PQ| = \sqrt{\left(0 - \left(-\frac{5}{3}\right)\right)^2 + (-5 - 0)^2} = \sqrt{\frac{25}{9} + 25} = \sqrt{\frac{250}{9}} = \frac{5}{3}\sqrt{10} \approx 5{,}3$$

29

18. a) Für eine ganzrationale Funktion f mit $f(x) = a \cdot x^2 + b \cdot x + c$ gilt:
$f'(x) = 2a \cdot x + b;\ f''(x) = 2a$
f'' besitzt keine Nullstelle, also hat der Graph von f keinen Wendepunkt.

f' hat die Nullstelle $x = -\frac{b}{2a}$ mit einem Vorzeichenwechsel, also hat der Graph von f

entweder einen Hoch- oder einen Tiefpunkt.

b) Gegeben ist eine Funktion f mit $f(x) = a \cdot x^3 + c \cdot x + d$. $f''(x) = 6a \cdot x$.
$x = 0$ ist die Nullstelle mit Vorzeichenwechsel von f''. Der Wendepunkt liegt also auf
der y-Achse.

19. a) $f'(x) = 3x^2 + 2b \cdot x + c;\ f''(x) = 6x + 2b$
Aus $f''(x) = 0$ erhält man $x = -\frac{b}{3}$ als Nullstelle von f'' mit einem Vorzeichenwechsel.
An der Stelle $x = -\frac{b}{3}$ liegt der Wendepunkt des Graphen.
Der Wendepunkt ist ein Sattelpunkt, falls $f'\left(-\frac{b}{3}\right) = 0$, also falls $-\frac{b^2}{3} + c = 0$.
Der Wendepunkt ist ein Sattelpunkt, falls $c = \frac{b^2}{3}$.

b) $f''(x) = 20a \cdot x^3 + 6b \cdot x = 2x \cdot (10a \cdot x^2 + 3b)$
Aus $f''(x) = 0$ erhalten wir $x_1 = 0;\ x_{2,3} = \sqrt{-\frac{3b}{10a}}$.
f'' hat genau drei Nullstellen, falls $\frac{b}{a} < 0$.
Für $\frac{b}{a} < 0$ hat der Graph von f genau drei Wendepunkte.

20. a) f′ hat zwei Nullstellen: An der Stelle $x = -4$ mit einem Vorzeichenwechsel von Plus nach Minus, an der Stelle $x = 2$ mit einem Vorzeichenwechsel von Minus nach Plus. Somit hat der Graph von f an der Stelle $x = -4$ einen Hochpunkt, an der Stelle $x = 2$ einen Tiefpunkt.

f″ hat an der Stelle $x = -1$ eine Nullstelle mit einem Vorzeichenwechsel. Der Graph von f hat an dieser Stelle einen Wendepunkt.

b) $f(x) = \frac{1}{10}x^3 + \frac{3}{10}x^2 - \frac{12}{5}x - 4$

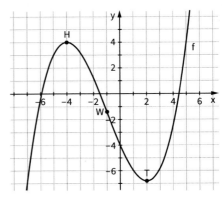

21. (1) f″ hat an der Stelle $x = 2$ eine Nullstelle mit Vorzeichenwechsel von Minus nach Plus. Der Graph von f′ hat somit an der Stelle $x = 2$ einen Tiefpunkt. Die Aussage ist richtig.

(2) Es gilt: $f'(2) = 0$; $f''(2) = 0$; $f'''(2) = 3 \neq 0$. Die Aussage ist richtig. An der Stelle $x = 2$ liegt ein Sattelpunkt.

(3) f ist eine ganzrationale Funktion dritten Grades, deren Graph an der Stelle $x = 2$ einen Sattelpunkt hat. $x = 2$ ist somit eine doppelte Nullstelle von f′. f′ kann keine weiteren Nullstellen haben, also hat der Graph von f keine Extrempunkte. Die Aussage ist falsch.

(4) f ist eine ganzrationale Funktion dritten Grades der Form $f(x) = a \cdot x^3 + b \cdot x^2 + c \cdot x + d$ mit $a > 0$. Der Graph von f hat einen Sattelpunkt, aber keine Extrempunkte. Aufgrund des Globalverlaufs von f ist f streng monoton wachsend. Die Aussage ist richtig.

(5) Es kann keine Aussage über die Funktionswerte von f getroffen werden. Die Aussage ist unentscheidbar.

22. ■ Hochpunkt des Graphen von f: $f'(x) = -\frac{1}{3}x^2 + \frac{1}{3}x + 2$; $f''(x) = -\frac{2}{3}x + \frac{1}{3}$

Aus $f'(x) = 0$ erhalten wir $x_1 = -2$; $x_2 = 3$.
Aufgrund des Globalverlaufs von f liegt der Hochpunkt an der Stelle $x = 3$.
$H\left(3 \left| \frac{9}{2}\right.\right)$

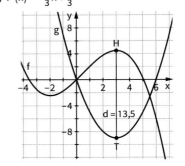

■ Tiefpunkt des Graphen von g: $g'(x) = 2x - 6$.
Aus $g'(x) = 0$ erhalten wir $x = 3$.
Die nach oben geöffnete Parabel hat den Tiefpunkt $T(3|-9)$.

■ Entfernung von Hoch- und Tiefpunkt:
$d = f(3) - g(3) = \frac{27}{2} = 13{,}5$

29

23. a) $f'(x) = \frac{3}{16} \cdot x^2 - \frac{3}{4}$; $f''(x) = \frac{3}{8}x$

Hochpunkt des Graphen:

Aus $f'(x) = 0$ folgt $x_1 = -2$; $x_2 = 2$.

$f''(-2) = -\frac{3}{4} < 0$; $H(-2|1)$

Wendepunkt des Graphen: $W(0|0)$

Wendetangente: $m = f'(0) = -\frac{3}{4}$;

$y = -\frac{3}{4}x$; Einsetzen von $x_1 = -2$ ergibt

$y = \frac{3}{2} = 1,5$.

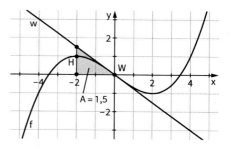

Flächeninhalt des Dreiecks:

$A = \frac{1}{2} \cdot |-2| \cdot 1,5 = 1,5$

b) Wenn das Dreieck um die x-Achse rotiert, erzeugt es einen Kegel mit dem Radius

$r = 1,5$ und der Höhe $h = 2$.

Volumen $V = \frac{1}{3} \cdot \pi \cdot r^2 \cdot h = \frac{1}{3} \cdot \pi \cdot \left(\frac{3}{2}\right)^2 \cdot 2 = \frac{3}{2}\pi \approx 4,71$

24. a) Der Graph von f ist symmetrisch zur y-Achse.

Wendepunkte: $f'(x) = \frac{1}{3}x^3 - 4x$; $f''(x) = x^2 - 4$

Aus $f''(x) = 0$ erhalten wir $x_1 = -2$; $x_2 = 2$ und die

Wendepunkte $W_1(-2|-3)$ und $W_2(2|-3)$.

Wendetangenten:

$m_1 = f'(-2) = \frac{16}{3}$; Wendetangente w_1: $y = \frac{16}{3}x + \frac{23}{3}$

Die Wendetangente w_2 ist achsensymmetrisch

zur y-Achse zu w_1. Die beiden Wendetangenten

schneiden sich deshalb auf der y-Achse, somit ist

$S\left(0\left|\frac{23}{3}\right.\right)$. Aufgrund dieser Symmetrieeigenschaften

ist das Dreieck W_1W_2S gleichschenklig mit der

Grundseite $\overline{W_1W_2}$.

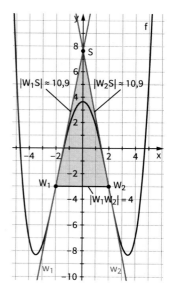

b) Grundseite $|W_1W_2| = 4$;

Schenkel $|W_1S| = \sqrt{(0-(-2))^2 + \left(\frac{23}{3}-(-3)\right)^2}$

$= \sqrt{4 + \frac{1\,024}{9}} = \sqrt{\frac{1\,060}{9}} \approx 10,9$;

$|W_2S| = \sqrt{\frac{1\,060}{9}} \approx 10,9$

25. a) Nullstellen $x_1 = -2$; $x_2 = \frac{5}{2}$, also $N\left(\frac{5}{2}\middle|0\right)$

$f'(x) = x^2 + x - 2$

Tangente t_1: $m = f'\left(\frac{5}{2}\right) = \frac{27}{4}$; $0 = \frac{27}{4} \cdot \frac{5}{2} + c$, also $c = -\frac{135}{8}$

$y = \frac{27}{4}x - \frac{135}{8}$

29

b) Gesucht ist u so, dass $f'(u) = \frac{27}{4}$, also $u^2 + u - \frac{35}{4} = 0$

Lösungen: $u_1 = -\frac{7}{2}$; $u_2 = \frac{5}{2}$

$f\left(-\frac{7}{2}\right) = -\frac{9}{2}$, somit $P\left(-\frac{7}{2} \middle| -\frac{9}{2}\right)$

Der Graph einer ganzrationalen Funktion dritten Grades ist punktsymmetrisch zu ihrem Wendepunkt.

Da f in den Punkten P und N dieselbe Steigung besitzt, sind P und N punktsymmetrisch zueinander zum Wendepunkt. Es gilt damit: $|PW| = |WN|$

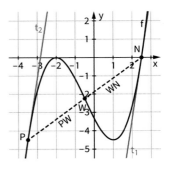

1.1.3 Ableitung von Potenzfunktionen mit rationalen Exponenten

32

1. a) $f'(x) = -4 \cdot x^{-5} = -\frac{4}{x^5}$

b) $f'(x) = -15 \cdot x^{-6} = -\frac{15}{x^6}$

c) $f(x) = 5 \cdot x^{-1}$; $f'(x) = -5 \cdot x^{-2} = -\frac{5}{x^2}$

d) $f'(x) = \frac{2}{3} x^{-\frac{1}{3}}$

e) $f'(x) = -\frac{1}{3} x^{-\frac{4}{3}}$

f) $f(x) = x^{\frac{1}{3}}$; $f'(x) = \frac{1}{3} x^{-\frac{2}{3}}$

2. a) $f'(x) = 2 \cdot \frac{1}{4} \cdot x^{-\frac{3}{4}} = \frac{1}{2} \cdot x^{-\frac{3}{4}}$

b) $f(x) = 2 \cdot x^{\frac{1}{2}}$; $f'(x) = 2 \cdot \frac{1}{2} \cdot x^{-\frac{1}{2}} = x^{-\frac{1}{2}} = \frac{1}{\sqrt{x}}$

c) $f(x) = \frac{1}{3} \cdot x^{-1} - 2 \cdot x^{-\frac{2}{3}}$; $f'(x) = \frac{1}{3} \cdot (-1) \cdot x^{-2} - 2 \cdot \left(-\frac{2}{3}\right) \cdot x^{-\frac{5}{3}} = -\frac{1}{3x^2} + \frac{4}{3} \cdot x^{-\frac{5}{3}}$

d) $f(x) = x^{\frac{1}{4}} - \frac{5}{4} \cdot x^{-2}$; $f'(x) = \frac{1}{4} \cdot x^{-\frac{3}{4}} - \frac{5}{4} \cdot (-2) \cdot x^{-3} = \frac{1}{4} \cdot x^{-\frac{3}{4}} + \frac{5}{2x^3}$

3. ■ $f'(x) = -2 \cdot x^{-3}$ Fehler: Der Exponent wurde um 1 erhöht statt erniedrigt.

■ $g(x) = 3 \cdot x^{-1}$; $g'(x) = 3 \cdot (-1) \cdot x^{-2} = -\frac{3}{x^2}$

Fehler: Der konstante Faktor 3 steht im Zähler, nicht im Nenner.

■ $h(x) = \frac{1}{2} \cdot x^{-2}$; $h'(x) = \frac{1}{2}(-2) \cdot x^{-3} = -\frac{1}{x^3}$

Fehler: Aus dem konstanten Faktor $\frac{1}{2}$ wurde der Faktor 2.

4. a) $f(x) = x^{-5} = \frac{1}{x^5}$

b) $f(x) = 2 \cdot x^{\frac{3}{2}} + x$

c) $f(u) = u^{-2} + \frac{1}{2} u^2 = \frac{1}{u^2} + \frac{1}{2} u^2$

32

5. (1) Gebildet wird der Differenzialquotient $\dfrac{f(x) - f(x_0)}{x - x_0} = \dfrac{\sqrt{x} - \sqrt{x_0}}{x - x_0}$

Anschließend wird der Nenner umgeformt: $x - x_0 = \left(\sqrt{x}\right)^2 - \left(\sqrt{x_0}\right)^2$

Anwenden der 3. binomischen Formel: $= \left(\sqrt{x} + \sqrt{x_0}\right) \cdot \left(\sqrt{x} - \sqrt{x_0}\right)$

Kürzen durch $\left(\sqrt{x} - \sqrt{x_0}\right)$: $\dfrac{\sqrt{x} - \sqrt{x_0}}{\left(\sqrt{x} + \sqrt{x_0}\right) \cdot \left(\sqrt{x} - \sqrt{x_0}\right)} = \dfrac{1}{\sqrt{x} + \sqrt{x_0}}$

(2) Für $x \to x_0$ gilt: $\dfrac{1}{\sqrt{x} + \sqrt{x_0}} \to \dfrac{1}{\sqrt{x_0} + \sqrt{x_0}} = \dfrac{1}{2\sqrt{x_0}}$, also $f'(x_0) = \lim\limits_{x \to x_0} \dfrac{f(x) - f(x_0)}{x - x_0} = \dfrac{1}{2\sqrt{x_0}}$

6. **a)** $f(x) = \frac{1}{2}x^{-2};$ $f'(x) = -x^{-3} = -\frac{1}{x^3};$ $f'(2) = -\frac{1}{8}$

b) $f(x) = \frac{1}{2} \cdot x^{-\frac{1}{2}} + x;$ $f'(x) = -\frac{1}{4} \cdot x^{-\frac{3}{2}} + 1 = -\frac{1}{4\sqrt{x^3}} + 1;$ $f'(1) = -\frac{1}{4} + 1 = \frac{3}{4}$

c) $f(x) = \frac{4}{5} \cdot x^{-3} + x;$ $f'(x) = -\frac{12}{5} \cdot x^{-4} + 1 = -\frac{12}{5x^4} + 1;$ $f'(1) = -\frac{12}{5} + 1 = -\frac{7}{5}$

7. **a)** $f'(x) = -\frac{4}{x^3};$ $m = f'(1) = -4$

t: $y = -4x + c$

P liegt auf t, also $2 = -4 + c$, d.h. $c = 6$

t: $y = -4x + 6$

b) $f(x) = 2 \cdot x^{\frac{1}{2}};$ $f'(x) = 2 \cdot \frac{1}{2} \cdot x^{-\frac{1}{2}} = x^{-\frac{1}{2}} = \frac{1}{\sqrt{x}};$ $m = f'(4) = \frac{1}{2}$

t: $y = \frac{1}{2}x + c$

P liegt auf t, also $4 = \frac{1}{2} \cdot 4 + c$, d.h. $c = 2$.

t: $y = \frac{1}{2}x + 2$

c) $f'(x) = -\frac{3}{x^2} + 2;$ $m = f'(2) = \frac{5}{4}$

$f(2) = \frac{11}{2}$

t: $y = \frac{5}{4} \cdot x + c$

P liegt auf t, also $\frac{11}{2} = \frac{5}{4} \cdot 2 + c$, d.h. $c = 3$

t: $y = \frac{5}{4}x + 3$

8. P liegt auf der Tangente, also $f(-1) = -9 \cdot (-1) - 12 = -3$

$f(-1) = \frac{a}{(-1)^3} = -a = -3$, also $a = 3$

$f(x) = \frac{3}{x^3}$

9. **a)** Der Graph von f ist symmetrisch zur y-Achse.

$h_1 = f(2) = \frac{25}{2};$ $h_2 = f(10) = \frac{1}{2}$

Der Lampenfuß ist 12,5 cm hoch, am Rand 0,5 cm.

b) $f'(x) = -\frac{100}{x^3};$ $f'(10) = -\frac{1}{10}$

$\tan(\alpha) = -\frac{1}{10};$ also $\alpha \approx -5{,}7°$

Der Steigungswinkel an der Stelle $x = 10$ beträgt ca. $5{,}7°$.

c) $\tan(45°) = 1$

Gesucht ist x so, dass $f'(x) = 1$, also $-\frac{100}{x^3} = 1;$ d.h. $x = -\sqrt[3]{100} \approx -4{,}6$.

An den Stellen $x \approx -4{,}6$ und $x \approx 4{,}6$ beträgt der Steigungswinkel $45°$.

1.1.4 Aspekte von Funktionsuntersuchungen

33

Einstiegsaufgabe ohne Lösung

$f'(x) = 0{,}06x^2 - 0{,}18x + 0{,}12;\ f''(x) = 0{,}12x - 0{,}18$

- Globalverlauf

  $f(x) \to -\infty$ für $x \to -\infty$

  $f(x) \to \infty$ für $x \to \infty$

- Symmetrie: Es ist keine Symmetrie erkennbar.
- Die Nullstellen von f können wir nur mithilfe des GTR bestimmen.
- Extrempunkte: Wir bestimmen die Nullstellen von f':

  $0{,}06x^2 - 0{,}18x + 0{,}12 = 0 \qquad \mid \cdot \frac{100}{6}$

  $\qquad\qquad x^2 - 3x + 2 = 0$

  $x_1 = 1;\ x_2 = 2$

  $f''(1) = -0{,}06 < 0;\ f(1) = 5$, also Hochpunkt H$(1\mid5)$

  $f''(2) = 0{,}06 > 0;\ f(2) = 4{,}99$, also Tiefpunkt T$(2\mid4{,}99)$

- Wendepunkt

  Wir bestimmen die Nullstelle von f'':

  $0{,}12x - 0{,}18 = 0$, also $x = 1{,}5$ mit VZW

  $f(1{,}5) = 4{,}995$, also Wendepunkt W$(1{,}15\mid4{,}995)$

  Der Graph von f hat also keinen Sattelpunkt, sondern je einen Hoch-, Tief- und Wendepunkt.

  Zeichnen wir den Graphen auf dem Intervall $[-5; 4]$, ist der Verlauf der Graphen zwischen Hoch- und Tiefpunkt kaum erkennbar. Dazu müssen wir einen Ausschnitt zeichnen, z. B. die y-Achse im Ausschnitt zwischen 4,8 und 5,2.

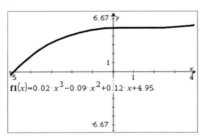 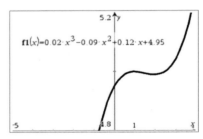

35

1. **a)** Funktion f_1: Definitionslücke $x = -1$; keine Nullstelle

   Funktion f_2: Definitionslücke $x = 0$; Nullstelle $x = \frac{1}{2}$

   Funktion f_3: Definitionslücke $x = 1$; Nullstelle $x = -1$

   b) Funktion f_1: $\qquad f_1(x) \to -\infty$ für $x \to -1$ und $x < -1$

   $\qquad\qquad\qquad\qquad f_1(x) \to \infty$ für $x \to -1$ und $x > -1$

   Funktion f_2: $\qquad f_2(x) \to -\infty$ für $x \to 0$ und $x < 0$

   $\qquad\qquad\qquad\qquad f_2(x) \to -\infty$ für $x \to 0$ und $x > 0$

   Funktion f_3: $\qquad f_3(x) \to -\infty$ für $x \to 1$ und $x < 1$

   $\qquad\qquad\qquad\qquad f_3(x) \to \infty$ für $x \to 1$ und $x > 1$

35

2. **a)** $f'(x) = 3x^2 + 6x - 9$; $f''(x) = 6x + 6$

- Symmetrie: Keine Symmetrie erkennbar
- Nullstellen

  $x(x^2 + 3x - 9) = 0$

  $x_1 = 0$ oder $x^2 + 3x - 9 = 0$

  $x_{2,3} = -\frac{3}{2} \pm \sqrt{\frac{9}{4} + 9}$

  $x_2 = \frac{-3 - \sqrt{45}}{2}$; $x_3 = \frac{-3 + \sqrt{45}}{2}$

- Extrempunkte

  Nullstellen von f': $3 \cdot (x^2 + 2x - 3) = 0$

  $x_4 = -3$; $x_5 = 1$

  $f''(-3) = -12 < 0$; $f(-3) = 27$, also Hochpunkt $H(-3|27)$

  $f''(1) = 12 > 0$; $f(1) = -5$, also Tiefpunkt $T(1|-5)$

- Wendepunkt

  Nullstellen von f'': $6x + 6 = 0$, also $x_6 = -1$

  Nullstelle mit VZW

  $f(-1) = 11$, also Wendepunkt $W(-1|11)$

b) $f'(x) = 6x^2 - 6$; $f''(x) = 12x$

- Symmetrie

  Der Graph ist punktsymmetrisch zum Ursprung

- Nullstellen von f: $2x(x^2 - 3) = 0$

  $x_1 = 0$; $x_2 = -\sqrt{3}$; $x_3 = \sqrt{3}$

- Extrempunkte

  Nullstellen von f': $6(x^2 - 1) = 0$

  $x_4 = -1$; $x_5 = 1$

  $f''(-1) = -12 < 0$; $f(-1) = 4$ also Hochpunkt $H(-1|4)$

  Aus Symmetriegründen Tiefpunkt $T(1|-4)$

- Wendepunkt

  Nullstelle von f'': $x_6 = 0$ Nullstelle mit VZW

  $f(0) = 0$, also Wendepunkt $W(0|0)$

c) $f'(x) = 4x^3 - 4x$; $f''(x) = 12x^2 - 4$

- Symmetrie

  Der Graph von f ist achsensymmetrisch zur y-Achse

- Nullstellen von f: $x^2(x^2 - 2) = 0$

  $x_1 = 0$; $x_2 = -\sqrt{2}$; $x_3 = \sqrt{2}$

- Extrempunkte

  Nullstellen von f': $4x \cdot (x^2 - 1) = 0$

  $x_1 = 0$; $x_4 = -1$; $x_5 = 1$

  $f''(0) = -4 < 0$; also Hochpunkt $H(0|0)$

  $f''(-1) = 8 > 0$; $f(-1) = -1$

  also Tiefpunkt $T_1(-1|-1)$

  Aus Symmetriegründen $T_2(1|-1)$

35

- Wendepunkt

  Nullstellen von f'': $12x^2 - 4 = 0$

  $x_6 = -\dfrac{1}{\sqrt{3}}$; $x_7 = \dfrac{1}{\sqrt{3}}$

  beide Nullstellen mit VZW

  $f\left(-\dfrac{1}{\sqrt{3}}\right) = -\dfrac{5}{9}$, also Wendepunkt $W_1\left(-\dfrac{1}{\sqrt{3}} \middle| -\dfrac{5}{9}\right)$

  Aus Symmetriegründen $W_2\left(\dfrac{1}{\sqrt{3}} \middle| -\dfrac{5}{9}\right)$

d) $f(x) = \dfrac{1}{2}(x-1)^2(x+3) = \dfrac{1}{2}x^3 + \dfrac{1}{2}x^2 - \dfrac{5}{2}x + \dfrac{3}{2}$

   $f'(x) = \dfrac{3}{2}x^2 + x - \dfrac{5}{2}$; $f''(x) = 3x + 1$

- Symmetrie

  Keine Symmetrie erkennbar

- Nullstellen von f: $\dfrac{1}{2}(x-1)^2 \cdot (x+3) = 0$

  $x_1 = 1$; $x_2 = -3$

- Extrempunkte

  Nullstellen von f': $\dfrac{3}{2}x^2 + x - \dfrac{5}{2} = 0$

  $x_3 = -\dfrac{5}{3}$; $x_4 = x_1 = 1$

  $f''\left(-\dfrac{5}{3}\right) = -4 < 0$; $f\left(-\dfrac{5}{3}\right) = \dfrac{128}{27}$; $H\left(-\dfrac{5}{3} \middle| \dfrac{128}{27}\right)$

  $f''(1) = 4 > 0$; $T(1|0)$

- Wendepunkt

  Nullstelle von f'': $3x + 1 = 0$, also $x_5 = -\dfrac{1}{3}$

  Nullstelle mit VZW

  $f\left(-\dfrac{1}{3}\right) = \dfrac{64}{27}$; $W\left(-\dfrac{1}{3} \middle| \dfrac{64}{27}\right)$

e) $f(x) = 2x + 1 + 8 \cdot x^{-1}$, $f'(x) = 2 - \dfrac{8}{x^2}$; $f''(x) = \dfrac{16}{x^3}$

- Definitionsbereich $D = \mathbb{R} \backslash \{0\}$

- Symmetrie

  $f(-x) = -2x + 1 - \dfrac{8}{x}$ keine Symmetrie erkennbar

- Nullstellen von f:

  $2x + 1 + \dfrac{8}{x} = 0$

  $\dfrac{2x^2 + x + 8}{x} = 0$

  $2x^2 + x + 8 = 0$

  Keine Lösung

  Der Graph von f hat keine Nullstellen.

- Extrempunkte

  Nullstellen von f': $2 - \dfrac{8}{x^2} = 0$

  $x_1 = -2$; $x = 2$

  $f''(-2) = -2 < 0$; $f(-2) = -7$, Hochpunkt $H(-2|-7)$

  $f''(2) = 2 > 0$; $f(2) = 9$, Tiefpunkt $T(2|9)$

- Wendepunkte

  Nullstellen von f'': Die Gleichung $\dfrac{16}{x^3} = 0$ hat keine Lösung, der Graph von f hat somit keinen Wendepunkt.

35

f) $f(x) = \frac{3x^2 + 2x - 1}{x^2} = 3 + \frac{2}{x} - \frac{1}{x^2}$

$f'(x) = -\frac{2}{x^2} + \frac{2}{x^3} = \frac{-2x + 2}{x^3}$

$f''(x) = \frac{4}{x^3} - \frac{6}{x^4} = \frac{4x - 6}{x^4}$

- Definitionsbereich $D = \mathbb{R}\backslash\{0\}$
- Symmetrie: $f(-x) = \frac{3x^2 - 2x - 1}{x^2}$

  keine Symmetrie erkennbar
- Nullstellen von f: $3x^2 + 2x - 1 = 0$

  $x_1 = -1$; $x_2 = -\frac{1}{3}$
- Extrempunkte

  Nullstellen von f': $-2x + 2 = 0$

  $x_3 = 1$

  $f''(1) = -2 < 0$; also Hochpunkt $H(1|4)$
- Wendepunkte

  Nullstellen von f'': $4x - 6 = 0$

  $x_4 = \frac{3}{2}$ Nullstelle mit VZW

  $f\left(\frac{3}{2}\right) = \frac{35}{9}$; Wendepunkt $W\left(\frac{3}{2}\middle|\frac{35}{9}\right)$

3. a) $f'(x) = 4x^3 - 24x^2 + 32x = 4x(x^2 - 6x + 8)$

Nullstellen von f': $x_1 = 0$; $x_2 = 2$; $x_3 = 4$

Also: $f'(x) = 4x(x - 2)(x - 4)$

	$x < 0$	$0 < x < 2$	$2 < x < 4$	$x > 4$
Vorzeichen von f'	−	+	−	+
Monotonie-verhalten von f	streng monoton fallend	streng monoton wachsend	streng monoton fallend	streng monoton wachsend

b) $f'(x) = 12x^3 - 12ax^2 = 12x^2(x - a)$

Nullstellen von f': $x_1 = 0$ doppelte Nullstelle ohne VZW

$x_2 = a$ einfache Nullstelle mit VZW

1. Fall $a > 0$

	$x < 0$	$0 < x < a$	$x > a$
Vorzeichen von f'	−	−	+
Monotonieverhalten von f	streng monoton fallend		streng monoton wachsend

f ist streng monoton fallend für $x < a$; an der Stelle $x = 0$ liegt ein Sattelpunkt;

f ist streng monoton wachsend für $x > a$.

2. Fall $a < 0$

	$x < a$	$a < x < 0$	$x > 0$
Vorzeichen von f'	−	+	+
Monotonieverhalten von f	streng monoton fallend	streng monoton wachsend	

f ist streng monoton fallend für $x < a$;

f ist streng monoton wachsend für $x > a$, an der Stelle $x = 0$ liegt ein Sattelpunkt.

Für $a < 0$ und $a > 0$ gelten also dieselben Monotoniebereiche.

4. a) $f'(x) = x^2 - 2x$; $f''(x) = 2x - 2$

- Wendepunkt
  Nullstelle von f'': $x = 1$ mit VZW
  $f(1) = 2$, also $W(1|2)$
- Wendetangente
  Steigung $m = f'(1) = -1$
  Gleichung: $y = -x + c$
  W liegt auf der Tangente, also $2 = -1 + c$; $c = 3$
  Gleichung der Wendetangente: $y = -x + 3$

b) Die Wendetangente schneidet die Koordinatenachsen in den Punkten $M(0|3)$ und
$N(3|0)$.
Flächeninhalt des Dreiecks: $A = \frac{1}{2} \cdot 3 \cdot 3 = 4{,}5$

5. $f'(x) = -2x^2 - 2x + 4$; $f''(x) = -4x - 2$

- Extrempunkte
  Nullstellen von f': $-2(x^2 + x - 2) = 0$
  $x_1 = -2$; $x_2 = 1$
  $f''(-2) = 6 > 0$; $f(-2) = -\frac{20}{3}$, $T\left(-2 \left| -\frac{20}{3}\right.\right)$
  $f''(1) = -6 < 0$; $f(1) = \frac{7}{3}$, $H\left(1 \left| \frac{7}{3}\right.\right)$
  Länge der Strecke $\overline{TH}$: $= \sqrt{(-2-1)^2 + \left(-\frac{20}{3} - \frac{7}{3}\right)^2} = \sqrt{9 + 81} = \sqrt{90}$

  Die Entfernung zwischen den beiden Extrempunkten beträgt $\sqrt{90} \approx 9{,}49$.

6. a) $f'(x) = 3x^2 - 12x + 6$; $f''(x) = 6x - 12$
  Nullstelle von f'': $x = 2$
  $f''(x) > 0$ für $x > 2$: Graph linksgekrümmt
  $f''(x) < 0$ für $x < 2$: Graph rechtsgekrümmt
  Für alle $x < 2$ ist der Graph rechtsgekrümmt.

b) $f'(x) = 3ax^2 + 2bx + c$; $f''(x) = 6ax + 2b$
  Nullstelle von f'': $x = -\frac{b}{3a}$
  (1) An der Stelle $x = 2$ hat der Graph einen Wendepunkt, d. h. $-\frac{b}{3a} = 2$ bzw. $b = -6a$.
  (2) $f''(x) = 6ax^2 - 12a = 6a(x-2)$
  $f''(x) < 0$ für $x > 2$, d. h. es muss $a < 0$ gelten.
  Der Graph von f ist für $x < 2$ linksgekrümmt und für $x > 2$ rechtsgekrümmt, falls
  (1) $a < 0$
  (2) $b = -6a$

7. $f'(x) = -\frac{3}{4}x^2 + 3x$; $f''(x) = -\frac{3}{2}x + 3$

- Extrempunkte
  Nullstellen von f': $3x\left(-\frac{1}{4}x + 1\right) = 0$

  $x_1 = 0$; $x_2 = 4$
  $f''(0) = 3 > 0$; $f(0) = 0$, also $T(0|0)$
  $f''(4) = -3 < 0$; $f(4) = 8$, also $H(4|8)$

36

- Wendepunkt
  Nullstelle von f'': $x = 2$ mit VZW
  $f(2) = 4$, also $W(2 | 4)$
- Gerade durch T und H
  Die Gerade ist eine Ursprungsgerade mit der Steigung 2, also g: $y = 2x$.
- W liegt auf g, denn $4 = 2 \cdot 2$

8. –

9. a) Definitionslücke $x = -3$;

$f(x) \to -\infty$ für $x \to -3$ und $x < -3$
$f(x) \to -\infty$ für $x \to -3$ und $x > -3$

b) Definitionslücke $x = -2$:

$f(x) \to -\infty$ für $x \to -2$ und $x < -2$
$f(x) \to \infty$ für $x \to -2$ und $x > -2$

c) Definitionslücken $x = -3$; $x = 2$:

$f(x) \to -\infty$ für $x \to -3$ und $x < -3$;
$f(x) \to \infty$ für $x \to -3$ und $x > -3$
$f(x) \to -\infty$ für $x \to 2$ und $x < 2$;
$f(x) \to \infty$ für $x \to 2$ und $x > 2$

37

10. Wir untersuchen die Aussage am Beispiel der Funktionen f_1, f_2, f_3 und f_4 mit
$f_1(x) = \frac{5}{x-2}$, $f_2(x) = \frac{5}{(x-2)^2}$, $f_3(x) = \frac{5}{(x-2)^3}$ und $f_4(x) = \frac{5}{(x-2)^4}$.
Alle vier Funktionen haben eine Polstelle an der Stelle $x = 2$.

- Bei den Funktionen f_1 und f_3 ist $x = 2$ ein Pol mit Vorzeichenwechsel. Die Polstelle ist eine einfache bzw. dreifache Nullstelle der Funktion.
- Bei den Funktionen f_2 und f_4 ist $x = 2$ ein Pol ohne Vorzeichenwechsel. Die Polstelle ist eine doppelte bzw. vierfache Nullstelle der Funktion.

Wir schließen daraus: Ist die Polstelle x_0 eine einfache, dreifache, … Nullstelle des Nenners v, so ist x_0 ein Pol mit Vorzeichenwechsel. Ist die Polstelle x_0 eine doppelte, vierfache, … Nullstelle des Nenners v, so ist x_0 ein Pol ohne Vorzeichenwechsel.

11. a) Beispiel: $f(x) = \frac{x^2 - 3x + 5}{x}$ **b)** Beispiel: $f(x) = \frac{x^2 + 5}{x^2 \cdot (x+2)}$ **c)** Beispiel: $f(x) = \frac{x-3}{x^2}$

12. Beispiele:

a) $f(x) = \frac{x+2}{x^2+1}$ **c)** $f(x) = \frac{2x+5}{x-2}$ **e)** $f(x) = \frac{x+5}{(x+2) \cdot (x-3)^2}$

b) $f(x) = \frac{x^2+2}{x+1}$ **d)** $f(x) = \frac{x+3}{(x+5)^2}$

13. a) $f'(x) = x^3 + 3x^2 - 9x$

- Nullstellen: $x^2(0{,}25x^2 + x - 4{,}5) = 0$
  $x_1 = 0$ doppelte Nullstelle ohne VZW
  $0{,}25x^2 - 4{,}5 = 0$ $| \cdot 4$
  $x^2 + 4x - 18 = 0$
  $x_2 = -2 - \sqrt{22}$; $x_3 = -2 + \sqrt{22}$
  Eine ganzrationale Funktion 4. Grades hat maximal 4 Nullstellen. Die Funktion f hat eine doppelte und zwei einfache Nullstellen, also genau 3 Nullstellen.

- Eine ganzrationale Funktion 4. Grades hat maximal drei Extremstellen.
  Nullstellen von f': $x(x^2 + 3x - 5) = 0$
  $x_1 = 0$; $x_2 = \dfrac{-3 - \sqrt{29}}{2}$; $x_3 = \dfrac{-3 + \sqrt{29}}{2}$
  Die Funktion f hat genau 3 Extremstellen.

b) Die Funktion f hat 2 Wendepunkte. Zwischen je einen Hoch- und dem benachbarten Tiefpunkt liegt ein Wendepunkt.

14. a) $f'(x) = 4x^3 - 20{,}4x^2 - 104x + 530{,}4$
$f''(x) = 12x^2 - 40{,}8x - 104 = 4 \cdot (3x^2 - 10{,}2x - 26)$
Nullstellen von f'': $3x^2 - 10{,}2x - 26 = 0$, also $x^2 - \dfrac{10{,}2}{3}x - \dfrac{26}{3} = 0$

$x_{1,2} = \dfrac{10{,}2}{6} \pm \sqrt{\left(\dfrac{10{,}2}{6}\right)^2 + \dfrac{26}{3}}$

$x_{W_1} \approx -1{,}6995$; $x_{W_2} \approx 5{,}0995$
Beide Nullstellen von f'' sind Wendestellen von f.
$f'(-1{,}6995) \approx 628{,}6$
$f'(5{,}0995) \approx -0{,}0000098$
Aufgrund der Rundungen können wir die Frage, ob an der Stelle $x_{W_2} \approx 5{,}0995$ ein Sattelpunkt liegt, nicht endgültig beantworten.

b) Mithilfe eines GTR bestimmen wir (z. B. mit dem Befehl polyroots) die Nullstellen von f' und erhalten $x_1 \approx -5{,}09902$; $x_2 \approx 5{,}09902$ und $x_3 = 5{,}1$.
Alle drei Nullstellen sind einfache Nullstellen von f' mit VZW und somit Extremstellen von f.
An der Stelle $x_{W_2} \approx 5{,}0995$ liegt also kein Sattelpunkt.

15. a) Der Graph der Funktion f entsteht aus dem Graphen von $y = \dfrac{1}{x}$ durch eine Verschiebung um 3 Einheiten nach links in Richtung der x-Achse.
$D = \mathbb{R} \backslash \{-3\}$
Durch die Verschiebung entspricht $f'(0)$ der Ableitung der Funktion mit $y = \dfrac{1}{x}$ an der Stelle 3.
Also gilt: $f'(0) = -\dfrac{1}{9}$

b) Der Graph der Funktion entsteht aus dem Graphen von $y = \dfrac{1}{x^2}$ durch eine Verschiebung um 2 Einheiten nach rechts in Richtung der x-Achse und anschließendem Strecken in Richtung der y-Achse mit dem Faktor 3.
Die Ableitung der Funktion mit $y = \dfrac{1}{(x-2)^2}$ an der Stelle $x = 0$ entspricht der Ableitung der Funktion mit $y = \dfrac{1}{x^2}$ an der Stelle $x = -2$.
Diese hat den Wert $\dfrac{1}{4}$.
Bedingt durch die Streckung in Richtung der y-Achse gilt also: $f'(0) = 3 \cdot \dfrac{1}{4} = \dfrac{3}{4}$

c) Der Graph der Funktion f entsteht aus dem Graphen der Funktion mit $y = \dfrac{1}{x}$ durch
- eine Verschiebung in x-Richtung um 3 Einheiten nach rechts;
- eine Streckung in y-Achsenrichtung mit dem Faktor 2;
- eine Spiegelung an der x-Achse.
Die Ableitung der Funktion mit $y = \dfrac{1}{x-3}$ an der Stelle $x = 0$ entspricht der Ableitung der Funktion mit $y = \dfrac{1}{x}$ an der Stelle $x = -3$. Diese hat den Wert $-\dfrac{1}{9}$.
Bedingt durch die Streckung und die Spiegelung an der x-Achse gilt:
$f'(0) = -2 \cdot \left(-\dfrac{1}{9}\right) = \dfrac{2}{9}$

38

16. a) $f'(x) = -x^2 - 2x + 15$; $f''(x) = -2x - 2$

- **Extrempunkte**

  Nullstellen von f': $x_1 = -5$; $x_2 = 3$

  $f''(-5) = 8 > 0$, $T\left(-5\left|-\frac{175}{3}\right.\right)$

  $f''(3) = -8 < 0$, $H(3|27)$

- **Wendepunkt**

  Nullstelle von f'': $x = -1$ mit VZW

  $f(-1) = -\frac{47}{3}$; $W\left(-1\left|-\frac{47}{3}\right.\right)$

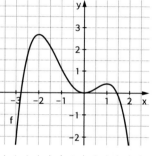

- Der Ursprung $O(0|0)$ liegt auf dem Graphen.
  Wir legen zuerst die y-Achse fest (der Tiefpunkt
  liegt bei -5, der Hochpunkt bei 3)
  Der Schnittpunkt der y-Achse mit dem
  Graphen ist der Ursprung.

b) $f'(x) = -x^3 - x^2 + 2x$; $f''(x) = -3x^2 - 2x + 2$

- Der Ursprung liegt auf dem Graphen.
- **Extrempunkte**

  Nullstellen von f': $x_1 = -2$; $x_2 = 0$; $x_3 = 1$

  Damit ist klar: Der Koordinatenursprung liegt
  im Tiefpunkt.

  $f(-2) = \frac{8}{3}$; $f(1) = \frac{5}{12}$

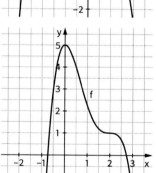

c) $f'(x) = -3x^3 + 12x^2 - 12x$; $f''(x) = -9x^2 + 24x - 12$

- **Extrempunkte**

  Nullstellen von f': $x_1 = 0$; $x_2 = 2$

  $f''(0) = -12 < 0$, also $H(0|5)$

  $f''(2) = 0$

- **Wendepunkte**

  Nullstellen von f'': $x_3 = \frac{2}{3}$; $x_4 = x_2 = 2$

  beides einfache Nullstellen mit VZW

  $W_1\left(\frac{3}{2}\left|\frac{91}{27}\right.\right)$, $W_2(2|1)$ Sattelpunkt

  Die y-Achse verläuft durch den Hochpunkt.
  Die x-Achse wird anhand der y-Werte von H
  und W_2 festgelegt.

17. Der Graph von f schneidet die y-Achse bei -2, die Graphen von g und h bei 1.
Somit ist (2) der Graph von f.
Außerdem gilt: $g(2) = 0$; $h(2) = \frac{9}{32}$
Also ist (1) der Graph von g und (3) der Graph von h.

18. $D = \mathbb{R}\setminus\{0\}$

Die Behauptung ist falsch.

z. B. gilt: $f\left(-\frac{1}{2}\right) = 3$ und $f\left(\frac{1}{4}\right) = 0$

Also ist $f\left(-\frac{1}{2}\right) > f\left(\frac{1}{4}\right)$.

Bei einer streng monoton wachsenden Funktion muss zum größeren x-Wert aber auch der größere Funktionswert gehören.

Es gilt aber:
- f ist streng monoton wachsend für $x < 0$.
- f ist streng monoton wachsend für $x > 0$.

19. Da die Ableitungsfunktion eine ganzrationale Funktion 3. Grades ist, ist f eine ganzrationale Funktion 4. Grades. Dabei ist der Koeffizient von x^4 positiv.

- Timo hat den Globalverlauf von f richtig beschrieben. Anhand des Globalverlaufs ist auch die Aussage über die Lage der Tiefpunkte und des Hochpunkts richtig.
- Sarah hat recht. Eine ganzrationale Funktion 4. Grades muss nicht notwendigerweise Nullstellen haben. Aus der Ableitungsfunktion kann man nur auf die Steigungen, aber nicht auf die Lage der Graphen schließen.
- Asia hat ebenfalls recht. Bei einer ganzrationalen Funktion trennt jeweils ein Wendepunkt zwei benachbarte Extrempunkte.

20. a) Keine Symmetrie erkennbar; Polstelle $x = 0$ ohne Vorzeichenwechsel

Schnittpunkt mit der x-Achse $N(-2|0)$;

Tiefpunkt $T(2|4)$

Für $x \to -\infty$ und für $x \to \infty$ nähert sich der Graph von f dem Graphen von g an.

Begründung: $f(x) - g(x) = \frac{4}{x^2} \to 0$ sowohl für $x \to -\infty$ als auch für $x \to \infty$.

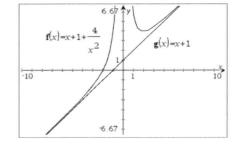

b) Der Graph von f ist punktsymmetrisch zum Koordinatenursprung.

$\left($Es gilt: $f(-x) = -f(x)\right)$

Polstelle $x = 0$ mit Vorzeichenwechsel;

keine Schnittpunkte mit der x-Achse

Hochpunkt $H(-2|-2)$,

Tiefpunkt $T(2|2)$

Für $x \to -\infty$ und für $x \to \infty$ nähert sich der Graph von f dem Graphen von g an.

Begründung: $f(x) - g(x) = \frac{x^2+4}{2x} - \frac{1}{2}x = \frac{x^2+4-x^2}{2x} = \frac{2}{x} \to 0$ sowohl für $x \to -\infty$ als auch für $x \to \infty$.

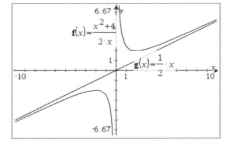

38

c) Keine Symmetrie erkennbar;
Polstelle $x = 0$ mit Vorzeichenwechsel
Schnittpunkt mit der x-Achse
$N(\approx -2{,}52\,|\,0)$; Tiefpunkt $T(2\,|\,3)$;
Wendepunkt $W(\approx -2{,}52\,|\,0) = N$
Für $x \to -\infty$ und für $x \to \infty$ nähert
sich der Graph von f dem Graphen von
g an.
Begründung: $f(x) - g(x) = \frac{4}{x} \to 0$ so-
wohl für $x \to -\infty$ als auch für $x \to \infty$.

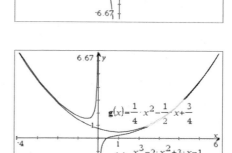

d) Keine Symmetrie erkennbar;
Polstelle $x = 0$ mit Vorzeichenwechsel
Schnittpunkt mit der x-Achse
$N(\approx 0{,}43\,|\,0)$;
Tiefpunkt $T(\approx -0{,}57\,|\approx 1{,}55)$;
Wendepunkt $W(1\,|\,0{,}25)$
Für $x \to -\infty$ und für $x \to \infty$ nähert sich
der Graph von f dem Graphen von g an.
Begründung:

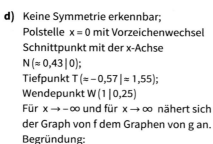

$$f(x) - g(x) = \frac{x^3 - 2x^2 + 3x - 1}{4x} - \left(\frac{1}{4}x^2 - \frac{1}{2}x + \frac{3}{4}\right) = \frac{x^3 - 2x^2 + 3x - 1 - (x^3 - 2x^2 + 3x)}{4x} = -\frac{1}{4x} \to 0$$

sowohl für $x \to -\infty$ als auch für $x \to \infty$.

39

21. ■ Alle drei Funktionen haben eine Polstelle an der Stelle $x = 0$. Bei f_1 handelt es sich um
eine Polstelle ohne Vorzeichenwechsel, bei den Funktionen f_2 und f_3 jeweils um eine
Polstelle mit Vorzeichenwechsel.
Somit gehört der Graph (C) zur Funktion f_1.

■ Für die Funktion f_3 gilt:
$f_3(x) \to 3$ sowohl für $x \to -\infty$ als auch für $x \to \infty$.
Außerdem gilt $f_3(x) = \frac{3x - 2}{x}$, also hat f_3 eine Nullstelle bei $x = \frac{2}{3}$.
Somit gehört der Graph (A) zur Funktion f_3.

■ $f_2(x) = \frac{2x^2 + 3}{x}$, f_2 hat keine Nullstelle.
Außerdem gilt: $f_2(x) \to -\infty$ für $x \to -\infty$ und $f_2(x) \to \infty$ für $x \to \infty$.
Somit gehört der Graph (B) zur Funktion f_2.

22. a) $g'(t) = \frac{3}{4}t^2 - \frac{11}{2}t - 4$; $g''(t) = \frac{3}{2}t - \frac{11}{2}$

■ Nullstellen von g': $t_1 = -\frac{2}{3}$, $t = 8$
$g''(8) = \frac{13}{2} > 0$, $g(8) = -36$
Die momentane Änderungsrate hat ihren tiefsten Wert nach 8 Monaten erreicht.
Zu diesem Zeitpunkt hat die Wassermenge ihren höchsten Stand erreicht.

■ Nullstellen von g: $t_1 = -4$; $t_2 = 4$; $t_3 = 11$
Die Wassermenge nimmt zu, solange die momentane Änderungsrate positiv ist.
Dies ist der Fall für $0 < t < 4$ oder für $t > 11$.

39

- Der Hochpunkt von g liegt außerhalb des Definitionsbereiches. Wir vergleichen die Funktionswerts von g an den Rändern.
  $g(0) = 44; \; g(12) = 32$
  Die Wassermenge nimmt am stärksten beim Beobachtungsbeginn zu.

b) $f(t) = \frac{1}{16}t^4 - \frac{11}{12}t^3 - 2t^2 + 44t + 180$

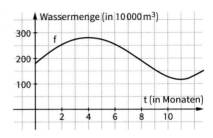

23. a) Der Hochpunkt des Graphen von f liegt bei $x \approx 14{,}9$.

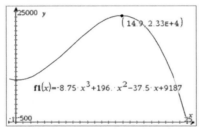
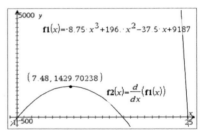

Dem Graphen von f' entnehmen wir eine Extremstelle bei $x \approx 7{,}5$.
Dies ist die Wendestelle von f.
Die Veröffentlichung könnte also frühestens nach dem 8. Tag stattgefunden haben.
Die Aussage über den Höchststand ist nach diesem Modell korrekt.

b) $f(15) \approx 23\,250$
Der Höchststand der Anzahl der Erkrankten beträgt ca. 23 250 Personen.

c) Nach diesem Modell dauert die Epidemie so lange, bis $f(x) = 0$.
Dies ist nach ca. 24 Tagen der Fall.

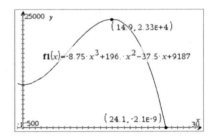

1.1.5 Funktionenscharen

40

Einstiegsaufgabe ohne Lösung

Alle vier Funktionen sind vom Typ $f_k(x) = -x^3 + k \cdot x$ mit $k \in \{1, 2, 3, 4\}$.

- Symmetrie

  $f_k(-x) = x^3 - k \cdot x = -f_k(x)$

  Alle vier Graphen sind punktsymmetrisch zum Ursprung.

- Globalverlauf

  $f_k(x) \to \infty$ für $x \to -\infty$; $f_k(x) \to -\infty$ für $x \to \infty$

- Nullstellen

  $x \cdot (-x^2 + k) = 0$; $x = 0$ einzige Nullstelle für $k \in \{1, 2, 3, 4\}$

- Extremstellen

  $f_k'(x) = -3 \cdot x^2 + k$; $f_k''(x) = -6x$

  f_k' hat die Nullstellen $x_{1,2} = \pm\sqrt{\dfrac{k}{3}}$

  An der Stelle $x_1 = -\sqrt{\dfrac{k}{3}}$ liegt ein Tiefpunkt, an der Stelle $x_2 = \sqrt{\dfrac{k}{3}}$ liegt ein Hochpunkt.

- An der Stelle $x = 0$ haben alle Graphen einen Wendepunkt.

42

1. Symmetrie

$f_a(-x) = -x \cdot (x^2 - a) = -f_a(x)$

Alle Graphen der Schar sind punktsymmetrisch zum Ursprung.

$f_a(x) = x(x^2 - a)$

Nullstellen: $f_a(x) = 0 \Leftrightarrow x = 0$ oder $x^2 = a$

$\Rightarrow$ für $a > 0$ 3 Nullstellen: $x_1 = 0$; $x_{2,3} = \pm\sqrt{a}$

     für $a \leq 0$ eine Nullstelle: $x = 0$

Extremstellen: $f_a'(x) = 3x^2 - a$

$f_a'(x) = 0 \Leftrightarrow 3x^2 - a = 0 \Leftrightarrow x = \pm\sqrt{\dfrac{a}{3}}$ für $a > 0$

$f_a''\left(\sqrt{\dfrac{a}{3}}\right) = 6 \cdot \sqrt{\dfrac{a}{3}} > 0 \Rightarrow$ Tiefpunkt bei $\left(\sqrt{\dfrac{a}{3}} \,\middle|\, -\sqrt{\dfrac{a}{3}} \cdot \dfrac{2a}{3}\right)$

$f_a''\left(-\sqrt{\dfrac{a}{3}}\right) = -6 \cdot \sqrt{\dfrac{a}{3}} < 0 \Rightarrow$ Hochpunkt bei $\left(-\sqrt{\dfrac{a}{3}} \,\middle|\, \sqrt{\dfrac{a}{3}} \cdot \dfrac{2a}{3}\right)$

Für $a < 0$ keine Extremstellen

Wendepunkte: $f_a''(x) = 6x$

$f_a''(x) = 0 \Leftrightarrow 6x = 0 \Leftrightarrow x = 0$

$f_a'''(0) = 6 \neq 0 \Rightarrow$ Wendepunkt bei $(0 \,|\, 0)$

Zusammenfassung:

	$a > 0$	$a \leq 0$
Nullstellen	$0; +\sqrt{a}; -\sqrt{a}$	0
Extremstellen	$+\sqrt{\dfrac{a}{3}}; -\sqrt{\dfrac{a}{3}}$	–
Wendestellen	0	0

2. a) Extremwerte:

$f_a'(x) = 2x + a$

$f_a'(x) = 0 \Leftrightarrow 2x + a = 0 \Leftrightarrow x = -\frac{a}{2}$

$f_a''\left(-\frac{a}{2}\right) = 2 > 0 \Rightarrow$ Tiefpunkt bei $\left(-\frac{a}{2} \Big| a - \frac{a^2}{4}\right)$

b) $x = -\frac{a}{2} \Leftrightarrow a = -2x$ einsetzen in $y = a - \frac{a^2}{4}$

ergibt $y = -2x - \frac{4x^2}{4} = -x^2 - 2x$

c) $f_a\left(-\frac{a}{2}\right) > 0 \Leftrightarrow a - \frac{a^2}{4} > 0 \Leftrightarrow a \cdot (4 - a) > 0 \Leftrightarrow 0 < a < 4$

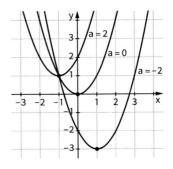

3. a) Extrempunkte

$f_k'(x) = 0 \Leftrightarrow 4x^3 - 2kx = 0$

$\Leftrightarrow 2x(2x^2 - k) = 0$

$\Leftrightarrow x = 0$ oder $x = \pm\sqrt{\frac{k}{2}}$ für $k \geq 0$

$f_k''(0) = 12 \cdot 0^2 - 2k \begin{cases} > 0 \text{ für } k < 0 \Rightarrow \text{TP} \\ < 0 \text{ für } k > 0 \Rightarrow \text{HP} \end{cases}$

$k = 0$: $f_0'(x) = 4x^3$ hat VZW bei $x = 0$ von $-$ nach $+$

$\Rightarrow$ Tiefpunkt.

$f_k''\left(\pm\sqrt{\frac{k}{2}}\right) = 12 \cdot \frac{k}{2} - 2k = 4k > 0$ für $k > 0 \Rightarrow$ Tiefpunkt

Damit für $k \leq 0$ TP bei $(0|0)$; für $k > 0$ HP bei $(0|0)$ und Tiefpunkte bei $\left(\pm\sqrt{\frac{k}{2}} \Big| -\frac{k^2}{4}\right)$.

Wendepunkte

$f_k''(x) = 0 \Leftrightarrow 12x^2 - 2k = 0 \Leftrightarrow x = \pm\sqrt{\frac{k}{6}}$ für $k \geq 0$

$f_k'''\left(\sqrt{\frac{k}{6}}\right) = 24 \cdot \sqrt{\frac{k}{6}} \neq 0$ für $k > 0$

$f_k'''\left(-\sqrt{\frac{k}{6}}\right) = 24 \cdot \left(-\sqrt{\frac{k}{6}}\right) \neq 0$ für $k > 0$

$\Rightarrow$ Wendepunkte für $k > 0$ bei $\left(\pm\sqrt{\frac{k}{6}} \Big| -\frac{5k^2}{36}\right)$.

b) Für $k > 0$ gilt für die Tiefpunkte: $x = \pm\sqrt{\frac{k}{2}}$; also $k = 2 \cdot x^2$

Einsetzen in $y = -\frac{1}{4} \cdot k^2$

ergibt $y = -x^4$ als Gleichung der Ortslinie der Tiefpunkte.

c) $\dfrac{x_e}{x_w} = \dfrac{\pm\sqrt{\frac{k}{2}}}{\pm\sqrt{\frac{k}{6}}} = \pm\sqrt{3} \Leftrightarrow x_e = \pm\sqrt{3} \cdot x_w$

Die Extremstelle x_e ist unabhängig von k immer um ein festes Vielfaches größer als die Wendestelle x_w.

4. a) Der Graph von f_k berührt die x-Achse, falls f_k eine doppelte Nullstelle hat.

Nullstellen von f_k: $x_1 = -1$; $x_2 = 1$; $x_3 = k$

Für $k = -1$ oder für $k = 1$ berührt der Graph die x-Achse.

b) Alle Graphen haben die Schnittpunkte $N_1(-1|0)$ und $N_2(1|0)$ mit der x-Achse.

In diesen beiden Punkten schneiden sich alle Graphen.

42

c) $f_k(x) = x^3 - k \cdot x^2 - x + k$; $f_k'(x) = 3x^2 - 2k \cdot x - 1$

$m_1 = f_{k_1}'(1) = 2 \cdot (1 - k_1)$; $m_2 = f_{k_2}'(1) = 2 \cdot (1 - k_2)$

Die beiden Graphen sind zueinander orthogonal, falls $m_1 \cdot m_2 = -1$, also falls

$4 \cdot (1 - k_1) \cdot (1 - k_2) = -1$.

$1 - k_2 = -\dfrac{1}{4 \cdot (1 - k_1)} \Rightarrow k_2 = 1 + \dfrac{1}{4(1 - k_1)} = \dfrac{5 - 4k_1}{4 \cdot (1 - k_1)}$

Zwei Graphen sind an der Stelle $x = 1$ orthogonal zueinander, falls für ihre Parameter

$k_2 = \dfrac{5 - 4k_1}{4 \cdot (1 - k_1)}$ gilt.

Zu $k_1 = 1$ gibt es keine andere Funktion der Schar, sodass die beiden Graphen an der Stelle $x = 1$ orthogonal zueinander sind.

5. a) $f_t(0) = 0$, d.h. der Ursprung liegt auf allen Graphen der Schar.

$f_t'(x) = \frac{4}{3} t^2 \cdot x^2 + 2t \cdot x + 1$; $f_t'(0) = 1$

Alle Graphen haben im Ursprung die gleiche Steigung, d.h. sie berühren sich im Ursprung.

b) $f_t'(x) = 1$, also $\frac{4}{3} t^2 \cdot x^2 + 2t \cdot x = 0$ mit den Lösungen $x_1 = 0$; $x_2 = -\frac{3}{2t}$.

$f_t\left(-\frac{3}{2t}\right) = -\frac{3}{4t}$, also $P_t\left(-\frac{3}{2t} \middle| -\frac{3}{4t}\right)$

Ortslinie der Punkte P_t:

$x_2 = -\frac{3}{2t}$, also $t = -\frac{3}{2x}$, eingesetzt in $y = -\frac{3}{4t}$ ergibt $y = \frac{1}{2}x$.

Die Punkte P_t liegen auf der Geraden mit der Gleichung $y = \frac{1}{2}x$.

c) Wendepunkt des Graphen von f_t:

$f_t''(x) = \frac{8}{3} t^2 \cdot x + 2t$

f_t'' hat die einfache Nullstelle (mit Vorzeichenwechsel) $x = -\frac{3}{4t}$, also

$W_t\left(-\frac{3}{4t} \middle| -\frac{3}{8t}\right)$

Steigung der Wendetangente:

$m_t = f_t'\left(-\frac{3}{4t}\right) = \frac{1}{4}$

Alle Wendetangenten sind parallel zueinander.

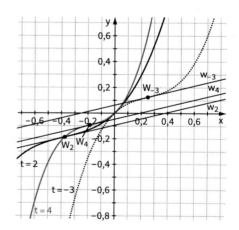

6. a) $f_a(x) = (x - a)^2 + a$ **b)** $f_a(x) = x(x - a)$ **c)** $f_k(x) = x^2 \cdot (x - k)$; $k \in \mathbb{R}$

43

7. a) Die einzelnen Graphen laufen parallel zur xy-Ebene, entlang der k-Achse durch den Wert k. Man kann sich auch vorstellen, dass man zu jedem konkreten k die xy-Achse nach k, auf der k-Achse verschiebt. Dann liegt der Graph von f_k in der xy-Ebene.

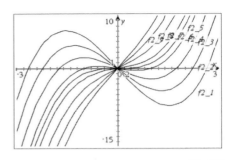

b)

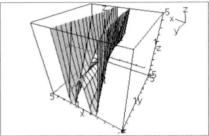

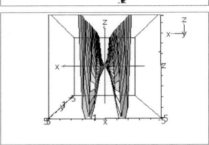

8. a) Wir legen den Koordinatenursprung in den Punkt A. Damit $A(0|0)$ und $B(500|100)$.

Gerade g durch A und B: $y = \frac{1}{5}x$

Durchhang des Seils: $d(x) = \frac{1}{5}x - f_t(x) = -t \cdot x^2 + 500\,t \cdot x$

$d'(x) = -2t \cdot x + 500\,t$; $d''(x) = -2t < 0$ ($t > 0$, da die Parabel nach oben geöffnet ist)

d' hat die Nullstelle $x = 250$ mit $d(250) = 62\,500 \cdot t$

Aus $d(250) = 62\,500 \cdot t = 50$ erhält man $t = \frac{1}{1\,250}$.

Der maximale Durchhang ist nach 250 m, also in der Mitte zwischen den beiden Masten, am größten. Er beträgt 50 m für $t = \frac{1}{1\,250}$.

b)

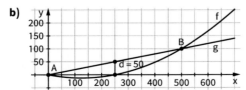

c) Steigung der Tangente im Punkt B: $f'_{\frac{1}{1250}}(x) = \frac{1}{625}x - \frac{1}{5}$; $m = f'_{\frac{1}{1250}}(500) = \frac{3}{5}$

Winkel zwischen der Tangente und der Horizontalen: $\tan(\alpha) = \frac{3}{5}$, also $\alpha \approx 31{,}0°$

43

9. a) Je größer der Abstoßwinkel ist, desto höher liegt der Scheitelpunkt der Kurve. Anfangs nimmt auch die Stoßweite bis zu einem Winkel von ca. 42° zu, danach allerdings wieder ab.

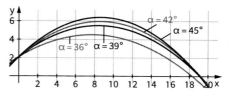

b) Zur Bestimmung der Stoßweite ermitteln wir die positive Nullstelle der Funktion h.

α	36°	37°	38°	39°	40°	41°	42°	43°	44°	45°
Stoßweite (in Meter)	18,89	18,99	19,07	19,13	19,18	19,21	19,21	19,20	19,17	19,12

Durch Verfeinerung des Bereichs zwischen 41° und 42° findet man den Winkel $\alpha \approx 41{,}9°$, für den die Stoßweite bei den gegebenen Parametern für v_0, h_0 und α am größten ist.

c) Mit den gemessenen Werten für die Parameter v_0, h_0 und α kann die Flugkurve durch die Funktion h mit $h(x) = -0{,}0445\,x^2 + 0{,}7673\,x + 2{,}07$ modelliert werden.

h hat $x \approx 19{,}61$ als positive Nullstelle. Im Modell errechnen wir also 19,61 m als Stoßweite.

Mögliche Gründe für die Abweichung zwischen gemessenem Wert 19,58 m und errechnetem Wert 19,61 m:

(1) Im Modell wird der Luftwiderstand nicht berücksichtigt.

(2) eventuelle Messungenauigkeit

(3) „Abstoßverlust" bzw. „Abstoßgewinn" (Die Kugel verlässt die Hand bereits vor dem Balken bzw. der Athlet greift über den Balken.)

1.2. Extremwertprobleme

44

Einstiegsaufgabe ohne Lösung

- Dose 1: $V = \pi r^2 h = \pi \cdot 3{,}7^2 \cdot 8{,}4 \approx 361{,}3$

  Die Dose für Kaffeesahne hat ein Volumen von ca. 361,3 cm³.

  Oberfläche der Dose (= Materialverbrauch ohne Falze)

  $O = 2\pi r \cdot (r + h) = 2\pi \cdot 3{,}7 \cdot (3{,}7 + 8{,}4) \approx 281{,}3$

  Der Materialverbrauch für diese Dose beträgt ca. 281,3 cm².

- Dose mit gleicher Oberfläche, aber mit größtmöglichen Volumen:

  $281{,}3 = 2\pi r (r + h)$, also $h = \dfrac{281{,}3}{2\pi r} - r$ (1)

  $V = \pi r^2 \cdot h$ (2)

  (1) eingesetzt in (2) ergibt $V = \pi r^2 \cdot \left(\dfrac{281{,}3}{2\pi r} - r \right) = \dfrac{281{,}3}{2} \cdot r - \pi r^3$

  Wir erhalten also eine Funktion V, die nur noch vom Radius r der Dose abhängt.

  Also $V(r) = \dfrac{281{,}3}{2} \cdot r - \pi r^3$; $r > 0$

  Gesucht ist das globale Maximum der Funktion V.

44

Am Graphen können wir den Hochpunkt
$H(\approx 3{,}86 \mid \approx 362{,}2)$ ablesen.
Bei gleicher Oberfläche hat eine Dose mit
$r \approx 3{,}9\,\text{cm}$ und $h \approx 7{,}7\,\text{cm}$ das größtmögliche
Volumen.

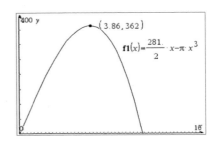

45

1. $f(x) = -\frac{1}{16}x^2 + 64$

$P(x \mid f(x))$ ist der linke untere Eckpunkt der abgeschnittenen Platte.
Die herausgeschnittene Platte hat die Maße $64 - x$ und $144 - f(x)$ und damit den Flächeninhalt

$A(x) = (64 - x) \cdot (144 - f(x)) = (64 - x)\left(80 + \frac{1}{16}x^2\right) = -\frac{1}{16}x^3 + 4x^2 - 80x + 5120;\ 0 < x < 32$

Wir berechnen die Extrema von A: $A'(x) = -\frac{3}{16}x^2 + 8x - 80;\ A''(x) = -\frac{3}{8}x + 8$

Nullstellen von A': $x_1 = 16;\ x_2 = \frac{80}{3} = 26{,}\overline{6}$

$A''(16) = 2 > 0$ Minimum für $x = 16$

$A''\left(\frac{80}{3}\right) = -2 < 0$ Maximum für $x = \frac{80}{3} = 26{,}\overline{6}$

$A\left(\frac{80}{3}\right) \approx 4645{,}9$

Am Graphen von A erkennen wir, dass der
Funktionswert an der Stelle $x = 0$ größer ist als
der an der Stelle $x = 26{,}6$.
Wir überprüfen dies: $A(0) \approx 5120$
Die abgeschnittene Platte hat also die
maximale Fläche von $5120\,\text{cm}^2$, wenn der linke
untere Eckpunkt $P(0 \mid 64)$ ist.
Die Platte hat dann die Maße $64 \times 80\,\text{cm}$.

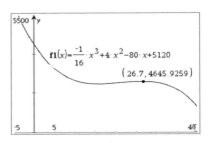

47

2. **a)** (1) Extremalbedingung: $V = x^2 \cdot y$
   (2) Nebenbedingung: $8x + 4y = 36$, also $y = 9 - 2x$
   eingesetzt in (1):
   Zielfunktion: $V(x) = x^2 \cdot (9 - 2x) = -2x^3 + 9x^2,\ 0 < x < 4{,}5$
   $V'(x) = -6x^2 + 18x;\ V''(x) = -12x + 18$
   Aus $V'(x) = 0$ erhalten wir $x_1 = 0;\ x_2 = 3$
   $V''(3) = -18;\ V(3) = 27$
   $x = 0$ liegt nicht im Definitionsbereich von V.

   Die Kanten müssen $x = 3$ und $y = 3$ gewählt werden, damit das Volumen maximal
   wird. Der Quader ist also ein Würfel.

47

b) (1) Extremalbedingung: $V = x^2 \cdot y$

(2) Nebenbedingung: $8x + 4y = a$, also $y = \frac{a}{4} - 2x$

Zielfunktion: $V(x) = x^2 \cdot \left(\frac{a}{4} - 2x\right) = -2x^3 + \frac{a}{4}x^2$, $0 < x < \frac{a}{8}$

$V'(x) = -6x^2 + \frac{a}{2} \cdot x$; $V''(x) = -12x + \frac{a}{2}$

$V'(x) = 0$, also $x_1 = 0$; $x_2 = \frac{a}{12}$

$V''\left(\frac{a}{12}\right) = -\frac{a}{2} < 0$

Das maximale Volumen wird für $x = \frac{a}{12}$ und $y = \frac{a}{4} - 2 \cdot \frac{a}{12} = \frac{a}{12}$ erreicht.

3. ▪ Nebenbedingung: Umfang der rechteckigen Röhre:

$2(a + b) = 49$, also $a = 24,5 - b$

▪ Extremalbedingung: Flächeninhalt des rechteckigen Querschnitts:

$A = a \cdot b = (24,5 - b) \cdot b$

▪ Zielfunktion:

$A(b) = -b^2 + 24,5\,b$

$A'(b) = -2b + 24,5$; $A''(b) = -2 < 0$

$A'(b) = 0$ hat die Lösung $b = 12,25$

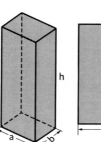 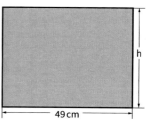

Der rechteckige Querschnitt hat einen maximalen Inhalt für $a = 24,5\,\text{cm} - 12,25\,\text{cm} = 12,25\,\text{cm}$ und $b = 12,25\,\text{cm}$, also bei einem quadratischen Querschnitt.

4. ▪ Nebenbedingung: Plakatfläche $A = x \cdot y = 3\,500$; also $y = \frac{3\,500}{x}$

▪ Extremalbedingung: Seitenlängen der bedruckten Fläche: $x - 8$ und $y - 10$

Inhalt der bedruckten Fläche: $(x - 8) \cdot (y - 10)$

▪ Zielfunktion: Inhalt der bedruckten Fläche:

$A(x) = (x - 8)\left(\frac{3\,500}{x} - 10\right) = -10x - \frac{28\,000}{x} + 3\,580$, $x > 0$

$A'(x) = \frac{28\,000}{x^2} - 10$; $A''(x) = -\frac{56\,000}{x^3}$

$A'(x) = 0$ hat die Lösungen $x_1 \approx 52,9$ und $x_2 \approx -52,9$.

Wegen $x > 0$ kommt nur $x \approx 52,9$ infrage.

$A''(52,9) \approx -0,38 < 0$

Die bedruckte Fläche wird maximal, wenn als Seitenlängen des Plakats 52,9 cm und 66,2 cm gewählt werden.

5. a) (1) Extremalbedingung: Inhalt der Rechtecksfläche $A = x \cdot 2\,r$

(2) Nebenbedingung: $2x + 2\pi r = 400$, also $2r = \frac{400}{\pi} - \frac{2x}{\pi}$

Zielfunktion:

$A(x) = x \cdot \left(\frac{400}{\pi} - \frac{2x}{\pi}\right) = -\frac{2}{\pi}x^2 + \frac{400}{\pi}x$

$A'(x) = -\frac{4}{\pi}x + \frac{400}{\pi}$

$A'(x) = 0$ hat die Lösung $x = 100$.

$A''(x) = -\frac{4}{\pi} < 0$

Die Rechtecksfläche hat einen maximalen Inhalt für $x = 100\,\text{m}$ und $r \approx 31,8\,\text{m}$.

b) –

6. (1) Nebenbedingung: $V = \pi r^2 \cdot h = 65$, also $h = \frac{65}{\pi r^2}$

(2) Extremalbedingung: Glasverbrauch: $G = \pi r^2 + 2\pi r \cdot h$

Zielfunktion:

$G(r) = \pi r^2 + 2\pi r \cdot \frac{65}{\pi r^2}$

$\quad\ = \pi r^2 + \frac{130}{r}$, $r > 0$

$G'(r) = 2\pi r - \frac{130}{r^2}$; $G''(r) = 2\pi + \frac{260}{r^3}$

$G'(r) = 0$ hat die Lösung $r \approx 2{,}7$.

$G''(2{,}7) \approx 19{,}5 > 0$

Der Glasverbrauch ist am geringsten, wenn $r \approx 2{,}7\,\text{cm}$ und $h \approx 2{,}8\,\text{cm}$ gewählt werden, der Messzylinder wäre also nur halb so hoch wie sein Durchmesser.

Ein Messzylinder hat aber einen kleinen Radius und eine große Höhe. Er wird also nicht unter dem Gesichtspunkt des geringsten Glasverbrauches produziert.

7. (1) Nebenbedingung: $V = a \cdot b \cdot 5 = 20$, also $a = \frac{4}{b}$

(2) Extremalbedingung: $O = 2 \cdot (a \cdot b + 5 \cdot a + 5 \cdot b)$

Zielfunktion:

$O(b) = 2 \cdot \left(\frac{4}{b} \cdot b + \frac{20}{b} + 5b \right) = 10b + \frac{40}{b} + 8$; $b > 0$

$O'(b) = 10 - \frac{40}{b^2}$; $O''(b) = \frac{80}{b^3}$.

$O'(b) = 0$ hat die Lösungen $b_1 = -2$; $b_2 = 2$

Wegen $b > 0$ kommt nur $b = 2$ infrage.

$O''(2) = 10 > 0$

Der Materialverbrauch ist am geringsten, wenn $a = 2\,\text{cm}$ und $b = 2\,\text{cm}$ groß sind, also bei einer Streichholzschachtel mit quadratischem Querschnitt.

8. (1) Nebenbedingung: $U = \pi r + 2x + 2r$, also

$\quad x = \frac{U}{2} - \frac{\pi + 2}{2} r$

(2) Extremalbedingung: $A = x \cdot 2r + \frac{1}{2}\pi r^2$

Zielfunktion:

$A(r) = \left(\frac{U}{2} - \frac{\pi + 2}{2} r \right) \cdot 2r + \frac{1}{2}\pi r^2 = \left(-2 - \frac{\pi}{2} \right) r^2 + r \cdot U$

$A'(r) = U - (\pi + 4) \cdot r$; $A''(r) = -(\pi + 4)$

$A'(r) = 0$ hat die Lösung $r = \frac{U}{\pi + 4}$; $A''(r) < 0$

Der Flächeninhalt wird maximal für $r = \frac{U}{\pi + 4}$ und

$x = \frac{U}{\pi + 4}$.

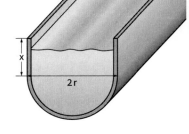

9. Wir modellieren das Reagenzglas als Zylinder mit einer unten angesetzten Halbkugel

(1) Nebenbedingung: $V = V_{\text{Zylinder}} + V_{\text{Halbkugel}} = \pi r^2 h + \frac{2}{3}\pi r^3 = 40$, also $h = \frac{40}{\pi r^2} - \frac{2}{3} r$

(2) Extremalbedingung:

Glasverbrauch: $G = \text{Oberfläche}_{\text{Zylinder}} + \text{Oberfläche}_{\text{Halbkugel}} = 2\pi r \cdot h + 2\pi r^2$

Zielfunktion:

$$G(r) = 2\pi r \cdot \left(\frac{40}{\pi r^2} - \frac{2}{3}r\right) + 2\pi r^2 = \frac{2\pi}{3}r^2 + \frac{80}{r}$$

$$G'(r) = \frac{4\pi}{3}r - \frac{80}{r^2}; \quad G''(r) = \frac{4}{3}\pi + \frac{160}{r^3}$$

$G'(r) = 0$ hat die Lösung $r \approx 2,7$.

$G''(2,7) \approx 12,3 > 0$

Für $r \approx 2,7$ wäre $h \approx 0$, d.h. das Reagenzglas hätte die Form einer Halbkugel.

Das Modell ist nicht dafür geeignet, ein Reagenzglas zu modellieren.

10. (1) Nebenbedingung: $V = V_{Zylinder} + V_{Halbkugel} = \pi r^2 h + \frac{2}{3}\pi r^3 = 80$, also $h = \frac{80}{\pi r^2} - \frac{2}{3}r$

(2) Extremalbedingung: Wir gehen davon aus, dass auch die Bodenfläche verkleidet wird.

Materialverbrauch:

$$M = O_{Zylinder} + O_{Boden} + O_{Halbkugel} = 2\pi r \cdot h + \pi \cdot r^2 + 2\pi \cdot r^2 = 2\pi r \cdot h + 3\pi r^2$$

Zielfunktion:

$$M(r) = 2\pi r \cdot \left(\frac{80}{\pi r^2} - \frac{2}{3}r\right) + 3\pi r^2 = \frac{5\pi}{3}r^2 + \frac{160}{r}$$

$$M'(r) = \frac{10\pi}{3} \cdot r - \frac{160}{r^2}; \quad M''(r) = \frac{10\pi}{3} + \frac{320}{r^3}$$

$M'(r) = 0$ hat die Lösung $r \approx 2,5$.

$M''(2,5) \approx 31 > 0$

Die Kosten für die Isolation sind möglichst gering für $r \approx 2,5\,m$ und $h \approx 2,5\,m$; d.h. das Getreidesilo wäre genauso hoch ($\approx 5\,m$) wie sein Durchmesser ($\approx 5\,m$), was nicht der typischen Form eines Getreidesilos entspricht.

11. a) (1) Extremalbedingung: Oberfläche der Dose: $O = 2\pi r^2 + 2\pi r \cdot h = 2\pi r (r + h)$

(2) Nebenbedingung: Volumen der Dose: $V = \pi r^2 \cdot h = 330$, also $h = \frac{330}{\pi r^2}$

Zielfunktion: $O(r) = 2\pi r \cdot \left(r + \frac{330}{\pi r^2}\right) = 2\pi r^2 + \frac{660}{r}$, $r > 0$

b) $O'(r) = 4\pi r - \frac{660}{r^2}; \quad O''(r) = 4\pi + \frac{1320}{r^3}$

$O'(r) = 0$ hat die Lösung $r = \sqrt[3]{\frac{165}{\pi}} \approx 3,75$.

$O''(3,75) \approx 37,6 > 0$

Eine Dose mit demselben Volumen, aber dem geringsten Materialverbrauch hat die Maße $r \approx 3,75\,cm$, also $d \approx 7,5\,cm$ und $h \approx 7,5\,cm$.

c) (1) Nebenbedingung: $V = \pi r^2 \cdot h$, also $h = \frac{V}{\pi r^2}$

(2) Extremalbedingung: $O = 2\pi r (r + h)$

Zielfunktion:

$$O(r) = 2\pi r \cdot \left(r + \frac{V}{\pi r^2}\right) = 2\pi r^2 + \frac{2V}{r}, \quad r > 0$$

$$O'(r) = 4\pi r - \frac{2V}{r^2}; \quad O''(r) = 4\pi + \frac{4V}{r^3}$$

$O'(r) = 0$ hat die Lösung $r = \sqrt[3]{\frac{V}{2\pi}}$

$$O''\left(\sqrt[3]{\frac{V}{2\pi}}\right) = 4\pi + 8\pi > 0$$

Eine Dose mit dem geringsten Materialverbrauch hat die Maße $r = \sqrt[3]{\frac{V}{2\pi}}$ und

$$h = \frac{V}{\pi \cdot \left(\sqrt[3]{\frac{V}{2\pi}}\right)} = \sqrt[3]{\frac{V^3}{\pi^3 \cdot \frac{V^2}{4\pi^2}}} = \sqrt[3]{\frac{4V}{\pi}} = 2 \cdot r$$

48

12. Mithilfe der Ähnlichkeit erhalten wir:

(1) Nebenbedingung: $\dfrac{2,8}{2,8-b} = \dfrac{5}{\frac{a}{2}}$,

also $a = 10 - \dfrac{25}{7}b$

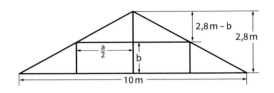

(2) Extremalbedingung: Das Zimmer hat ein möglichst großes

Volumen, wenn die rechteckige Querschnittsfläche möglichst groß ist.

Also $A = a \cdot b$

Zielfunktion:

$A(b) = \left(10 - \dfrac{25}{7}b\right) \cdot b = 10b - \dfrac{25}{7}b^2$, $\;0 < b < 2,8$

$A'(b) = 10 - \dfrac{50}{7}b$; $\;A''(b) = -\dfrac{50}{7} < 0$

$A'(b) = 0$ hat die Lösung $b = \dfrac{7}{5} = 1,4$

Die Querschnittsfläche ist am größten für $b = 1,4\,\text{m}$ und $a = 5\,\text{m}$.

Da b die Höhe des Zimmers ist, ist das Ergebnis unbrauchbar.

13. Nebenbedingung: $\dfrac{h-y}{h} = \dfrac{x}{r}$, also $y = h \cdot \left(1 - \dfrac{x}{r}\right)$

(2. Strahlensatz)

Extremalbedingung:

Volumen des kleinen Kegels $V = \dfrac{1}{3} \cdot \pi \cdot x^2 \cdot y$;

Zielfunktion $V(x) = \dfrac{1}{3} \cdot \pi \cdot h \cdot \left(x^2 - \dfrac{1}{r}x^3\right)$, r, h konstant

$V'(x) = \dfrac{1}{3} \cdot \pi \cdot h \cdot \left(2x - \dfrac{3}{r}x^2\right) = \dfrac{1}{3} \cdot \pi \cdot h \cdot x \cdot \left(2 - \dfrac{3}{r} \cdot x\right)$;

$V''(x) = \dfrac{1}{3} \cdot \pi \cdot h \cdot \left(2 - \dfrac{6}{r} \cdot x\right)$

V' hat die Nullstellen $x_1 = 0$; $x_2 = \dfrac{2}{3}r$.

$V''(0) = \dfrac{2}{3} \cdot \pi \cdot h > 0$; $V''\left(\dfrac{2}{3}r\right) = -\dfrac{2}{3} \cdot \pi \cdot h < 0$

$y = h \cdot \left(1 - \dfrac{x}{r}\right) = h \cdot \left(1 - \dfrac{2}{3}\right) = \dfrac{1}{3}h$

Das Volumen des einbeschriebenen Kegels wird maximal, wenn als Radius $\dfrac{2}{3}r$ und als Höhe $\dfrac{1}{3}h$ gewählt wird.

49

14. $P\left(u \mid f(u)\right)$ mit $-3 < u < 0$

(1) Nebenbedingung: $f(u) = \dfrac{1}{6}u^3 - \dfrac{3}{2}u$

(2) Extremalbedingung: Flächeninhalt des Dreiecks OPQ: $A = \dfrac{1}{2} \cdot (-u) \cdot f(u)$

Zielfunktion:

$A(u) = -\dfrac{1}{2}u \left(\dfrac{1}{6}u^3 - \dfrac{3}{2}u\right) = -\dfrac{1}{12}u^4 + \dfrac{3}{4}u^2$

$A'(u) = -\dfrac{1}{3}u^3 + \dfrac{3}{2}u$; $\;A''(u) = -u^2 + \dfrac{3}{2}$

$A'(u) = 0$ hat die Lösungen $u_1 = 0$; $u_2 = -\dfrac{3}{\sqrt{2}}$; $u_3 = \dfrac{3}{\sqrt{2}}$

Wegen $-3 < u < 0$ kommt nur die Lösung $u = -\dfrac{3}{\sqrt{2}}$ infrage.

$A''\left(-\dfrac{3}{\sqrt{2}}\right) = -\dfrac{9}{2} + \dfrac{3}{2} = -3 < 0$

Ist P der Punkt mit den Koordinaten $P\left(-\dfrac{3}{\sqrt{2}} \mid \dfrac{9}{8}\sqrt{2}\right)$, so ist der Flächeninhalt des Dreiecks maximal.

49

15. $P(u \mid f(u))$ mit $0 < u < 6$

- Extremalbedingung: Flächeninhalt des gesuchten Rechtecks: $A = u \cdot f(u)$, also
  Zielfunktion: $A(u) = -\frac{1}{6}u^4 + u^3$, $0 < u < 6$
  $A'(u) = -\frac{2}{3}u^3 + 3u^2$; $A''(u) = -2u^2 + 6u$
  $A'(u) = 0$ hat die Lösungen $u_1 = 0$; $u_2 = \frac{9}{2}$
  $A''\left(\frac{9}{2}\right) = -\frac{27}{2} < 0$
  Der Flächeninhalt des Rechtecks wird maximal
  für $u = \frac{9}{2}$.

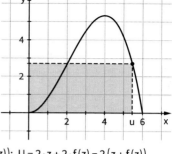

- Extremalbedingung: Umfang des Rechtecks $P(z \mid f(z))$: $U = 2 \cdot z + 2 \cdot f(z) = 2(z + f(z))$
  Zielfunktion:
  $U(z) = -\frac{z^3}{3} + 2z^2 + 2z$, $0 < z < 6$
  $U'(z) = -z^2 + 4z + 2$
  $U'(z) = 0$ hat die Lösungen $z_1 = 2 + \sqrt{6}$; $z_2 = 2 - \sqrt{6}$
  Der Umfang des Rechtecks ist für den Wert $z = \frac{9}{2}$ nicht maximal.

16. a) siehe rechts

b) Die Trapezhöhe beträgt $u + 1 - u = 1$.
Die beiden zueinander parallelen Trapezseiten haben die
Längen $f(u)$ bzw. $f(u + 1)$
Zielfunktion:
$A(u) = \frac{1}{2}(f(u) + f(u + 1)) \cdot 1 = -\frac{1}{4}u^3 - \frac{3}{8}u^2 + \frac{21}{8}u + \frac{11}{8}$,
$0 < u < \sqrt{12} - 1$

c) $A'(u) = -\frac{3}{4}u^2 - \frac{3}{4}u + \frac{21}{8}$; $A''(u) = -\frac{3}{2}u - \frac{3}{4}$
$A'(u) = 0$ hat die Lösungen
$u_1 = \frac{-1 + \sqrt{15}}{2} \approx 1{,}44$ und $u_2 = \frac{-1 - \sqrt{15}}{2} \approx -2{,}44$.
Es kommt nur $u_1 = \frac{-1 + \sqrt{15}}{2}$ infrage.
$A''(1{,}44) \approx -2{,}91 < 0$
Der Flächeninhalt des Trapezes wird für $u \approx 1{,}44$ maximal.

17. a) $P(x \mid y)$ mit $x \neq 0$
Nebenbedingung: $P(x \mid 4 - x^2)$ Punkt auf der Parabel; $x \neq 0$
Extremalbedingung:
Abstand des Punktes P von $O(0 \mid 0)$: $d = \sqrt{(x - 0)^2 + (y - 0)^2} = \sqrt{x^2 + y^2} = \sqrt{x^2 + (4 - x^2)^2}$
Die Funktion f mit $f(x) = \sqrt{x^2 + (4 - x^2)^2}$ ist die Zielfunktion.
Für die Funktion f ist noch keine Ableitungsregel bekannt.
Da aber $f(x) > 0$ für alle $x \neq 0$, kann statt der Funktion f die Funktion g mit
$g(x) = (f(x))^2 = x^2 + (4 - x^2)^2 = x^4 - 7x^2 + 16$ verwendet werden.
Die Funktionen f und g haben dieselben Extremstellen.

b) $g(x) = x^4 - 7x^2 + 16$; $g'(x) = 4x^3 - 14x = 2x \cdot (2x^2 - 7)$; $g''(x) = 12x^2 - 14$
g' hat die Nullstellen $x_1 = 0$; $x_{2,3} = \pm\sqrt{3{,}5}$; $g''\left(\pm\sqrt{3{,}5}\right) = 28 > 0$
Die gesuchten Punkte haben die Koordinaten $P_1\left(-\sqrt{3{,}5} \mid 0{,}5\right)$ und $P_2\left(\sqrt{3{,}5} \mid 0{,}5\right)$.

18. $P(x \mid f(x))$ mit $x \neq 0$

Nebenbedingung: $P\left(x \mid \frac{2}{x^2}\right)$;

Extremalbedingung:

Abstand des Punktes P von $O(0 \mid 0)$: $d = \sqrt{(x-0)^2 + (f(x) - 0)^2} = \sqrt{x^2 + (f(x))^2}$

Zielfunktion: $d = \sqrt{x^2 + \left(\frac{2}{x^2}\right)^2}$, also $d(x) = \sqrt{x^2 + \frac{4}{x^4}}$

Da $d(x) > 0$ für alle $x \neq 0$ kann statt der Funktion d die Funktion f mit

$f(x) = (d(x))^2 = x^2 + 4 \cdot x^{-4}$ verwendet werden. Die Funktionen d und f haben dieselben Extremstellen.

$f'(x) = 2x - 16 \cdot x^{-5} = 2x - \frac{16}{x^5}$;

$f''(x) = 2 + 80 \cdot x^{-6} = 2 + \frac{80}{x^6}$

f' hat die Nullstellen $x_1 = -\sqrt{2}$; $x_2 = \sqrt{2}$

$f''(\pm\sqrt{2}) = 12 > 0$

Die gesuchten Punkte haben die Koordinaten $P_1(-\sqrt{2} \mid 1)$ und $P_2(\sqrt{2} \mid 1)$.

19. Stückkosten:

$f(x) = \frac{K(x)}{x} = x^2 - 9x + 28 + \frac{25}{x}$, $0 < x \leq 16$

$f'(x) = 2x - 9 - \frac{25}{x^2}$; $f''(x) = 2 + \frac{50}{x^3}$

$f'(x) = 0$ hat die Lösung $x = 5$.

$f''(5) = \frac{12}{5} > 0$

Die Stückkosten sind minimal, wenn 5 Jachten produziert werden.

Die Stückkosten betragen dann 13 Millionen Euro.

20. Stückkosten:

$f(x) = \frac{K(x)}{x} = 0{,}0073x^2 - 0{,}19x + 1{,}1 + \frac{9{,}8}{x}$, $x > 0$

Am Graphen von f erkennen wir ein Minimum bei $x \approx 15{,}7$.

Die Stückkosten sind bei einer monatlichen Produktionsmenge von ca. 15 700 T-Shirts minimal. Sie betragen dass etwa 5 400 € pro Tausend T-Shirts bzw. ca. 5,40 € pro T-Shirt.

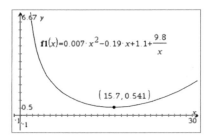

21. a) siehe rechts

b) Wir lesen das globale Maximum ab:

Es liegt bei $x \approx 0{,}7$.

Nach 0,7 Monaten war der Umsatz am größten.

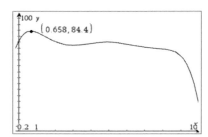

50

c) Wir bestimmen die Extremstellen von f'.
Wir erkennen 2 Extremstellen mit negativer
Steigung bei $x_1 \approx 1{,}46$ und $x_2 \approx 6{,}3$.
Die Steigung an der Stelle x_1 beträgt
ca. $-8{,}36$, an der Stelle x_2 ca. $-3{,}1$.
Der Umsatzrückgang ist somit nach ca. 1,5
Monaten am stärksten.

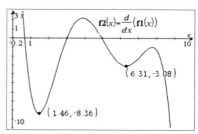

d) Der Umsatz beträgt mehr als 80 Millionen
Euro im Zeitintervall [0,15; 1,43].

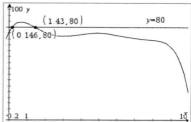

22. Gewinn pro Monat:

$G(x) = 30 \cdot x - K(x)$

$G(x) = -\frac{1}{420\,000}x^3 + \frac{1}{160}x^2 + 8x - 5\,000, \ x \geq 0$

$G'(x) = -\frac{1}{140\,000}x^2 + \frac{1}{80}x + 8; \ G''(x) = -\frac{1}{70\,000}x + \frac{1}{80}$

$G'(x) = 0$ hat die Lösung $x_1 \approx 2\,248; \ x_2 \approx -498$. Es kommt nur $x_1 \approx 2\,248$ infrage.

$G''(2\,248) \approx -0{,}02 < 0$

Der monatliche Gewinn ist bei einer Produktionsmenge von ca. 2250 Batterien maximal.
Der maximale Gewinn beträgt ca. 17520 €.

23. a) $f'(x) = -2x^2 + 12x - 16; \ f''(x) = -4x + 12$

$T(2|0); \ H\left(4\left|\frac{8}{3}\right.\right); \ W\left(3\left|\frac{4}{3}\right.\right)$

b)

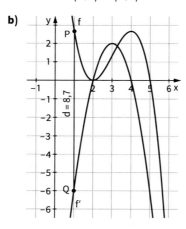

50

c) Extremalbedingung: Abstand des Punktes $P(x \mid f(x))$ von $Q(x \mid f'(x))$: $d(x) = |f(x) - f'(x)|$

Nebenbedingung: $f(x) = -\frac{2}{3}x^3 + 6x^2 - 16x + \frac{40}{3}$; $f'(x) = -2x^2 + 12x - 16$

Zielfunktion: $d(x) = \left| -\frac{2}{3}x^3 + 8x^2 - 28x + \frac{88}{3} \right|$; $1 \leq x \leq 5$

Die Funktion d hat im Intervall $[1; 5]$ ein lokales Maximum an der Stelle $x \approx 2{,}59$, das ca. 1,1 beträgt.

Vergleich mit den Funktionswerten an den Rändern des Intervalls (mögliche Randextrema):

$d(1) = \frac{26}{3} \approx 8{,}7$; $d(5) = 6$.

Der Abstand der Punkte P und Q ist im Intervall $[1; 5]$ maximal an der Stelle $x = 1$.

24. a) $f_k'(x) = 2x - 6k$; $f_k''(x) = 2 > 0$

f_k' hat die Nullstelle $x = 3k$, also $T_k(3k \mid 4k - 8k^2)$

b) Gesucht ist das Maximum der Funktion s mit $s(k) = 4k - 8k^2$

$s'(k) = 4 - 16k$; $s''(k) = -16 < 0$

s' hat die Nullstelle $k = \frac{1}{4}$, also Maximum von s bei $k = \frac{1}{4}$.

Der Tiefpunkt $T_{\frac{1}{4}}\left(\frac{3}{4} \mid \frac{1}{2} \right)$ liegt von allen Tiefpunkten der Schar am höchsten.

25. a) $f_t(x) = 0$, also $x \cdot \left(-\frac{1}{6t}x^2 + 2x - 6t \right) = 0$ hat die Lösungen $x_1 = 0$; $x_2 = 6t$ (Doppelte Nullstelle).

b) Graph A: die doppelte Nullstelle liegt bei $x = 3$. Somit ist A der Graph der Funktion $f_{\frac{1}{2}}$.

Graph B: die doppelte Nullstelle liegt bei $x = 6$. Somit ist B der Graph der Funktion f_1.

Graph C: die doppelte Nullstelle liegt bei $x = 9$. Somit ist C der Graph der Funktion $f_{\frac{3}{2}}$.

c) Extremalbedingung: $A(u) = u \cdot |f_1(u)| = -u \cdot f_1(u)$

Nebenbedingung: $P\left(u \mid -\frac{1}{6}u^3 + 2u^2 - 6u \right)$; $0 < u < 6$

Zielfunktion $A(u) = \frac{1}{6}u^4 - 2u^3 + 6u^2$; $0 < u < 6$

$A'(u) = \frac{2}{3}u^3 - 6u^2 + 12u$; $A''(u) = 2u^2 - 12u + 12$

$A'(u) = 0$ hat die Lösungen $u_1 = 0$; $u_2 = 3$; $u_3 = 6$.

Aufgrund des Definitionsbereichs $0 < u < 6$ kommt nur die Lösung $u_2 = 3$ infrage. $A''(3) = -6 < 0$

Der Flächeninhalt des Rechtecks ist maximal, falls als Eckpunkt der Punkt $P\left(3 \mid -\frac{9}{2} \right)$ gewählt wird.

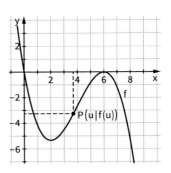

d) $f_t'(x) = -\frac{1}{2t}x^2 + 4x - 6t$; $f_t''(x) = -\frac{1}{t}x + 4$

f_t'' hat die Nullstelle mit Vorzeichenwechsel $x = 4t$, also $W\left(4t \mid -\frac{8}{3}t^2 \right)$

Steigung der Wendetangente: $m_t = f_t'(4t) = 2t$

Gleichung der Wendetangente: $y = 2t \cdot x - \frac{32}{3}t^2$

Die Wendetangente hat die Steigung 2 für $t = 1$

Noch fit … im Lösen linearer Gleichungssysteme?

51

1. (1) $L = \left\{\left(2 \mid -\frac{1}{4}\right)\right\}$ (2) $L = \left\{\left(-\frac{13}{15} \mid \frac{12}{5}\right)\right\}$ (3) $L = \{(2 \mid 2)\}$

2. x Preis für einen Bleisitft; y Preis für einen Radiergummi

$\begin{vmatrix} 4x + 3y = 6{,}90 \\ 2x + y = 3{,}10 \end{vmatrix}$

$L = \{(1{,}2 \mid 0{,}7)\}$

Ein Bleistift kostet 1,20 €, ein Radiergummi 0,70 €.

52

3. a) $L = \{(3 \mid 4)\}$ **c)** $L = \{(4 \mid 34)\}$ **e)** $L = \left\{\left(\frac{19}{7} \mid -\frac{3}{7}\right)\right\}$ **g)** $L = \{(0{,}5 \mid 1)\}$

   b) $L = \left\{\left(8 \mid \frac{3}{2}\right)\right\}$ **d)** $L = \left\{\left(-\frac{3}{4} \mid \frac{13}{8}\right)\right\}$ **f)** $L = \{(5 \mid -2)\}$ **h)** $L = \{(-3 \mid 5)\}$

4. a) $\begin{vmatrix} 3x - 2y = 0 \\ 9x - 6y = 0 \end{vmatrix} \cdot (-3) \Rightarrow \begin{vmatrix} 3x - 2y = 0 \\ 0 = 0 \end{vmatrix}$

    unendlich viele Lösungen $L = \left\{\left(x \mid \frac{3}{2}x\right), x \in \mathbb{R}\right\}$

   b) $\begin{vmatrix} 6x + 4y = 4 \\ 9x + 6y = 5 \end{vmatrix} \cdot (-1{,}5) \Rightarrow \begin{vmatrix} 6x + 4y = 4 \\ 0 = -1 \end{vmatrix}$

    keine Lösung $L = \{\ \}$

   c) $\begin{vmatrix} 4x - 2y = 14 \\ 6x - 3y = 21 \end{vmatrix} \cdot (-1{,}5) \Rightarrow \begin{vmatrix} 4x - 2y = 14 \\ 0 = 0 \end{vmatrix}$

    unendlich viele Lösungen $L = \{(x \mid 2x - 7), x \in \mathbb{R}\}$

   d) $\begin{vmatrix} -3x + 6y = 2 \\ 4x - 8y = 3 \end{vmatrix} \cdot \frac{4}{3} \Rightarrow \begin{vmatrix} -3x + 6y = 2 \\ 0 = \frac{17}{3} \end{vmatrix}$

    keine Lösung $L = \{\ \}$

5. a) $L = \{(8 \mid -1)\}$, also $\begin{vmatrix} 16 + b = 5 \\ 8 - 3 = a \end{vmatrix}$, somit $a = 5$, $b = -11$

   b) $\begin{vmatrix} 2x - by = 5 \\ x + 3y = a \end{vmatrix} \cdot 2 \Rightarrow \begin{vmatrix} 2x - by = 5 \\ 2x + 6y = 2a \end{vmatrix}$

    unendlich viele Lösungen, falls $a = \frac{5}{2}$, $b = -6$

   c) keine Lösung, falls $b = -6$ und $a \neq \frac{5}{2}$

6. a) x Länge der Basis, y Länge eines Schenkels

    $\begin{vmatrix} x + 2y = 33 \\ y = 3x \end{vmatrix}$; $L = \left\{\left(\frac{33}{7} \mid \frac{99}{7}\right)\right\}$

    Die Länge eines Schenkels beträgt $\frac{33}{7}$ cm ≈ 4,71 cm, die der Basis $\frac{99}{7}$ cm ≈ 14,14 cm.

   b) Einerziffer x; Zehnerziffer y

    $\begin{vmatrix} x + y = 15 \\ 10x + y = 10y + x + 9 \end{vmatrix}$, also $\begin{vmatrix} x + y = 15 \\ 9x - 9y = 9 \end{vmatrix}$

    $L = \{(8 \mid 7)\}$

    Die ursprüngliche Zahl heißt 78.

52

c) $\begin{vmatrix} 2a + 2b = 60 \\ a \quad = \frac{3}{2}b \end{vmatrix}$, $L = \{(18\,|\,12)\}$

Die Rechteckseiten haben die Längen 18 cm und 12 cm. Der Flächeninhalt beträgt 216 cm².

7. x Eintrittspreis für ein Kind

y Eintrittspreis für einen Erwachsenen

$\begin{vmatrix} 2x + y = 17{,}50 \\ 3x + 2y = 30 \end{vmatrix}$, $L = \{(5\,|\,7{,}5)\}$

Die Eintrittkarte für ein Kind kostet 5 €, für einen Erwachsenen 7,50 €.

8. ▪ x Preis einer Mokka-Tafel

y Preis einer Tafel Vollmilchschokolade

$\begin{vmatrix} 5x + 6y = 1{,}35 \\ 7x + 14y = 2{,}45 \end{vmatrix}$, $L = \{(0{,}15\,|\,0{,}1)\}$

Ein Mokka-Schokotäfelchen kostet 0,15 €.

▪ a Gewicht eines Mokka-Schokotäfelchens

b Gewicht eines Vollmilch-Schokotäfelchens

$\begin{vmatrix} 5a + 6b = 250 \\ 7a + 14b = 490 \end{vmatrix}$, $L = \{(20\,|\,25)\}$

Ein Vollmilch-Schokotäfelchen wiegt 25 g.

1.3 Lösen linearer Gleichungssysteme – Gauss-Algorithmus

1.3.1 Der Gauss-Algorithmus zum Lösen eines linearen Gleichungssystems

53

Einstiegsaufgabe ohne Lösung

Das lineare Gleichungssystem wird mithilfe des Additionsverfahrens gelöst.

Dabei wurde im gegebenen Gleichungssystem die erste und die zweite Gleichung sowie die erste und die dritte Gleichung so miteinander kombiniert, dass jeweils die Variable x eliminiert wird.

$$\left|\begin{array}{l} x + y + 3z = 12 \\ 4y + 2z = 14 \\ 8y - 4z = 4 \end{array}\right| \begin{array}{l} \\ \cdot(-2) \\ \end{array} \oplus$$

$$\left|\begin{array}{l} x + y + 3z = 12 \\ 4y + 2z = 14 \\ -8z = -24 \end{array}\right| : (-8)$$

$$\left|\begin{array}{l} x + y + 3z = 12 \\ 4y + 2z = 14 \\ z = 3 \end{array}\right| \begin{array}{l} \text{Einsetzen und} \\ \text{vereinfachen} \end{array}$$

$$\left|\begin{array}{l} x + y = 3 \\ 4y = 8 \\ z = 3 \end{array}\right| : 4$$

$$\left|\begin{array}{l} x + y = 3 \\ y = 2 \\ z = 3 \end{array}\right| \begin{array}{l} \text{Einsetzen und} \\ \text{vereinfachen} \end{array}$$

$$\left|\begin{array}{l} x = 1 \\ y = 2 \\ z = 3 \end{array}\right| \quad L = \{(1\,|\,2\,|\,3)\}$$

55

1. a) $L = \{(-1\,|\,2)\}$ **b)** $L = \{(-2\,|\,1\,|\,1)\}$ **c)** $L = \{(42\,|\,42\,|\,42)\}$ **d)** $L = \left\{\left(\frac{9}{8}\,\middle|\,0\,\middle|\,\frac{7}{4}\right)\right\}$

2. a) $L = \{(-12\,|\,-17\,|\,1)\}$ **b)** $L = \{(1\,|\,-2\,|\,3)\}$ **c)** $L = \left(\frac{10}{23}\,\middle|\,\frac{49}{23}\,\middle|\,-\frac{22}{23}\,\middle|\,2\right)$

3. Mögliche Beispiele:

a) $\left|\begin{array}{l} 4a - b + 2c = 8 \\ a + 2b - 2c = 9 \\ 2a + b - c = 9 \end{array}\right|$ hat die Lösung $(3\,|\,2\,|\,-1)$.

b) $\left|\begin{array}{l} 2a - 3b + c + d = -4 \\ a + 3b - c + 2d = 13 \\ 5a + b + 2c - 2d = -11 \\ a + b + c - 2d = -7 \end{array}\right|$ hat die Lösung $(-1\,|\,2\,|\,0\,|\,4)$.

c) –

55

4. 30 ist der Hauptnenner aller vorkommenden Brüche. Multiplizieren einer Gleichung mit einer Zahl ungleich null ist eine Äquivalenzumformung, die die Lösungsmenge einer Gleichung nicht verändert.

$$\begin{vmatrix} 6x - 20y + 5z = 37 \\ 9x + 10y - 10z = -2 \\ 5x + \quad\quad 6z = 16 \end{vmatrix} \begin{array}{l} \cdot 3 \\ \cdot(-2) \\ \end{array} \begin{array}{l} \cdot 5 \\ \\ \cdot(-6) \end{array}$$

$$\begin{vmatrix} 6x - 20y + 5z = 37 \\ \quad - 80y + 35z = 115 \\ \quad -100y - 11z = 89 \end{vmatrix} \begin{array}{l} \cdot 5 \\ \cdot(-4) \end{array}$$

$$\begin{vmatrix} 6x - 20y + 5z = 37 \\ \quad -80y + 35z = 115 \\ \quad\quad\quad 219z = 219 \end{vmatrix} \Rightarrow \begin{vmatrix} 6x - 20y + 5z = 37 \\ \quad -80y + 35z = 115 \\ \quad\quad\quad\quad z = 1 \end{vmatrix} \Rightarrow$$

$$\begin{vmatrix} 6x - 20y \quad\quad = 32 \\ \quad -80y \quad\quad = 80 \\ \quad\quad\quad\quad z = 1 \end{vmatrix} \Rightarrow \begin{vmatrix} 6x - 20y \quad\quad = 32 \\ \quad\quad\; y \quad\quad = -1 \\ \quad\quad\quad\quad z = 1 \end{vmatrix} \Rightarrow$$

$$\begin{vmatrix} 6x \quad\quad = 12 \\ \quad y \quad = -1 \\ \quad\quad\; z = 1 \end{vmatrix} \Rightarrow \begin{vmatrix} x \quad\quad = 2 \\ \quad y \quad = -1 \\ \quad\quad z = 1 \end{vmatrix}$$

$L = \{(2 \mid -1 \mid 1)\}$

5. $\begin{pmatrix} 3 & -1 & 2 & | & 35 \\ 0 & 6 & -3 & | & -21 \\ 0 & 0 & -4 & | & -12 \end{pmatrix} |:(-4)$ $\quad\quad \begin{pmatrix} 3 & -1 & 2 & | & 35 \\ 0 & 6 & -3 & | & -21 \\ 0 & 0 & 1 & | & 3 \end{pmatrix}$

$\begin{pmatrix} 3 & -1 & 0 & | & 29 \\ 0 & 6 & 0 & | & -12 \\ 0 & 0 & 1 & | & 3 \end{pmatrix} |:6$ $\quad\quad \begin{pmatrix} 3 & -1 & 0 & | & 29 \\ 0 & 1 & 0 & | & -2 \\ 0 & 0 & 1 & | & 3 \end{pmatrix}$

$\begin{pmatrix} 3 & 0 & 0 & | & 27 \\ 0 & 1 & 0 & | & -2 \\ 0 & 0 & 1 & | & 3 \end{pmatrix} |:3$ $\quad\quad \begin{pmatrix} 1 & 0 & 0 & | & 9 \\ 0 & 1 & 0 & | & -2 \\ 0 & 0 & 1 & | & 3 \end{pmatrix}$

$L = \{(9 \mid -2 \mid 3)\}$

6. Mit a: Anzahl Sortiment 1, b: Anzahl Sortiment 2, c: Anzahl Sortiment 3 ergibt sich das Gleichungssystem:

$$\begin{vmatrix} 2a + 3b + 4c = 1\,890 \\ 2a + 6b + 2c = 2\,400 \\ 4a + b + c = 1\,690 \end{vmatrix} \Rightarrow a = 330;\ b = 250;\ c = 120.$$

Das Lager kann also geräumt werden mit 330-mal Sortiment 1, 250-mal Sortiment 2 und 120-mal Sortiment 3.

1.3.2 Lineare Gleichungssysteme mit unendlich vielen Lösungen oder ohne Lösung

56

Einstiegsaufgabe ohne Lösung

Die letzte Gleichung von Theos Ergebnis lautet ausgeschrieben: $0 \cdot x + 0 \cdot y + 0 \cdot z = 0$.

Sie ist für alle Zahlen x, y, z stets erfüllt.

Die zweite Gleichung lautet: $y = 1 + 2z$.

Wählt man für z eine beliebige Zahl und für $y = 1 + 2z$, ist diese Gleichung erfüllt.

Setzt man $y = 1 + 2z$ in die erste Gleichung ein, so erhält man $x = 3z$.

Das Gleichungssystem ist somit erfüllt, wenn man für z eine beliebige Zahl wählt und $x = 3z$

sowie $y = 1 + 2z$ setzt.

Das lineare Gleichungssystem hat somit unendlich viele Lösungen $(3z \mid 1 + 2z \mid z)$, $z \in \mathbb{R}$.

57

1. Die letzte Gleichung von Antonias Lösung bedeutet ausgeschrieben: $0 \cdot x + 0 \cdot y + 0 \cdot z = 3$

Diese Gleichung kann von keinen Zahlen x, y, z erfüllt werden. Das lineare Gleichungssystem hat keine Lösung.

58

2. a) $L = \left\{ \left(\frac{4}{3} \mid -\frac{8}{3} \mid \frac{10}{3} \right) \right\}$ **b)** $L = \{ \ \}$ **c)** $L = \{(3 \mid 0 \mid -1)\}$ **d)** $L = \{(0 \mid 0 \mid 0)\}$

3. (1) Das System besitzt die eindeutige Lösung $x = 1$; $y = 2$.

(2) Das System besitzt keine Lösung.

(3) Das System besitzt unendlich viele Lösungen:

$x = 3 - t$; $y = -1 + 2t$; $z = t$ mit $t \in \mathbb{R}$.

(4) Das System besitzt keine Lösung.

Ein überbestimmtes LGS kann eine eindeutige oder keine Lösung oder unendlich viele Lösungen besitzen.

Ein unterbestimmtes LGS hat entweder unendlich viele Lösungen oder keine Lösung.

4. –

5. Das lineare Gleichungssystem hat unendlich viele Lösungen.

$L = \{(4 - z \mid 3 + z \mid z), z \in \mathbb{R}\}$

Lara hat eine Lösung, nämlich für $z = 1$, angegeben. Tom hat ebenfalls eine Lösung, nämlich für $z = 5$, gefunden.

6. a) Das lineare Gleichungssystem hat keine Lösung, da die Gleichung $0 = 1$ nicht erfüllt werden kann. $L = \{ \ \}$

b) Das lineare Gleichungssystem hat unendlich viele Lösungen:

$$L = \left\{ \left(\frac{24}{7} - \frac{11}{7}t \mid -\frac{2}{7} + \frac{5}{7}t \mid t \right), t \in \mathbb{R} \right\}$$

7. a) Das lineare Gleichungssystem hat keine Lösung. Die zweite und dritte Gleichung widersprechen einander. $L = \{ \ \}$

b) Multipliziert man die erste Gleichung mit dem Faktor -2, so sind erste und die dritte Gleichung identisch. Durch Umformen erhält man

$$\begin{vmatrix} x + & \frac{1}{5}z = -\frac{23}{25} \\ & y - \frac{6}{5}z = -\frac{42}{25} \\ & 0 = 0 \end{vmatrix}, \text{ also } L = \left\{ \left(-\frac{23}{25} - \frac{1}{5}z \mid -\frac{42}{25} + \frac{6}{5}z \mid z \right), z \in \mathbb{R} \right\}$$

58

   c) Multipliziert man die erste Gleichung mit dem Faktor 2 und die zweite Gleichung mit dem Faktor -2, so sind alle drei Gleichungen identisch. Das lineare Gleichungssystem hat unendlich viele Lösungen. $L = \{(y-z \,|\, y \,|\, z); \; y, z \in \mathbb{R}\}$

   d) Das lineare Gleichungssystem hat keine Lösung, da sich die erste und die dritte Gleichung widersprechen. $L = \{\ \}$

59

8. Dominik hat im 3. Rechenschritt $y = 4$ nur in die zweite Gleichung, aber nicht in die erste Gleichung einsetzt. Dann hätte er den Widerspruch entdeckt.

9. (1) Maren hat bei der zweiten Gleichung nur die rechte Seite der ersten Gleichung geändert. Dadurch widersprechen sich die ersten beiden Gleichungen.

   (2) Maren hat die zweite Gleichung mit dem Faktor 2 multipliziert und dann die rechte Seite geändert. Dadurch widersprechen sich die letzten beiden Gleichungen.

   (3) Maren hat die beiden ersten Gleichungen addiert, um die dritte Gleichung zu erhalten, dann aber die rechte Seite abgeändert.

10. a) Mit den Bezeichnungen a: Apfelsaft; b: Ananassaft; c: Multivitaminsaft und d: Orangensaft (jeweils in 100 ml) ergibt sich das Gleichungssystem:

$$\left|\begin{array}{l} 7{,}4\,a + 12{,}5\,b + 55\,c + 35\,d = 100 \\ a + b + c + d = 2 \end{array}\right|, \text{ mit } 0 < a, b, c, d < 2.$$

Es hat die Lösungsmenge $L = \left\{\left(a \,\middle|\, b \,\middle|\, c = \frac{69}{50}a + \frac{9}{8}b + \frac{3}{2} \,\middle|\, d = -\frac{119}{50}a - \frac{17}{8}b + \frac{1}{2}\right)\right\}$

mit $0 < a, b, c, d < 2$ und $a + b + c + d = 2$.

Betrachten wir die Gleichung $c = \frac{69}{50}a + \frac{9}{8}b + \frac{3}{2}$. Wegen $0 < c < 2$ muss gelten

(1) $\frac{69}{50}a + \frac{9}{8}b + \frac{3}{2} > 0$ bzw. $b > -\frac{92}{75}a - \frac{4}{3}$.

(2) $\frac{69}{50}a + \frac{9}{8}b + \frac{3}{2} < 2$ bzw. $b < -\frac{92}{75}a + \frac{4}{9}$

Betrachten wir die Gleichung $d = -\frac{119}{50}a - \frac{17}{8}b + \frac{1}{2}$. Wegen $0 < d < 2$ muss gelten

(1) $-\frac{119}{50}a - \frac{17}{8}b + \frac{1}{2} > 0$ bzw. $b < -1{,}12\,a + \frac{4}{17}$

(2) $-\frac{119}{50}a - \frac{17}{8}b + \frac{1}{2} < 2$ bzw. $b > -1{,}12\,a + \frac{12}{17}$

Wir können das Problem jetzt grafisch lösen: Die Lösungen für a und b sind die Koordinaten der Punkte $P(a \,|\, b)$ im 1. Quadranten, die unterhalb der Geraden mit der Gleichung $b = -1{,}12\,a + \frac{4}{17}$ liegen.

$\Big($Die Gerade $b = -\frac{92}{75}a + \frac{4}{9}$ liegt oberhalb dieser Geraden, die beiden anderen Geraden gehen durch den dritten Quadranten, sind also unerheblich, wenn $b, a > 0$ gilt.$\Big)$

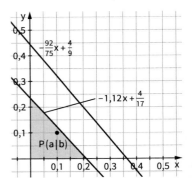

59

Es gibt unendlich viele Lösungen mit $0 < a < \frac{25}{119} \approx 0{,}2108$ und $b < -1{,}12\,a + \frac{4}{17}$,

$c = \frac{69}{50}a + \frac{9}{8}b + \frac{3}{2}$, $d = -\frac{119}{50}a - \frac{17}{8}b + \frac{1}{2}$.

Eine mögliche Lösung ist $a = \frac{1}{10}$; $b = \frac{1}{10}$. Für diese Werte erhält man $c = \frac{3501}{2000}$; $d = \frac{99}{2000}$.

Der Vitamin-C-Bedarf kann z. B. durch 10 ml Apfelsaft, 10 ml Ananassaft, 175,05 ml Multivitaminsaft und 4,95 ml Orangensaft gedeckt werden.

b) $\begin{vmatrix} 12{,}5\,b + & 55\,c + & 35\,d = 100 \\ 243\,b + & 197\,c + & 163\,d = 397 \\ b + & c + & d = 2 \end{vmatrix}$

besitzt die Lösungsmenge $L = \{(0{,}169133 \mid 1{,}69027 \mid 0{,}140592)\}$.

Die gewünschte Menge besteht aus 16,9 ml Ananassaft, 169 ml Multivitaminsaft und 14,1 ml Orangensaft.

11. a) Im Gleichungssystem wird für jedes einzelne Atom die Bedingung dargestellt, dass es links und rechts der chemischen Reaktionsgleichung gleich viele Atome sein müssen.

Als Lösung ergibt sich: $\begin{vmatrix} a = \frac{1}{4}d \\ b = \frac{1}{4}d \\ c = \frac{1}{4}d \end{vmatrix}$

Hier erkennt man, dass man ohne Einschränkung unendlich viele Zahlen für d einsetzen kann und immer eine Lösung erhält.

Möglichst kleine natürliche Zahlen sind: $\begin{vmatrix} a = 1 \\ b = 1 \\ c = 1 \\ d = 4 \end{vmatrix}$

b) (1) Es ergibt sich als Gleichungssystem $\begin{vmatrix} 3\,a = 1\,c \\ 8\,a = 2\,d \\ 2\,b = 2\,c + d \end{vmatrix}$

Als Lösung ergibt sich: $\begin{vmatrix} a = \frac{1}{4}d \\ b = \frac{5}{4}d \\ c = \frac{3}{4}d \end{vmatrix}$

oder mit möglichst kleinen natürlichen Zahlen $a = 1$; $b = 5$; $c = 3$; $d = 4$

(2) Als Gleichungssystem ergibt sich: $\begin{vmatrix} 3\,a = 1\,b \\ 5\,a = 2\,c \\ 3\,a = 2\,d \\ 9\,a = 2\,e \end{vmatrix}$

Als Lösung ergibt sich: $\begin{vmatrix} a = \frac{2}{3}e \\ b = \frac{2}{3}e \\ c = \frac{5}{9}e \\ d = \frac{1}{3}e \end{vmatrix}$

oder mit möglichst kleinen natürlichen Zahlen: $a = 2$; $b = 6$; $c = 5$; $d = 3$; $e = 9$

59

(3) Als Gleichungssystem ergibt sich:

$$\begin{vmatrix} 2\,a & & & = e \\ 4\,a & & & = d \\ 7\,a + & & c = 3\,d \\ & b + 2\,c = 3\,d \\ & b & & = e \end{vmatrix}$$

Als Lösung ergibt sich:

$$\begin{vmatrix} a = \frac{1}{2}\,e \\ b = & e \\ c = \frac{5}{2}\,e \\ d = 2\,e \end{vmatrix}$$

oder mit möglichst kleinen natürlichen Zahlen:

$a = 1;\ b = 2;\ c = 5;\ d = 4;\ e = 2$

60

12. a) a Anteil von Neon A, y Anteil von Neon B, z Anteil von Neon S
Es soll festgestellt werden, ob Neon E durch ein Gemisch von Neon A, Neon B und Neon S entstanden ist.
Für Neon 20 gilt: $8{,}2 \cdot x + 12{,}5 \cdot y + 0{,}9 \cdot z = 4{,}2$
Für Neon 21 gilt: $0{,}03 \cdot x + 0{,}04 \cdot y + 0{,}91 \cdot z = 0{,}04$
Für Neon 22 gilt: $x + y + z = 1$
Bedingung für x, y, z: $x, y, z \geq 0$

b) $L = \{(1{,}872 \mid -0{,}894 \mid 0{,}022)\}$
Da $y < 0$, kann das Gemisch E nicht durch Vermengung aus den drei anderen Gemischen entstanden sein.

13. Wir formen das lineare Gleichungssystems mithilfe des GAUSS-Algorithmus in die Dreiecksgestalt um:

a)
$$\begin{vmatrix} 1 & -\frac{2}{3} & \frac{t}{3} & \frac{2}{3} \\ 0 & 1 & -\frac{t-3}{8} & \frac{11}{4} \\ 0 & 0 & 1 & -\frac{12}{t-4} \end{vmatrix}$$

Für $t = 4$ hat das LGS keine Lösung.
Für $t \neq 4$: $L = \left\{ \left(\frac{11}{2} + \frac{15}{t-4};\ \frac{5}{4} - \frac{3}{2 \cdot (t-4)};\ -\frac{12}{t-4} \right) \right\}$

b)
$$\begin{vmatrix} 1 & -2 & -1 & -2 \\ 0 & 1 & \frac{1}{10} & \frac{4}{5} \\ 0 & 0 & 1 & 0 \end{vmatrix}$$

Das LGS ist für alle $t \in \mathbb{R}$ lösbar mit der Lösungsmenge $L = \left\{ \left(-\frac{2}{5};\ \frac{4}{5};\ 0 \right) \right\}$

c)
$$\begin{vmatrix} 1 & 0 & \frac{1}{3} & \frac{t}{3} \\ 0 & 1 & -\frac{5}{3} & 8 - \frac{2}{3}t \\ 0 & 0 & 0 & 1 \end{vmatrix}$$

Es gibt keinen Wert für $t \in \mathbb{R}$, für den das LGS lösbar ist.

d)
$$\begin{vmatrix} 1 & t & 1 & 5 \\ 0 & 1 & 1 & 4 \\ 0 & 0 & 1 & \frac{4t-6}{t-2} \end{vmatrix}$$

Für $t = 2$ hat das LGS keine Lösung.
Für $t \neq 2$: $L = \left\{ \left(3 + \frac{2}{t-2};\ -\frac{2}{t-2};\ \frac{4t-6}{t-2} \right) \right\}$

61

14. a) Korrektur an 1. Auflage: Die Fragestellung muss lauten: „Wie groß **darf ... höchstens** sein?

a: Anteil der Bohnensorte A an der Gesamtmenge (500 g) in Prozent
b: Anteil der Bohnensorte B an der Gesamtmenge (500 g) in Prozent
c: Anteil der Bohnensorte C an der Gesamtmenge (500 g) in Prozent
d: Anteil der Bohnensorte D an der Gesamtmenge (500 g) in Prozent

Für den Gesamtpreis der Mischung gilt:

$6a + 7{,}5b + 9c = 6{,}75$

Die Anteile müssen zusammen 100 % ergeben, also $a + b + c = 1$

Das zugehörige LGS hat die Lösungsmenge $L = \left\{ \left(a = c + \frac{1}{2} \mid b = \frac{1}{2} - 2c \mid c \right) \right\}$

mit $0 < a, b, c < 1$.

Wegen $0 < b < 1$ gilt $0 < \frac{1}{2} - 2c < 1$, also $0 < c < \frac{1}{4}$.

Der Anteil der Sorte C darf höchstens 25 % betragen.

b) Korrektur an 1. Auflage: Die Aufgabenstellung muss lauten: „**Untersuchen Sie, ob solch eine Mischung möglich ist.**" Zudem wird folgende Fragestellung ergänzt „**Wie groß muss der Anteil der Sorte D sein, dass eine Mischung zum Preis von 9 € zustandekommt?**"

Das LGS $\begin{vmatrix} 6a + 7{,}5b + 11{,}25d = 9 \\ a + b + d = 1 \end{vmatrix}$ hat die Lösungsmenge

$L = \left\{ \left(a = -1 + \frac{5}{2}d \mid b = 2 - \frac{7}{2}d \mid d \right) \right\}$ mit $0 < a, b, d < 1$.

Für $d = 0{,}1$ ergibt sich $a = -0{,}75$. Eine solche Mischung ist damit nicht möglich.

Aus der Forderung $a > 0$, also $-1 + \frac{5}{2}d > 0$ ergibt sich: $d > 0{,}4$.

Aus der Forderung $b > 0$, also $2 - \frac{7}{2}d > 0$ ergibt sich: $d < \frac{4}{7} \approx 0{,}5714$

Aus $a < 1$ ergibt sich $d < 0{,}8$; und aus $b < 1$ ergibt sich $d > \frac{2}{7} \approx 0{,}2857$

Für $d = 0{,}5$ oder $d = 0{,}45$ gibt es also z. B. eine Lösung des Gleichungssystems.

15. a) Gelb: $\begin{pmatrix} 1 \\ 0 \\ 0 \end{pmatrix} + \begin{pmatrix} 0 \\ 1 \\ 0 \end{pmatrix} = \begin{pmatrix} 1 \\ 1 \\ 0 \end{pmatrix}$; Weiß: $\begin{pmatrix} 1 \\ 1 \\ 1 \end{pmatrix}$; Schwarz: $\begin{pmatrix} 0 \\ 0 \\ 0 \end{pmatrix}$; Grau: $\begin{pmatrix} 0{,}5 \\ 0{,}5 \\ 0{,}5 \end{pmatrix}$

b) $\begin{pmatrix} 0{,}63 \\ 0{,}33 \\ 0{,}48 \end{pmatrix} = \begin{pmatrix} 1{,}5 \cdot 0{,}42 \\ 1{,}5 \cdot 0{,}22 \\ 1{,}5 \cdot 0{,}32 \end{pmatrix} = 1{,}5 \cdot \begin{pmatrix} 0{,}42 \\ 0{,}22 \\ 0{,}32 \end{pmatrix}$

Der RGB-Farbvektor $\begin{pmatrix} 0{,}63 \\ 0{,}33 \\ 0{,}48 \end{pmatrix}$ hat die 1,5-fache Farbintensität des RGB-Farbvektors $\begin{pmatrix} 0{,}42 \\ 0{,}22 \\ 0{,}32 \end{pmatrix}$.

Gesucht sind $r, s \in \mathbb{R}$, sodass $\begin{pmatrix} 0{,}82 \\ 0{,}34 \\ 0{,}62 \end{pmatrix} = r \cdot \begin{pmatrix} 0{,}40 \\ 0{,}15 \\ 0{,}31 \end{pmatrix} + s \cdot \begin{pmatrix} 0{,}2 \\ 0{,}4 \\ 0 \end{pmatrix}$.

Dies ist der Fall für $r = 2$ und $s = 0{,}1$.

61

c) Dunkelgrün: Gesucht sind $r, s \in \mathbb{R}$, sodass $\begin{pmatrix} 0,3 \\ 0,45 \\ 0,31 \end{pmatrix} = r \cdot \begin{pmatrix} 0,42 \\ 0,56 \\ 0,14 \end{pmatrix} + s \cdot \begin{pmatrix} 0,27 \\ 0,51 \\ 0,72 \end{pmatrix}$

Dies ist der Fall für $r = \frac{1}{2}$ und $s = \frac{1}{3}$.

Dunkelgrün kann aus Olive und Stahlblau gemischt werden.

Mittelpurpur: Gesucht sind $r, s \in \mathbb{R}$, sodass $\begin{pmatrix} 0,58 \\ 0,44 \\ 0,86 \end{pmatrix} = r \cdot \begin{pmatrix} 0,42 \\ 0,56 \\ 0,14 \end{pmatrix} + s \cdot \begin{pmatrix} 0,27 \\ 0,51 \\ 0,72 \end{pmatrix}$.

Dieses Gleichungssystem hat keine Lösung.

Mittelpurpur kann nicht aus Olive und Stahlblau gemischt werden.

1.4 Bestimmen ganzrationaler Funktionen

62

Einstiegsaufgabe ohne Lösung

Mit $f(0) = 7$; $f(20) = 0$; $f'(0) = 0$; $f'(20) = 0$ und $f(x) = ax^3 + bx^2 + cx + d$; $f'(x) = 3ax^2 + 2bx + c$ ergibt sich das lineare Gleichungssystem

$$\begin{vmatrix} & & & d = 7 \\ 8\,000a + 400b + 20c + d = 0 \\ & & c & = 0 \\ 1\,200a + 40b + c & = 0 \end{vmatrix}$$ mit der Lösung $a = \frac{7}{4\,000}$; $b = -\frac{21}{400}$; $c = 0$; $d = 7$;

also gilt für den gesuchten Funktionsterm: $f(x) = \frac{7}{4\,000}x^3 - \frac{21}{400}x^2 + 7$

64

1. $f(x) = ax^3 + bx^2 + cx + d$; $f'(x) = 3ax^2 + 2bx + c$; $f''(x) = 6ax + 2b$

Bedingungen:

(1) $f(2) = 8$ \quad\quad (2) $f'(2) = 0$ \quad\quad (3) $f''(4) = 0$ \quad\quad (4) $f'(4) = -3$

Aus den Bedingungen erhält man das lineare Gleichungssystem

$$\begin{vmatrix} 8a + 4b + 2c + d = 8 \\ 12a + 4b + c & = 0 \\ 24a + 2b & = 0 \\ 48a + 8b + c & = -3 \end{vmatrix}$$ mit der Lösung $a = \frac{1}{4}$; $b = -3$; $c = 9$; $d = 0$

Also $f(x) = \frac{1}{4}x^3 - 3x^2 + 9x$

Der Graph von f hat an der Stelle $x = 2$ einen Hochpunkt statt eines Tiefpunktes. Zur Bestimmung des Funktionsterms von f haben wir ausschließlich notwendige Bedingungen verwendet. Wir wissen also nur, dass der Graph von f an der Stelle $x = 2$ einen Punkt mit waagerechter Tangente besitzt, aber nicht, ob es sich um einen Tiefpunkt handelt.

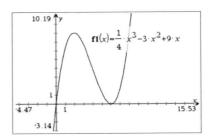

64

2. Die Bedingungen reichen nicht aus, um den Funktionsterm eindeutig zu bestimmen.

Pauls Lösung bedeutet:

Für $c \in \mathbb{R}$ ist $a = \frac{c}{3} - \frac{1}{3}$; $b = \frac{4}{3} - \frac{4}{3}c$, also

$f(x) = \left(\frac{c}{3} - \frac{1}{3}\right)x^2 + \left(\frac{4}{3} - \frac{4}{3}c\right) \cdot x + c,$

Graphen gezeichnet für $c = -2; -1, 0; 1; 2; 3$.

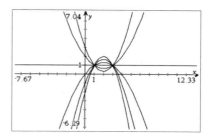

65

3. a) (1) $f(1) = 0$ (3) $f(3) = 4$
     (2) $f'(1) = 0$ (4) $f'(3) = 0$

lineares Gleichungssystem

$$\begin{vmatrix} a + b + c + d = 0 \\ 3a + 2b + c = 0 \\ 27a + 9b + 3c + d = 4 \\ 27a + 6b + c = 0 \end{vmatrix}$$

mit der Lösung $a = -1$; $b = 6$; $c = -9$; $d = 4$

Ergebnis: $f(x) = -x^3 + 6x^2 - 9x + 4$

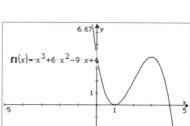

b) Bedingungen:

(1) $f(0) = 0$ (3) $f(3) = 2$
(2) $f''(0) = 0$ (4) $f'(3) = 0$

$$\text{LGS} \begin{vmatrix} d = 0 \\ 2b = 0 \\ 27a + 9b + 3c + d = 2 \\ 27a + 6b + c = 0 \end{vmatrix}$$

mit der Lösung $a = -\frac{1}{27}$; $b = 0$; $c = 1$; $d = 0$

Ergebnis: $f(x) = -\frac{1}{27}x^3 + x$

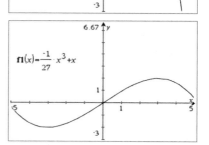

c) Bedingungen:

(1) $f(0) = 0$ (3) $f''(2) = 0$
(2) $f(2) = 4$ (4) $f'(2) = -3$

$$\text{LGS} \begin{vmatrix} d = 0 \\ 8a + 4b + 2c + d = 4 \\ 12a + 2b = 0 \\ 12a + 4b + c = -3 \end{vmatrix}$$

mit der Lösung $a = \frac{5}{4}$; $b = -\frac{15}{2}$; $c = 12$; $d = 0$

Ergebnis: $f(x) = \frac{5}{4}x^3 - \frac{15}{2}x^2 + 12x$

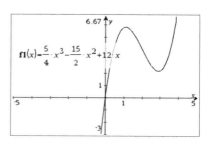

d) Bedingungen:

(1) $f(0) = 0$ (3) $f'(2) = 0$
(2) $f(2) = 1$ (4) $f''(2) = 0$

$$\text{LGS} \begin{vmatrix} d = 0 \\ 8a + 4b + 2c + d = 1 \\ 12a + 4b + c = 0 \\ 12a + 2b = 0 \end{vmatrix}$$

mit der Lösung $a = \frac{1}{8}$; $b = -\frac{3}{4}$; $c = \frac{3}{2}$; $d = 0$

Ergebnis: $f(x) = \frac{1}{8}x^3 - \frac{3}{4}x^2 + \frac{3}{2}x$

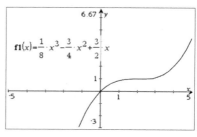

4. $f(x) = a \cdot x^3 + b \cdot x^2 + c \cdot x + d;$

$f'(x) = 3a \cdot x^2 + 2b \cdot x + c$

Bedingungen:

(1) $f(0) = 0$ (3) $f'(0) = -6$

(2) $f(-2) = 10$ (4) $f'(-2) = 0$

LGS $\begin{vmatrix} & & & d = & 0 \\ -8a + 4b - 2c + d = & 10 \\ & & c & = -6 \\ 12a - 4b + & c & = & 0 \end{vmatrix}$

mit der Lösung $a = 1$; $b = \frac{3}{2}$; $c = -6$; $d = 0$

Ergebnis: $f(x) = x^3 + \frac{3}{2}x^2 - 6x$

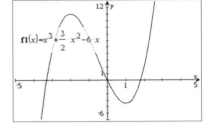

5. $f(x) = ax^4 + bx^3 + cx^2 + dx + e$

$f'(x) = 4ax^3 + 3bx^2 + 2cx + d$

$f''(x) = 12ax^2 + 6bx + 2c$

a) Bedingungen:

(1) $f(0) = 0$ (4) $f''(-1) = 0$

(2) $f'(0) = 0$ (5) $f'(-1) = 5$

(3) $f(-1) = -3$

LGS $\begin{vmatrix} & & & & e = & 0 \\ & & & d & = & 0 \\ a - & b + & c - d + e & = -3 \\ 12a - 6b + 2c & & = & 0 \\ -4a + 3b - 2c + d & & = & 5 \end{vmatrix}$

mit der Lösung

$a = 1$; $b = 1$; $c = -3$; $d = 0$; $e = 0$

Ergebnis: $f(x) = x^4 + x^3 - 3x^2$

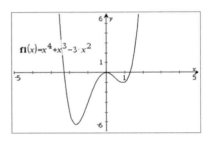

b) Bedingungen:

(1) $f(1) = 0$ (4) $f''(-1) = 0$

(2) $f'(1) = 8$ (5) $f'(0) = 0$

(3) $f'(-1) = 0$

LGS $\begin{vmatrix} a + & b + & c + d + e = 0 \\ 4a + 3b + 2c + d & = 8 \\ -4a + 3b - 2c + d & = 0 \\ 12a - 6b + 2c & = 0 \\ & & d & = 0 \end{vmatrix}$

mit der Lösung $a = \frac{1}{2}$; $b = \frac{4}{3}$; $c = 1$; $d = 0$;

$e = -\frac{17}{6}$

Ergebnis: $f(x) = \frac{1}{2}x^4 + \frac{4}{3}x^3 + x^2 - \frac{17}{6}$

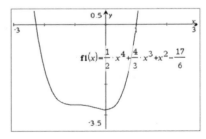

65

6. $f(x) = a x^4 + b x^2 + c;\ f'(x) = 4 a x^3 + 2 b x;$
$f''(x) = 12 a x^2 + 2 b$

a) Bedingungen:

(1) $f(0) = 0$ (3) $f'(3) = -48$
(2) $f(3) = 0$

LGS $\begin{vmatrix} c = & 0 \\ 81a + 9b + c = & 0 \\ 108a + 6b & = -48 \end{vmatrix}$

mit der Lösung $a = -\frac{8}{9};\ b = 8;\ c = 0$

Ergebnis: $f(x) = -\frac{8}{9}x^4 + 8x^2$

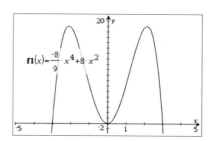

b) Bedingungen:

(1) $f(1) = 3$ (3) $f'(1) = -2$
(2) $f''(1) = 0$

LGS $\begin{vmatrix} a + & b + c = & 3 \\ 12a + 2b & = & 0 \\ 4a + 2b & = -2 \end{vmatrix}$

mit der Lösung $a = \frac{1}{4};\ b = -\frac{3}{2};\ c = \frac{17}{4}$

Ergebnis: $f(x) = \frac{1}{4}x^4 - \frac{3}{2}x^2 + \frac{17}{4}$

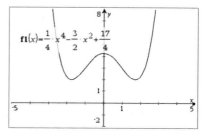

7. **a)** $f(x) = a x^3 + b x;\ f'(x) = 3 a x^2 + b$

Bedingungen:

(1) $f(2) = 0$ (2) $f'(2) = 8$

LGS $\begin{vmatrix} 8a + 2b = 0 \\ 12a + b = 8 \end{vmatrix}$

mit der Lösung $a = 1;\ b = -4$

Ergebnis: $f(x) = x^3 - 4x$

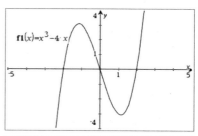

b) $f(x) = a x^5 + b x^3 + c \cdot x;$
$f'(x) = 5 a x^4 + 3 b x^2 + c$

Bedingungen:

(1) $f(1) = 0$ (3) $f'(0) = 1$
(2) $f'(1) = 0$

LGS $\begin{vmatrix} a + & b + c = 0 \\ 5a + 3b + c = 0 \\ c = 1 \end{vmatrix}$

mit der Lösung $a = 1;\ b = -2;\ c = 1$

Ergebnis: $f(x) = x^5 - 2x^3 + x$

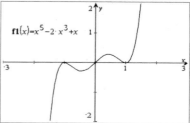

65

8. $f(x) = ax^4 + bx^2 + c$; $f'(x) = 4ax^3 + 2bx$;
$f''(x) = 12ax^2 + 2b$
Bedingungen:
(1) $f(0) = 0$ (2) $f'(0) = 0$ (3) $f''(1) = 0$

LGS $\begin{vmatrix} & & c = 0 \\ & & 0 = 0 \\ 12a + 2b & & = 0 \end{vmatrix}$

Für alle $a \in \mathbb{R}$ gilt $b = -6a$; $c = 0$, also
$f(x) = ax^4 - 6a \cdot x^2$
Beispiele: Für $a = 1$: $f(x) = x^4 - 6x^2$
Für $a = -1$: $f(x) = -x^4 + 6x^2$
Für $a = 2$: $f(x) = 2x^4 - 12x^2$

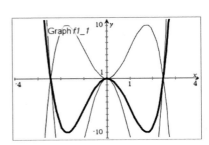

9. a) Beispiel: Der Graph von f hat den Tiefpunkt $(-3|-4)$ und schneidet die y-Achse bei $y = 5$.

b) Beispiel: Der Graph von f hat Extrempunkte an den Stellen $x = -3$ und $x = 1$ und eine Nullstelle bei $x = 0$. Die Steigung an dieser Nullstelle beträgt -3.

c) Beispiel: Der Graph von f hat den Extrempunkt $E(2|1)$.

d) Beispiel: Der Graph einer ganzrationalen Funktion zweiten Grades hat einen Extrempunkt an der Stelle $x = 2$ und geht durch die Punkte $P(-1|8)$ und $Q(5|10)$.

66

10.

Der Graph der Funktion f …	mögliche (Teil-)Skizze	Bedingungen
… geht durch den Punkt $P(3|2)$		$f(3) = 2$
… Nullstelle bei $x = 5$		$f(5) = 0$
… schneidet die y-Achse bei $y = 4$		$f(0) = 4$
… hat den Tiefpunkt $T(-2|-1)$		(1) $f(-2) = -1$ (2) $f'(-2) = 0$
… hat den Hochpunkt $P(2|0)$		(1) $f(2) = 0$ (2) $f'(2) = 0$

66

10.

Der Graph der Funktion f …	mögliche (Teil-)Skizze	Bedingungen
… hat den Wendepunkt W$(1\mid1)$	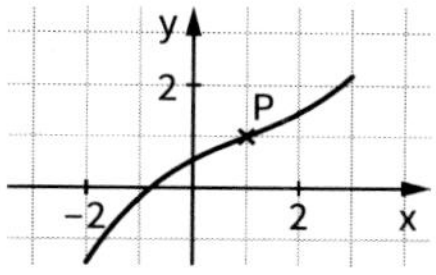	(1) $f(1)=1$ (2) $f''(1)=0$
… hat den Sattelpunkt P$(2\mid1)$	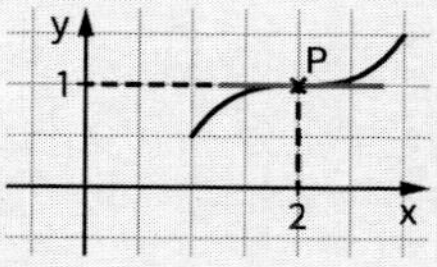	(1) $f(2)=1$ (2) $f'(2)=0$ (3) $f''(2)=0$
… berührt an der Stelle 1 den Graphen der Funktion g mit $g(x)=2x^2+3$	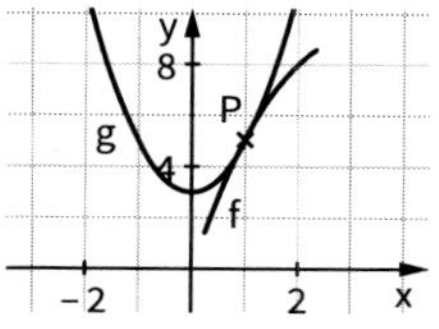	(1) $f(1)=g(1)=5$ (2) $f'(1)=g'(1)=4$
… geht durch den Punkt P$(3\mid1)$ und hat dort die Steigung 4	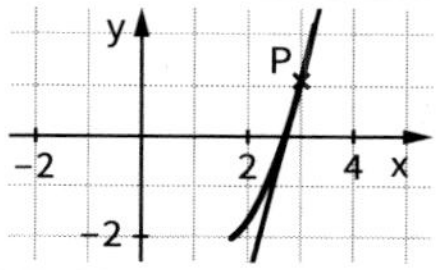	(1) $f(3)=1$ (2) $f'(3)=4$

11. a) Bedingungen:

(1) $f(0)=3$ (2) $f'(0)=0$ (3) $f''(0)=0$ (4) $f(3)=0$ (5) $f'(3)=0$

Es liegen 5 Bedingungen vor. Wir wählen daher eine ganzrationale Funktion 4. Grades mit 5 Koeffizienten.

$f(x)=ax^4+bx^3+cx^2+dx+e;\ f'(x)=4ax^3+3bx^2+2cx+d;\ f''(x)=12ax^2+6bx+2c$

$$\text{LGS}\ \begin{vmatrix} & & & & e=3 \\ & & & d & =0 \\ & & 2c & & =0 \\ 81a+27b+9c+3d+e=0 \\ 108a+27b+6c+d & & =0 \end{vmatrix}$$

mit der Lösung $a=\dfrac{1}{9};\ b=-\dfrac{4}{9};\ c=0;\ d=0;\ e=3$

Ergebnis: $f(x)=\dfrac{1}{9}x^4-\dfrac{4}{9}x^3+3$

b) Bedingungen:

(1) $f(0)=0$ (2) $f'(0)=0$ (3) $f(1)=11$ (4) $f''(1)=0$

Es liegen 4 Bedingungen vor. Wir wählen deshalb eine ganzrationale Funktion 3. Grades.

$f(x)=ax^3+bx^2+cx+d;\ f'(x)=3ax^2+2bx+c;\ f''(x)=6ax+2b$

$$\text{LGS}\ \begin{vmatrix} & & & d=0 \\ & & c & =0 \\ a+ & b+c+d=11 \\ 6a+2b & & =0 \end{vmatrix}\ \text{mit der Lösung}\ a=-\dfrac{11}{2};\ b=\dfrac{33}{2};\ c=0;\ d=0$$

Ergebnis: $f(x)=-\dfrac{11}{2}x^3+\dfrac{33}{2}x^2$

66

c) Bedingungen:

(1) $f(0) = 1$ (2) $f''(0) = 0$

Scheitelpunkt des Graphen von g: $S\left(-\frac{1}{2}\middle|-\frac{1}{4}\right)$

(3) $f\left(-\frac{1}{2}\right) = -\frac{1}{4}$ (4) $f'\left(-\frac{1}{2}\right) = g'\left(-\frac{1}{2}\right) = 0$

Es liegen 4 Bedingungen vor. Wir wählen deshalb eine ganzrationale Funktion 3. Grades.

$$\text{LGS} \begin{vmatrix} & & & d = & 1 \\ & 2b & & = & 0 \\ -\frac{1}{8}a + & \frac{1}{4}b - & \frac{1}{2}c + d = & -\frac{1}{4} \\ \frac{3}{4}a - & b + & c & = & 0 \end{vmatrix} \text{ mit der Lösung } a = -5; \ b = 0; \ c = \frac{15}{4}; \ d = 1$$

Ergebnis: $f(x) = -5x^3 + \frac{15}{4}x + 1$

67

12. ■ 1. Funktionsgraph:

Vermutung: f ist eine ganzrationale Funktion 3. Grades mit den folgenden Eigenschaften:

(1) $f(0) = 0$ (2) $f(2) = 8$ (3) $f'(2) = 0$ (4) $f(6) = 0$

Der Ansatz $f(x) = ax^3 + bx^2 + cx + d$ führt auf das Gleichungssystem

$$\begin{vmatrix} & & & d = 0 \\ 8a + & 4b + & 2c + d = 8 \\ 12a + & 4b + & c & = 0 \\ 216a + & 36b + & 6c + d = 0 \end{vmatrix} \text{ mit den Lösungen: } a = \frac{1}{4}, \ b = -3, \ c = 9, \ d = 0$$

Ergebnis: $f(x) = \frac{1}{4}x^3 - 3x^2 + 9x$

■ 2. Funktionsgraph:

Ansatz: $f(x) = ax^4 + bx^2 + 1$

$\left(\text{Graph symmetrisch zur y-Achse mit } f(0) = 1\right)$

Weitere Bedingungen: (1) $f(2) = -3$ (2) $f'(2) = 0$

Gleichungssystem: $\begin{vmatrix} 16a + 4b = -4 \\ 32a + 4b = \ 0 \end{vmatrix}$ mit den Lösungen: $a = \frac{1}{4}, \ b = -2$

Ergebnis: $f(x) = \frac{1}{4}x^4 - 2x^2 + 1$

■ 3. Funktionsgraph:

Ansatz: $f(x) = ax^3 + bx^2 + cx + d$

Bedingungen:

(1) $f(-1) = 0$ (2) $f(1) = -1$ (3) $f'(1) = 0$ (4) $f''(1) = 0$

Gleichungssystem:

$$\begin{vmatrix} -a + & b - c + d = & 0 \\ a + & b + c + d = & -1 \\ 3a + & 2b + c & = & 0 \\ 6a + & 2b & = & 0 \end{vmatrix} \text{ mit den Lösungen: } a = -\frac{1}{8}, \ b = \frac{3}{8}, \ c = -\frac{3}{8}, \ d = -\frac{7}{8}$$

Ergebnis: $f(x) = \frac{1}{8} \cdot (-x^3 + 3x^2 - 3x - 7)$

67

13. a) f muss mindestens den Grad 3 haben.

Aufgabe: Bestimmen Sie eine ganzrationale Funktion 3. Grades, für die gilt: $E(1|2)$ ist Extrempunkt des Graphen. An der Stelle $x = -2$ liegt ein Wendepunkt, die zugehörige Wendetangente hat die Steigung 1.

b) Aufgabe: Bestimmen Sie eine ganzrationale Funktion 4. Grades, für die gilt: Der Graph hat an der Stelle $x = 2$ eine Nullstelle mit der Steigung 1 und den Sattelpunkt $S(4|2)$.

14. David: Aufgrund der Bedingungen $f(2) = 4$ und $f'(2) = 0$ kann man nicht erkennen, ob an der Stelle $x = 2$ ein Tiefpunkt des Graphen liegt. Man weiß nur, dass an der Stelle $x = 2$ ein Punkt mit waagerechter Tangente liegt.

Annas Aufgabe passt zu den Bedingungen.

Wir bestimmen eine ganzrationale Funktion 4. Grades:

$f(x) = ax^4 + bx^3 + cx^2 + dx + e; \ f'(x) = 4x^3 + 3bx^2 + 2cx + d$

$$\text{LGS} \ \begin{vmatrix} 16a + & 8b + 4c + 2d + e = 4 \\ 32a + & 12b + 4c + \ d & = 0 \\ & e = 0 \\ & 2c & = 0 \\ & d & = 1 \end{vmatrix} \ \text{mit der Lösung } a = -\frac{1}{2}; \ b = \frac{5}{4}; \ c = 0; \ d = 1; \ e = 0$$

Ergebnis: $f(x) = -\frac{1}{2}x^4 + \frac{5}{4}x^3 + x$

Am Graphen erkennen wir, dass der Punkt $(2|4)$ kein Tiefpunkt ist, wie es David formuliert hat, sondern ein Hochpunkt.

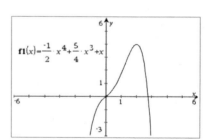

15. Bedingungen:

(1) $f(0) = 0$ (2) $f(0,4) = 0,3$ (3) $f(0,8) = 0,5$

Da drei Bedingungen bekannt sind, modellieren wir mithilfe einer ganzrationalen Funktion zweiten Grades: $f(x) = a \cdot x^2 + b \cdot x + c$

$$\text{LGS:} \ \begin{vmatrix} c = 0 \\ 0,16a + 0,4b + c = 0,3 \\ 0,64a + 0,8b + c = 0,5 \end{vmatrix} \ \text{mit der Lösung } a = -0,3125; \ b = 0,875; \ c = 0$$

Ergebnis: $f(x) = -\frac{5}{16}x^2 + \frac{7}{8}x = -0,3125x^2 + 0,875x$

67

16. a) Wir legen den Ursprung des Koordinatensystems in den Punkt B. Also gilt $f(0) = 0$. Zudem gilt:

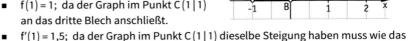

- $f'(0) = 0$; da der Graph im Ursprung eine waagrechte Tangente haben muss, um ohne Knick an das waagerechte Blech anzuschließen.
- $f(1) = 1$; da der Graph im Punkt $C(1|1)$ an das dritte Blech anschließt.
- $f'(1) = 1,5$; da der Graph im Punkt $C(1|1)$ dieselbe Steigung haben muss wie das anschließende Blech mit der Steigung 150%, damit kein Knick in C vorliegt.

Gesucht ist also eine ganzrationale Funktion mit drei Koeffizienten im Funktionsterm ohne absolutes Glied:

$f(x) = ax^3 + bx^2 + cx$, also eine ganzrationale Funktion 3. Grades.

$f'(x) = 3ax^2 + bx + c$

Durch das Einsetzen der drei Bedingungen erhalten wir das LGS

$$\begin{vmatrix} & & c = 0 \\ a + & b + c = 1 \\ 3a + 2b + c = 1,5 \end{vmatrix} \Rightarrow \begin{vmatrix} & & c = 0 \\ & b & = 1,5 \\ a & & = -0,5 \end{vmatrix}$$

Die gesuchte Funktionsgleichung lautet also $f(x) = -0,5x^3 + 1,5x^2$.

Das Profil des gebogenen Blechs wird also beschrieben durch die Funktion f mit $f(x) = -0,5x^3 + 1,5x^2$ mit $0 \le x \le 1$.

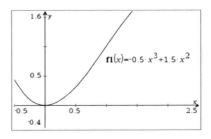

b) Der Koordinatenursprung liegt im Punkt C.

Bedingungen:

(1) $f(0) = 0$ (2) $f'(0) = 1,5$ (3) $f(-1) = -1$ (4) $f'(-1) = 0$

$$\text{LGS} \begin{vmatrix} & & d = 0 \\ & c & = 1,5 \\ -a + & b - c + d = -1 \\ 3a - 2b + c & = 0 \end{vmatrix} \text{ mit der Lösung } a = -0,5; \ b = 0; \ c = 1,5; \ d = 0$$

Ergebnis: $g(x) = -0,5x^3 + 1,5x$

Man kann die Funktion g auch durch eine Verschiebung des Graphen von f (aus Teilaufgabe a) um 1 Einheit nach links in Richtung der x-Achse und um eine Einheit nach unten in Richtung der y-Achse erhalten: $g(x) = f(x + 1) - 1$

68

17. a) $f(x) = a \cdot x^3 + b \cdot x^2 + c \cdot x + d$; $f'(x) = 3a \cdot x^2 + 2b \cdot x + c$

Bedingungen:

(1) $f(0) = 4$ (2) $f'(0) = 0$ (3) $f(4) = 0$ (4) $f'(4) = 0$

Damit erhält man die Funktion f mit $f(x) = \frac{1}{8}x^3 - \frac{3}{4} \cdot x^2 + 4$, deren Graph das Profil der Rutsche modelliert.

b) Die Stelle mit dem größten Gefälle ist die Wendestelle des Graphen.

$f''(x) = \frac{3}{4}x - \frac{3}{2}$

f'' hat die einfache Nullstelle $x = 2$.

$f'(2) = -\frac{3}{2}$, also $\tan(\alpha) = -\frac{3}{2}$ mit $\alpha \approx -56{,}3°$

Die Rutsche entspricht mit einem maximalen Gefälle von ca. 56° nicht dieser Vorschrift.

c) Das Profil der neuen Rutsche wird wieder modelliert durch eine Funktion g mit

$g(x) = a \cdot x^3 + b \cdot x^2 + c \cdot x + d$

Es gelten folgende Bedingungen:

(1) $g'(0) = 0$ (3) $g'(4) = 0$

(2) $g(4) = 0$ (4) $g'(2) = \tan(-45°) = -1$

Damit erhält man die Funktion g mit $g(x) = \frac{1}{12}x^3 - \frac{1}{2} \cdot x^2 + \frac{8}{3}$.

Es gilt $g(0) = \frac{8}{3} \approx 2{,}66$.

Die neue Rutsche ist ca. 2,66 m hoch.

18. a) $f(x) = ax^3 + bx^2 + cx + d$

$f'(x) = 3ax^2 + 2bx + c$

$\begin{vmatrix} f(3{,}5) = 5{,}8 \\ f'(3{,}5) = 0 \\ f(14) = 2{,}7 \\ f'(14) = 0 \end{vmatrix} \Leftrightarrow \begin{vmatrix} 3{,}5^3 a + \quad 3{,}5^2 b + 3{,}5c + d = 5{,}8 \\ 3 \cdot 3{,}5^2 a + 2 \cdot 3{,}5 b + \quad c \quad\quad = 0 \\ 14^3 a + \quad 14^2 b + 14c + d = 2{,}7 \\ 3 \cdot 14^2 a + \quad 2 \cdot 14 b + \quad c \quad\quad = 0 \end{vmatrix} \Leftrightarrow \begin{vmatrix} a = \quad 0{,}00536 \\ b = -0{,}14059 \\ c = \quad 0{,}78730 \\ d = \quad 4{,}53704 \end{vmatrix}$

Ergebnis: $f(x) = 0{,}00536 x^3 - 0{,}14059 x^2 + 0{,}78730 x + 4{,}53704$

b), c) Im Intervall [2; 14] liegt eine gute Näherung vor. Für $x < 2$ bzw. $x > 14$ weicht der Graph von $f(x)$ deutlich von den Messwerten ab.

d) $g(x) = 0{,}005 x^3 - 0{,}141 x^2 + 0{,}787 x + 4{,}537$

Zeichnet man den Graphen von g, so ergibt sich für $8 < x < 20$ eine deutliche Abweichung von den Messwerten. Insbesondere ist $g(14) \approx 1{,}64$.

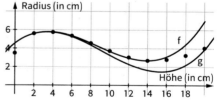

19. a) $f(x) = ax^2 + bx + c$

$f'(x) = 2ax + b$

Bedingungen

(1) $f(0) = 1{,}97$ (3) $f(20{,}41) = 0$

(2) $f'(0) = \tan 38° \approx 0{,}7813$

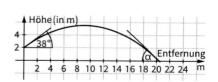

68

LGS: $\begin{vmatrix} & & c = 1{,}97 \\ & b & = 0{,}7813 \\ 20{,}41^2 \cdot a + 20{,}41 \cdot b + c = 0 \end{vmatrix}$

mit der Lösung $a = -0{,}043009 \approx -0{,}0430$; $b = 0{,}7813$ und $c = 1{,}97$

Ergebnis: $f(x) = -0{,}0430 x^2 + 0{,}7813 x + 1{,}97$

b) Maximale Flughöhe: $f'(x) = 0$

$-0{,}0860 x + 0{,}7813 = 0$; also

$$x = 9{,}0849$$

$f(9{,}0849) = 5{,}5190$

Die maximale Flughöhe beträgt ca. 5,52 m.

Winkel: $m = f'(20{,}41) = -0{,}0860 \cdot 20{,}41 + 0{,}7813 = -0{,}97396 = \tan(\alpha)$

$\alpha = \tan^{-1}(-0{,}97396) \approx -44{,}24°$

Die Kugel trifft unter einem Winkel von ca. 136° auf.

20. a) Wir lesen am Graphen die Koordinaten von fünf Punkten ab:

$P_1(5\,|\,25)$, $P_2(6\,|\,30)$, $P_3(7\,|\,45)$, $P_4(8\,|\,55)$, $P_5(9\,|\,60)$

Da fünf Bedingungen vorliegen, wählen wir eine ganzrationale Funktion 4. Grades mit

$f(x) = a \cdot x^4 + b \cdot x^3 + c \cdot x^2 + d \cdot x + e$

Die fünf Bedingungen führen auf das Gleichungssystem

$$\begin{vmatrix} 625\,a + 125\,b + 25\,c + 5\,d + e = 25 \\ 1\,296\,a + 216\,b + 36\,c + 6\,d + e = 30 \\ 2\,401\,a + 343\,b + 49\,c + 7\,d + e = 45 \\ 4\,096\,a + 512\,b + 64\,c + 8\,d + e = 55 \\ 6\,561\,a + 729\,b + 81\,c + 9\,d + e = 60 \end{vmatrix}$$

mit der Lösung $a = \frac{5}{8}$; $b = -\frac{75}{4}$; $c = \frac{1\,655}{8}$; $d = -\frac{3\,935}{4}$; $e = 1\,725\,a$,

also $f(x) = \frac{5}{8} x^4 - \frac{75}{4} x^3 + \frac{1\,655}{8} x^2 - \frac{3\,935}{4} x + 1\,725$

b) Wir wählen wieder eine ganzrationalen Funktion vierten Grades mit

$g(x) = a \cdot x^4 + b \cdot x^3 + c \cdot x^2 + d \cdot x + e$.

Bedingungen:

Hochpunkt: $H(9\,|\,60)$

Wendepunkt: $W(6{,}5\,|\,37)$ mit $m_W = 15$

Ansatz: $\quad g(x) = a x^4 + b x^3 + c x^2 + d x + e$

$\qquad\qquad g'(x) = 4 a x^3 + 3 b x^2 + 2 c x + d$

$\qquad\qquad g''(x) = 12 a x^2 + 6 b x + 2 c$

Bedingungen: (1) $g(9) = 60$

(2) $g'(9) = 0$

(3) $g(6{,}5) = 37$

(4) $g'(6{,}5) = 15$

(5) $g''(6{,}5) = 0$

Gleichungssystem: $\begin{vmatrix} 6\,561\,a + 729\,b + 81\,c + 9\,d + e = 60 \\ 2\,916\,a + 243\,b + 18\,c + d = 0 \\ \frac{28\,561}{16}\,a + \frac{2\,197}{8}\,b + \frac{169}{4}\,c + 6{,}5\,d + e = 37 \\ \frac{2\,197}{2}\,a + \frac{507}{4}\,b + 13\,c + d = 15 \\ 507\,a + 39\,b + 2\,c = 0 \end{vmatrix}$

$a = 0{,}1536$, $b = -5{,}3056$, $c = 64{,}5216$, $d = -320{,}026$, $e = 573{,}994$

$g(x) = 0{,}1536 x^4 - 5{,}3056 x^3 + 54{,}5216 x^2 - 320{,}026 x + 573{,}994$

68

c) Die Funktion f aus Teilaufgabe a) enthält zwar, wie gefordert, fünf Stützpunkte. Sie ist aber für die Modellierung unbrauchbar, da ihr Graph sich in wesentlichen Eigenschaften (Hoch- und Wendepunkt) vom vorgegebenen Graphen unterscheidet. Im Gegensatz ist die Funktion g aus Teilaufgabe b) für eine Modellierung gut geeignet, da ihr Graph den vorgegebenen Graphen gut annähert.

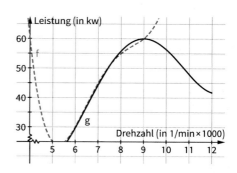

69

21. Achsensymmetrie: Funktionsterm hat nur gerade Exponenten:

$f(x) = a \cdot x^4 + b \cdot x^2 + c$

$f'(x) = 4a \cdot x^3 + 2b \cdot x$

Korrektur an 1. Auflage: Die Höhe der Rutsche war mit 1,15 m falsch angegeben. Richtig muss es 0,90 m heißen.

Lösung der „falschen" Aufgabe aus der 1. Auflage: Angabe Höhe der Rutsche 1,15 m

Bedingungen:

(1) $f(0) = 1,15$ (3) $f'(1,95) = 0$

(2) $f(1,95) = 0$

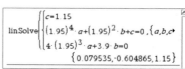

$$\text{LGS:} \begin{vmatrix} & & c = 1,15 \\ a \cdot 1,95^4 + & b \cdot 1,95^2 + c = 0 \\ 4a \cdot 1,95^3 + 2b \cdot 1,95 & = 0 \end{vmatrix}$$

mit der Lösung

$a = 0,079535; \; b = -0,604865; \; c = 1,15$

Ergebnis:

$f(x) = 0,079535\,x^4 - 0,604865\,x^2 + 1,15$

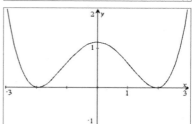

Man kann den Funktionsgraphen durch Stauchung der y-Achse natürlich so verändern, dass die Kurve zum Foto mit der Angabe 1,15 m Höhe passt.

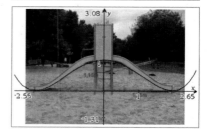

69

Lösung der neuen Aufgabe (ab 2. Auflage): Höhe der Rutsche nun 0,90 m

Bedingungen: (1) $f(0) = 0,9$ (2) $f(1,95) = 0$ (3) $f'(1,95) = 0$

LGS: $\begin{vmatrix} & & c = 0,9 \\ 1,95^4 \cdot a & + 1,95^2 \cdot b + c = 0 \\ 4\,a \cdot 1,95^3 + 2\,b \cdot 1,95 & = 0 \end{vmatrix}$

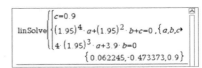

mit der Lösung
$a = 0,062245$; $b = -0,473373$; $c = 0,9$
Ergebnis: $f(x) = 0,062245\,x^4 - 0,473373\,x^2 + 0,9$

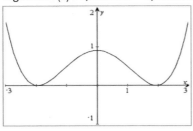

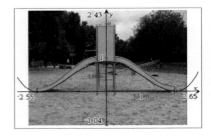

22. a) $f(x) = a \cdot x^3 + b \cdot x^2 + c \cdot x + d$; $f'(x) = 3\,a \cdot x^2 + 2\,b \cdot x + c$; $f''(x) = 6\,a \cdot x + 2\,b$

1. Abschnitt zwischen O und K

Bedingungen: (1) $f(0) = 0$ (3) $f'(-69,6) = \tan(35,5°) \approx 0,7133$
(2) $f(-69,6) = -38,6$ (4) $f''(-69,6) = 0$

LGS $\begin{vmatrix} & & & d = & 0 \\ -69,6^3\,a + & 69,6^2\,b - & 69,6\,c + d = & -38,6 \\ 3 \cdot 69,6^2\,a - & 2 \cdot 69,6\,b + & c & = & 0,7133 \\ -6 \cdot 69,6\,a + & 2\,b & & = & 0 \end{vmatrix}$

mit der Lösung $a \approx -0,000033$; $b \approx -0,0068403$; $c \approx 0,237207$; $d = 0$
Somit $g_1(x) = -0,000033\,x^3 - 0,0068403\,x^2 + 0,237207\,x$; $-69,6 \leq x \leq 0$
Bitte beachten Sie: Bei allen drei Gleichungssystemen kommt es in der Lösung unbedingt auf eine ausreichende Anzahl von Nachkommastellen an, da sonst die Graphen den Verlauf der Sprungschanze nur unzureichend wiedergeben. Vor allem bei den Koeffizienten a und b sollten mindestens 7 Nachkommastellen verwendet werden.

2. Abschnitt zwischen H und K

Bedingungen: (1) $f(-69,6) = -38,6$
(2) $f'(-69,6) = \tan(35,5°) \approx 0,7133$
(3) $f''(-69,6) = 0$
(4) $f'(-74,6) = \tan(32°) \approx 0,6249$

LGS $\begin{vmatrix} -69,6^3\,a + & 69,6^2\,b - & 69,6\,c + d = & -38,6 \\ 3 \cdot 69,6^2\,a - & 2 \cdot 69,6\,b + & c & = & 0,7133 \\ -6 \cdot 69,6\,a + & 2\,b & & = & 0 \\ 3 \cdot 74,6^2\,a - & 2 \cdot 74,6\,b + & c & = & 0,6249 \end{vmatrix}$

mit der Lösung $a \approx -0,00117867$; $b \approx -0,2461056$; $c \approx -16,41565$; $d \approx -386,34595$
Somit $g_2(x) = -0,00117867\,x^3 - 0,2461056\,x^2 - 16,41565\,x - 386,34595$; $-74,6 \leq x \leq -69,6$

69

3. Abschnitt zwischen T und H

Bedingungen: (1) $f(-117,2) = -53,9$

(2) $f'(-117,2) = 0$

(3) $f(-74,6) = g_2(-74,6) \approx -42,02$

(4) $f'(-74,6) = \tan(32°) \approx 0,6249$

$$\text{LGS} \begin{vmatrix} -117,2^3\,a + & 117,2^2\,b - & 117,2\,c + d = & -53,9 \\ 3 \cdot 117,2^2\,a - & 2 \cdot 117,2\,b + & c = & 0 \\ -74,6^3\,a + & 74,6^2\,b - & 74,6\,c + d = & -42,02 \\ 3 \cdot 74,6^2\,a - & 2 \cdot 74,6\,b + & c = & 0,6249 \end{vmatrix}$$

mit der Lösung $a \approx 0,000036929$; $b \approx 0,017958693$; $c \approx 2,687754792$; $d \approx 73,87732857$

Somit $g_3(x) = 0,000036929\,x^3 - 0,017958693\,x^2 - 2,687755\,x - 73,87733$;

$-117,2 \leq x \leq -74,6$

b)

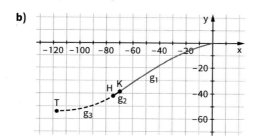

c) An den drei Graphen erkennt man, dass keiner der drei Graphen einzeln den Aufsprunghügel auch nur annähernd modellieren kann.

Der Graph von g_1 passt zwar gut im oberen Bereich für $-74,6 \leq x \leq 0$, hat aber im unteren Bereich keinen Tiefpunkt.

Der Graph von g_2 stellt außerhalb des Intervalls $[-74,6; -69,6]$ den Aufsprunghügel falsch dar.

Der Graph von g_3 stellt für $-74,6 \leq x \leq 0$ den Aufsprunghügel falsch dar.

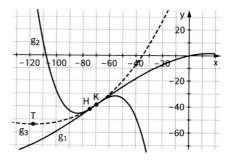

1.5 Trassierung

72

1. Gesucht f mit $f(0) = 0$, $f'(0) = 0$, $f''(0) = 0$,
$f(10) = 2$, $f'(10) = 0$, $f''(10) = 0$
Ansatz: $f(x) = a x^5 + b x^4 + c x^3 + d x^2 + e x + g$
Lösen des LGS liefert:
$f(x) = \frac{3}{25\,000} x^5 - \frac{3}{1\,000} x^4 + \frac{1}{50} x^3$

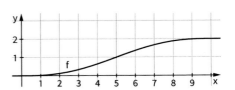

2. Je nach „Glattheit" des Übergangs gibt es verschiedene Lösungen.
Abrupte Änderung der Steigung
$f(0) = 0$; $f(4) = 1$ $\Rightarrow$ $f(x) = \frac{1}{4} x$

Stetige Änderung der Steigung
$f(0) = 0$, $f'(0) = 0$; $f(4) = 1$; $f'(4) = 0$ $\Rightarrow$ $f(x) = -\frac{1}{32} x^3 + \frac{3}{16} x^2$
Stetige Änderung der 2. Ableitung
$f(0) = 0$, $f'(0) = 0$; $f''(0) = 0$; $f(4) = 1$; $f'(4) = 0$; $f''(4) = 0$
$\Rightarrow$ $f(x) = \frac{3}{512} x^5 - \frac{15}{256} x^4 + \frac{5}{32} x^3$

73

3. Die Funktion f, die den Verlauf des Übergangsbogens beschreibt, muss die folgenden Ausschlussbedingungen erfüllen:

(1) $f(1) = 2$, (2) $f'(1) = \frac{3}{4}$, (3) $f(3) = 4$, (4) $f'(3) = 0$

Der Ansatz $f(x) = a x^3 + b x^2 + c x + d$ führt zu den folgenden Gleichungen:

$$\begin{vmatrix} a + & b + & c + d = 2 \\ 3a + & 2b + & c \quad\;\; = 0{,}75 \\ 27a + & 9b + & 3c + d = 4 \\ 27a + & 6b + & c \quad\;\; = 0 \end{vmatrix}$$

Mit dem GTR ergibt sich $a = -0{,}3125$, $b = 1{,}6875$, $c = -1{,}6875$, $d = 2{,}3125$ und damit
$f(x) = \frac{1}{16} \cdot (-5 x^3 + 27 x^2 - 27 x + 37)$

4. Gesucht f mit:
$f(0) = 15$; $f'(0) = -\tan 35° \approx -0{,}7$; $f(30) = 0$; $f'(30) = -\tan 10° \approx -0{,}176$
Ansatz: $f(x) = a x^3 + b x^2 + c x + d$ liefert:
$f(x) = \frac{31}{225\,000} x^3 + \frac{19}{7\,500} x^2 - \frac{7}{10} x + 15$

5. a) Der geradlinige Anlauf liegt auf der Ursprungsgeraden g mit der Gleichung
$y = -\tan(35°) \cdot x$.
  - B liegt auf g, denn $-\tan(35°) \cdot 45{,}9 \approx -32{,}1$
  - $|AB| = \sqrt{45{,}9^2 + (-32{,}1)^2} \approx 56{,}01$, somit entspricht die Länge der Strecke $\overline{AB}$
    der Länge des geradlinigen Anlaufs.
  - $y_B < 0$, d. h. B liegt unterhalb von A.

73

b) $f(45,9) \approx -32,1$; $f(86,1) \approx -49,2$
Der kreisförmige Übergangsbogen
schließt an den geradlinigen Anlauf
im Punkt B an und endet im Punkt
$C(86,1\,|\,-49,2)$.
Steigung von f in den Endpunkten des
Bogens:
$$f'(x) = \frac{x - 106,1}{\sqrt{-x^2 + 212,2x - 237,2}}$$
$f'(45,9) \approx -0,7 \approx -\tan(35°)$
$f'(86,1) \approx -0,194 \approx -\tan(11°)$

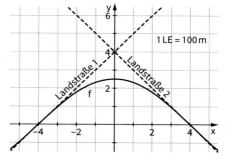

Der kreisförmige Übergangsbogen schließt in den Punkten B und C knickfrei an den
geradlinigen Anlauf bzw. an den Schanzentisch an.

6. Wir nutzen die Symmetrie zur y-Achse:
$f(x) = a \cdot x^4 + b \cdot x^2 + c$; $f'(x) = 4ax^3 + 2bx$;
$f'(x) = 12ax^2 + 2b$
Die Landstraße 2 liegt auf der Geraden mit
$g(x) = -x + 4$.
Bedingungen für krümmungsruckfreien
Übergang
(1) $f(4) = g(4) = 0$ (3) $f''(4) = g''(4) = 0$
(2) $f'(4) = g'(4) = -1$

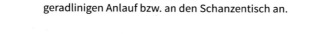

LGS $\begin{vmatrix} 256a + 16b + c = 0 \\ 256a + 8b = -1 \\ 192a + 2b = 0 \end{vmatrix}$ mit der Lösung $a = \frac{1}{512}$; $b = -\frac{3}{16}$; $c = \frac{5}{2}$

Gesuchte Funktion: $f(x) = \frac{1}{512}x^4 - \frac{3}{16}x^2 + \frac{5}{2}$

74

7. (1) Lege ein Koordinatensystem mit dem Ursprung in A und der Einheit m.
Dann müssen die folgenden Eigenschaften erfüllt sein:
$f(0) = 0$, $f'(0) = -1$, $f(4) = 4$, $f'(4) = 7$.
Die einzige Funktion dritten Grades mit diesen Eigenschaften lautet
$f(x) = \frac{1}{4}x^3 - \frac{1}{2}x^2 - x$. Sie besitzt aber einen Wendepunkt in $P\left(\frac{2}{3}\Big| -\frac{22}{27}\right)$ und kommt daher
nicht infrage.

(2) Der Ansatz $f(x) = ax^4 + bx^3 + cx^2 + dx + e$ führt auf das System
$$\begin{vmatrix} & & & & e = & 0 \\ 256a + 64b + 16c + 4d + e = & 4 \\ & & & d & = -1 \\ 256a + 48b + 8c + d & = & 7 \end{vmatrix}$$
Es besitzt die Lösungen $a = \frac{1}{32} + \frac{t}{16}$, $b = -\frac{t}{2}$, $c = t$, $d = -1$, $e = 0$, $t \in \mathbb{R}$.

Suche in der Schar $f_t(x) = \left(\frac{1}{32} + \frac{t}{16}\right)x^4 - \frac{t}{2}x^3 + tx^2 - x$ eine Lösung ohne Wendepunkte.
$f_t''(x) = \frac{3 \cdot (2t+1)}{8} \cdot x^2 - 3t \cdot x + 2t$
$f_t''(x) = 0$ hat die Lösungen $x_{1,2} = \dfrac{4 \cdot \left(3 \pm \sqrt{3t \cdot (t-1)}\right)}{3 \cdot (2t+1)}$.
Es gibt keine Nullstellen von f_t'' und damit keine Wendestellen von f_t, falls
$3t \cdot (t-1) < 0$.
Dies ist der Fall für $0 < t < 1$.
Wählen wir einen Wert für t aus diesem Intervall, so verbindet der zugehörige Graph
von f_t die beiden Teilstücke knickfrei und besitzt keinen Wendepunkt.
Beispiel: Für $t = \frac{1}{2}$ erhalten wir $f(x) = \frac{1}{16}x^4 - \frac{1}{4}x^3 + \frac{1}{2}x^2 - x$

8. Es ergeben sich folgende Bedingungen:
$$f(0) = 0 \qquad\qquad f'(0) = 0 \qquad\qquad f''(0) = 0$$
$$f(500) = 200 \qquad f'(500) = \frac{4}{5} \qquad f''(500) = 0$$
Da 6 Bedingungen vorliegen, wählen wir eine ganzrationale Funktion 5. Grades:
$$f(x) = ax^5 + bx^4 + cx^3 + dx^2 + ex + f$$
$$f'(x) = 5ax^4 + 4bx^3 + 3cx^2 + 2dx + e$$
$$f''(x) = 20ax^3 + 12bx^2 + 6cx + 2d$$
Das zugehörige LGS hat die Lösung: $a = 0$; $b = -\frac{1}{312\,500\,000}$; $c = \frac{1}{312\,500}$; $d = 0$; $e = 0$; $f = 0$.
Die vorgegebenen Bedingungen werden also bereits durch eine Funktion vierten Grades
erfüllt, nämlich durch f mit
$$f(x) = -\frac{1}{312\,500\,000}x^4 + \frac{1}{312\,500}x^3$$

9. a) Ansatz: $\qquad f(x) = ax^5 + bx^4 + cx^3 + dx^2 + ex + f$
Bedingungen: $\quad f(0) = 4 \qquad\qquad f'(0) = -1 \qquad\qquad f''(0) = 0$
$\qquad\qquad\qquad f(4) = 0 \qquad\qquad f'(4) = -1 \qquad\qquad f''(4) = 0$
Es folgt so $a = 0$; $b = 0$; $c = 0$; $d = 0$; $e = -1$; $f = 4$ und so die Funktion $f(x) = -x + 4$.
Dies ist eine Gerade, die die alte Straße beschreibt und so mitten durch das Dorf läuft.
Diese Gerade verbindet zwar die alten Straßenstücke wie gewollt, ist aber natürlich
nicht das gewünschte Ergebnis.

b) Ansatz: $\qquad f(x) = ax^6 + bx^5 + cx^4 + dx^3 + ex^2 + fx + g$
Die Bedingungen sind wie in a), nur dass die Bedingung $f(2) = 1$ hinzukommt.
Es folgt: $a = 0{,}015625$; $b = -0{,}1875$; $c = 0{,}75$; $d = -1$; $e = 0$; $f = -1$; $g = 4$ und somit die
Funktion $f(x) = 0{,}015625x^6 - 0{,}1875x^5 + 0{,}75x^4 - x^3 - x + 4$.

74

c) Ansatz:
$$f_1(x) = a_1 x^4 + b_1 x^3 + c_1 x^2 + d_1 x + e_1$$
$$f_2(x) = a_2 x^4 + b_2 x^3 + c_2 x^2 + d_2 x + e_2$$

Bedingungen:

$f_1(0) = 4$	$f_2(2) = 1$	$f_1'(2) = f_2'(2)$
$f_1(2) = 1$	$f_2(4) = 0$	$f_1''(2) = f_2''(2)$
$f_1'(0) = -1$	$f_2'(4) = -1$	
$f_1''(0) = 0$	$f_2''(4) = 0$	

Es ergibt sich: $a_1 = 0{,}1875$; $b_1 = -0{,}5$; $c_1 = 0$; $d_1 = -1$; $e_1 = 4$
$a_2 = 0{,}1875$; $b_2 = -2{,}5$; $c_2 = 12$; $d_2 = -25$; $e_2 = 20$

also $f_1(x) = 0{,}1875 x^4 - 0{,}5 x^3 - x + 4$ und
$f_2(x) = 0{,}1875 x^4 - 2{,}5 x^3 + 12 x^2 - 25 x + 20$.

Die Graphen der Lösungen aus b) und c) sehen sich zwar ähnlich, aber sind nicht gleich. Sie erfüllen beide die geforderten Bedingungen.

10. (1) Modellierung durch eine ganzrationale Funktion vierten Grades
Wir nutzen die Symmetrie zur y-Achse.
$$f_1(x) = a \cdot x^4 + b \cdot x^2 + c; \quad f_1'(x) = 4 a x^3 + 2 b x; \quad f_1''(x) = 12 a x^2 + 2 b$$
Die rechte Strecke mit Endpunkt Q liegt auf der Geraden mit $g(x) = x$.
Bedingungen für krümmungsruckfreien Übergang
(1) $f_1(1) = g(1) = 1$ (2) $f_1'(1) = g'(1) = 1$ (3) $f_1''(1) = g''(1) = 0$

LGS $\begin{vmatrix} a + b + c = 1 \\ 4a + 2b \phantom{{}+c} = 1 \\ 12a + 2b \phantom{{}+c} = 0 \end{vmatrix}$ mit der Lösung $a = -\frac{1}{8}$; $b = \frac{3}{4}$; $c = \frac{3}{8}$

$$f_1(x) = -\frac{1}{8} x^4 + \frac{3}{4} x^2 + \frac{3}{8}$$

(2) Modellierung durch eine trigonometrische Funktion
$$f_2(x) = a \cdot \sin\left(b \cdot (x + c)\right) + 1; \quad f_2'(x) = a \cdot b \cdot \cos\left(b \cdot (x + c)\right); \quad f_2''(x) = -a \cdot b^2 \cdot \sin\left(b \cdot (x + c)\right)$$
Bedingungen für krümmungsruckfreien Übergang
(1) $f_2(1) = g(1) = 1$ (2) $f_2'(1) = g'(1) = 1$ (3) $f_2''(1) = g''(1) = 0$
Wir betrachten die Sinuskurve mit $y = \sin(x)$:
Der Abstand zweier Wendepunkte beträgt π. Da beim Graphen von f_2 P und Q benachbarte Wendepunkte sind und ihr Abstand 2 beträgt, muss die Periode verkürzt werden.
Aus $\frac{\pi}{b} = 2$ erhalten wir $b = \frac{\pi}{2}$.
Der Graph der Funktion mit $y = \sin\left(\frac{\pi}{2} x\right)$ wird um 1 Einheit nach links verschoben, damit der neue Graph achsensymmetrisch zur y-Achse ist. Somit erhalten wir den Graphen der Funktion mit $y = \sin\left(\frac{\pi}{2}(x + 1)\right)$.
Wir verschieben den Graphen um 1 Einheit nach oben und erhalten den Graphen der Funktion mit $y = \sin\left(\frac{\pi}{2}(x + 1)\right) + 1$.
Jetzt muss der Graph noch so gestreckt werden, dass die Steigungen an den Stellen $x = 1$ und $x = -1$ passen.
Also: $f_2(x) = a \cdot \sin\left(\frac{\pi}{2}(x + 1)\right) + 1$ mit der Bedingung $f_2'(1) = 1$:
Hieraus erhalten wir $a = -\frac{2}{\pi}$.
Die gesuchte trigonometrische Funktion lautet: $f_2(x) = -\frac{2}{\pi} \cdot \sin\left(\frac{\pi}{2}(x + 1)\right) + 1$

74

3) Vergleich
Im Bereich $-1 \leq x \leq 1$ unterscheiden sich die beiden Graphen kaum voneinander. Beide Funktionen sind zur Modellierung des Übergangbogens gut geeignet.

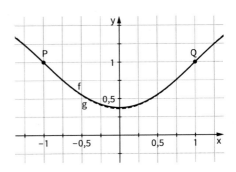

1.6 Vermischte Aufgaben

75

1. a) $f(x) = a \cdot (x + 2)(x - 1)(x - 4)$
$= a \cdot (x^3 - 3x^2 - 6x + 8),\ a \neq 0$
$f'(x) = a \cdot (3x^2 - 6x - 6);$
$f''(x) = a \cdot (6x - 6)$

- Extremstellen: $f'(x) = 0$ hat die Lösungen $x_1 = 1 - \sqrt{3}$; $x_2 = 1 + \sqrt{3}$.
  Beide Lösungen sind einfache Nullstellen von f' mit VZW und somit Extremstellen von f.
- Wendestelle: $f''(x) = 0$ hat die Lösung $x = 1$.
  $x = 1$ ist eine einfache Nullstelle von f'' mit VZW und somit Wendestelle von f.

b) Die Lage des Graphen von f hängt von der Konstanten a ab.

Es gilt: $f''(1 - \sqrt{3}) = -6a\sqrt{3}$; $f''(1 + \sqrt{3}) = 6a\sqrt{3}$;
$f(1 - \sqrt{3}) = 6a\sqrt{3}$ $f(1 + \sqrt{3}) = -6a\sqrt{3}$

Für $a > 0$:
$f''(1 - \sqrt{3}) < 0$, also $H(1 - \sqrt{3}\,|\,6a\sqrt{3})$; $f''(1 + \sqrt{3}) > 0$, also $T(1 + \sqrt{3}\,|\,-6a\sqrt{3})$

Für $a < 0$:
$f''(1 - \sqrt{3}) > 0$, also $T(1 - \sqrt{3}\,|\,6a\sqrt{3})$; $f''(1 + \sqrt{3}) < 0$, also $H(1 + \sqrt{3}\,|\,-6a\sqrt{3})$

Da die ganzrationale Funktion 3. Grades drei Nullstellen besitzt, muss ein Extrempunkt oberhalb der x-Achse liegen und der andere unterhalb der x-Achse.

Deshalb gilt für alle $a \neq 0$, dass der y-Wert des Hochpunktes positiv ist. Anton hat also mit seiner Behauptung recht.

2. Der abgebildete Funktionsgraph besitzt mindestens einen Hoch-, einen Tief- und einen Sattelpunkt. Somit besitzt die zugehörige Ableitungsfunktion mindestens eine doppelte und zwei einfache Nullstellen und muss deshalb mindestens den Grad 4 besitzen. Die Funktion selbst besitzt also mindestens den Grad 5.

3. a) Die Aussage ist falsch. Die Funktionswerte von f′ sind für $x < -1$ negativ, deshalb ist in diesem Intervall die Funktion f monoton fallend.

b) Die Aussage ist falsch. Wäre der Graph von f symmetrisch zur y-Achse, müsste der Graph von f′ punktsymmetrisch zum Koordinatenursprung sein. Das ist aber nicht der Fall.

c) Die Aussage ist falsch. Die Steigung der 1. Winkelhalbierenden beträgt $m = 1$. Die Steigung der Funktion an der Stelle $x = 1,75$ beträgt $f′(1,75) = 6$ und ist damit größer als 1.

d) Die Aussage ist richtig. Ein Wendepunkt von f ist gleichbedeutend mit einem Extrempunkt von f′. Die Ableitungsfunktion f′ besitzt zwei Extrempunkte in dem vorgegebenen Intervall.

4. Eigenschaften: **Bedeutung der Eigenschaften:**

(1) $f(0) = 0$ Der Graph der Funktion f verläuft durch den Koordinatenursprung.

(2) $f′(-2) = 0$ Der Graph der Funktion f besitzt an der Stelle $x = -2$ eine waagerechte Tangente. Dort liegt also ein Extrem- oder Sattelpunkt vor.

(3) $f(-2) = \frac{10}{3}$ Der Punkt $\left(-2\,\middle|\,\frac{10}{3}\right)$ liegt auf dem Graphen der Funktion f.

(4) $f″(-0,5) = 0$ und $f‴(-0,5) \neq 0$

An der Stelle $x = -0,5$ besitzt die Funktion f einen Wendepunkt.

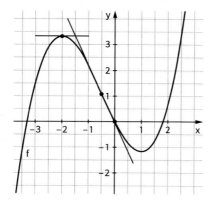

5. (1) Falsch. Das System $\begin{vmatrix} x + y = 0 \\ 2x + 2y = 0 \end{vmatrix}$ hat genauso viele Gleichungen wie Variablen, besitzt aber unendlich viele Lösungen.

(2) Falsch. Siehe (1).

(3) Falsch. Das System $\begin{vmatrix} x + y = 1 \\ x - y = 1 \end{vmatrix}$ besitzt die Lösung (1 | 0). Das System $\begin{vmatrix} x + y = 1 \\ 2x \quad\;\; = 2 \end{vmatrix}$ besitzt die Lösung (1 | 0).

(4) Wahr.

75

6. a) Die Aussage ist wahr. f' hat an der Stelle $x = 3$ eine Nullstelle mit einem VZW von Minus nach Plus.

  b) Die Aussage ist falsch. f' hat an der Stelle $x = 0$ eine Nullstelle ohne einen VZW.

  c) Die Aussage ist falsch. $f'(x) < 0$ für $0 < x < 3$. f ist also in diesem Intervall streng monoton fallend, es gilt damit $f(1) > f(2)$.

  d) Die Aussage ist falsch. Es gilt: $f''(0) = 0$, $f'(2) = -2$ und $f''(2) = 0$.
  Damit gilt $f''(0) + f'(2) + f''(2) = -2 < 0$.

  e) Die Aussage ist richtig. f' ist eine ganzrationale Funktion, die mindestens den Grad 3 hat.

76

7. $f(x) = a \cdot x^3 + b \cdot x^2 + c \cdot x + d$; $f'(x) = 3a \cdot x^2 + 2b \cdot x + c$
Bedingungen

(1) $f(0) = 0$ (2) $f'(0) = 0$ (3) $f(1) = 3 \cdot 1 - 1 = 2$ (4) $f'(1) = 3$

$$\text{LGS} \begin{vmatrix} & & & d = 0 \\ & & c & = 0 \\ a + & b + c + d & & = 2 \\ 3a + 2b + c & & & = 3 \end{vmatrix} \text{ mit der Lösung } a = -1; \ b = 3; \ c = 0; \ d = 0$$

$f(x) = -x^3 + 3x^2$

8. a) siehe rechts

  b) $f(x) = g(x)$, also $\frac{x^3}{2} - \frac{5}{2}x^2 = 0$
  mit den Lösungen $x_1 = 0$; $x_2 = 5$
  gemeinsame Punkte $P_1(0 \mid 0)$; $P_2(5 \mid 10)$
  $f'(0) = \frac{9}{2}$; $g'(0) = \frac{9}{2}$
  $f'(5) = 12$; $g'(5) = -\frac{1}{2}$
  Die beiden Graphen berühren sich im
  Punkt P_1.

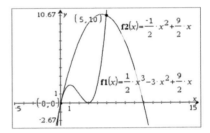

  c) $P(u \mid f(u))$; $Q(u \mid g(u))$

  Länge der Strecke $\overline{PQ}$.

  $d(u) = g(u) - f(u) = \frac{5}{2}u^2 - \frac{1}{2}u^3$ für $0 \le x \le 5$

  $d'(u) = 5u - \frac{3}{2}u^2$; $d''(u) = 5 - 3u$

  $d'(u) = 0$ hat die Lösungen $u_1 = 0$; $u_2 = \frac{10}{3}$

  $d''\left(\frac{10}{3}\right) = -5$; $d\left(\frac{10}{3}\right) \approx 9{,}3$; $d(0) = 0$

  Die Länge der Strecke $\overline{PQ}$ ist maximal, falls h die Gerade mit der Gleichung $x = \frac{10}{3}$ ist.

76

9. a) $f_t'(x) = -\frac{4}{t^2}x^3 + \frac{6}{t}x^2$; $f_t''(x) = -\frac{12}{t^2}x^2 + \frac{12}{t}x$

Schnittpunkte mit der x-Achse: $N_1(0|0)$, $N_2(2t|0)$

Extrempunkte: $H\left(\frac{3}{2}t\,\Big|\,\frac{27}{16}t^2\right)$

Wendepunkte: $W_1(t|t^2)$; $W_2(0|0)$ Sattelpunkt

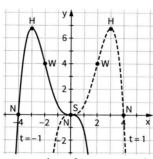 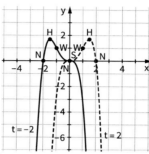

b) $f_{-t}(x) = -\frac{1}{t^2}x^4 - \frac{2}{t}x^3$; $f_t(-x) = -\frac{1}{t^2}x^4 - \frac{2}{t}x^3$

Somit gilt: $f_{-t}(x) = f_t(-x)$, d.h. die Graphen der Funktionen f_t und f_{-t} sind achsensymmetrisch.

c) $H_t\left(\frac{3}{2}t\,\Big|\,\frac{27}{16}t^2\right)$; $P_t\left(\frac{3}{2}t\,\Big|\,0\right)$

$A(t) = \frac{1}{2}\cdot\left|\frac{3}{2}t\right|\cdot\frac{27}{16}t^2 = \frac{81}{64}\cdot|t^3|$

Aus $A(t) = 100$ folgt $|t^3| = \frac{6400}{81}$ mit den Lösungen $t_{1,2} = \pm\sqrt[3]{\frac{6400}{81}} \approx \pm 4,29$

Für $t > \sqrt[3]{\frac{6400}{81}} \approx 4,29$ oder $t < -\sqrt[3]{\frac{6400}{81}} \approx -4,29$ beträgt der Flächeninhalt mehr als 100 FE.

10. a) $P(0|p)$ und $Q(q|0)$ sind die Punkte auf den beiden Koordinatenachsen.

Da M Mittelpunkt der Strecke $\overline{PQ}$ ist, gilt: $p = 2\cdot f(u)$; $q = 2u$

Flächeninhalt des Dreiecks OQP:

$A(u) = \frac{1}{2}\cdot 2u\cdot 2\cdot f(u) = \frac{u^2\cdot(u-6)^2}{4} = \frac{1}{4}u^4 - 3u^3 + 9u^2$; $0 < u < 6$

b) $A'(u) = u^3 - 9u^2 + 18u$; $A''(u) = 3u^2 - 18u + 18$

$A'(u) = 0$ hat die Lösungen $u_1 = 0$; $u_2 = 3$; $u_3 = 6$.

Aufgrund des Definitionsbereichs $0 < u < 6$ kommt nur die Lösung $u_2 = 3$ infrage.

$A'(3) = -9 < 0$

Der Flächeninhalt des Dreiecks wird maximal für $u = 3$.

11. a) siehe rechts

Höhe des Walls: $h = f(0) = \frac{125}{16}\,m \approx 7,8\,m$

b) Aufgrund der Symmetrie des Graphen genügt es, die Steigung im linken Wendepunkt zu betrachten.

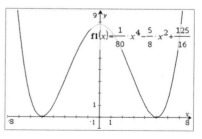

$f''(x) = \frac{3}{20}x^2 - \frac{5}{4}$

$f''(x) = 0$ hat die Lösungen $x_{1/2} = \pm\frac{5}{\sqrt{3}}$

$f'\left(-\frac{5}{\sqrt{3}}\right) = \frac{25}{6\sqrt{3}} \approx 2,41$

Die maximale Steigung beträgt ca. 241% bei einem maximalen Steigungswinkel von ca. 67,5°.

76

c) Aus Symmetriegründen genügt es, eine Schnittstelle des Graphen von f mit der Geraden $y = 5$ zu bestimmen.

$x \approx 2{,}24$

Der Weg würde ca. 4,48 m breit werden.

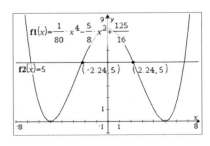

12. a) siehe rechts

Korrektur an der 1. Auflage:

$f(t) = 0{,}028 \cdot t^4 - 0{,}027 \cdot t^3 - 13{,}94\,t^2$
$\quad\quad + 131{,}5\,t + 401$

Zwischen dem 1. Juni $(t = 1)$ und dem 14. Juni $(t = 14)$ steigt der Pegelstand etwa bis zum 6. Juni an. Dann fällt er wieder bis etwa zum 13. Juni. Danach steigt er wieder an.

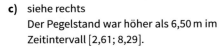

b) siehe Grafik bei Teilaufgabe a)

höchster Pegelstand: ca. 7,25 m $(t \approx 5{,}2)$

tiefster Pegelstand: ca. 4,95 m $(t \approx 12{,}9)$

(tiefer als am 1. Juni (ca. 5,19 m))

c) siehe rechts

Der Pegelstand war höher als 6,50 m im Zeitintervall $[2{,}61; 8{,}29]$.

d) Pegelstand am 20. Juni $(t = 20)$: 4,09 m.

Berechnung mithilfe des Modells:

$f(20) \approx 17{,}19$ m

Da im Modell die Pegelstände ab $t \approx 12{,}9$ wieder steigen, ist das Modell ab diesem Zeitpunkt nicht zur Beschreibung der Pegelstände geeignet.

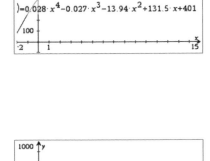

77

13. a) $f(x) = -\dfrac{17}{54{,}75^2}x^2 + 17$

b) Es genügt, den Flächeninhalt des Rechtecks rechts von der x-Achse zu berechnen, da der Graph von f symmetrisch zur y-Achse ist.

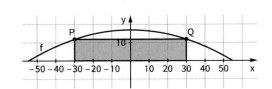

77

Der Punkt Q hat die Koordinaten $Q\left(u\mid f(u)\right)$.

Extremalbedingung: $A = 2 \cdot u \cdot f(u)$

Nebenbedingung: $f(u) = -\dfrac{17}{54{,}75^2} u^2 + 17$

Zielfunktion: $A(u) = 2u\left(-\dfrac{17}{54{,}75^2} u^2 + 17\right) = -\dfrac{34}{54{,}75^2} u^3 + 34u$

Gesucht ist das Maximum von $A(u)$:

$A'(u) = -\dfrac{102}{54{,}75^2} u^2 + 34$

$A'(u) = 0$, also $u_1 \approx -31{,}61$ und $u_2 \approx 31{,}61$

Der Flächeninhalt der größtmöglichen Fläche des Plakats beträgt:

$A \approx 2 \cdot 31{,}61\,\text{m} \cdot f(31{,}61\,\text{m}) = 716{,}49\,\text{m}^2$

14. a) Anzahl der Arbeitsstunden: $\dfrac{30\,000}{350}\,\text{h} \approx 85{,}7\,\text{h}$

b) Arbeitsstunden des Schichtführers: $\dfrac{85{,}7}{x}$

c) Gesamtkosten des Betriebs bei x Erntehelfern:

$K(x) = (x + 1) \cdot 20 + 85{,}7 \cdot 8 + \dfrac{85{,}7}{x} \cdot 15, \quad x \geq 1$

$= 20 \cdot x + \dfrac{1\,285{,}5}{x} + 705{,}6$

d) Der Graph von K hat ein Minimum bei
$x \approx 8{,}02$. Die Gesamtkosten sind minimal
bei 8 Erntehelfern.
Sie betragen dann ca. $1\,030\,€$.
Die gesamte Ernte dauert dann
ca. $85{,}7\,\text{h} : 8 \approx 10{,}7\,\text{h}$.

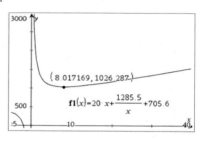

15. Gesucht ist eine Funktion f mit $f(x) = ax^3 + bx^2 + cx + d$.

Bedingungen:

(1) $f(0) = 0$ (2) $f'(0) = 0$ (3) $f(4) = -0{,}75$ (4) $f(8) = -2{,}4$

$$
\text{LGS} \quad
\begin{vmatrix}
& & & d = 0 \\
& & c & = 0 \\
64a + 16b + 4c + d & = & -0{,}75 \\
512a + 64b + 8c + d & = & -2{,}4
\end{vmatrix}
\quad \text{bzw.} \quad
\begin{vmatrix}
64a + 16b = -0{,}75 \\
512a + 64b = -2{,}4
\end{vmatrix}
$$

mit der Lösung $a = \dfrac{3}{1280}$, $b = -\dfrac{9}{160}$, $c = 0$, $d = 0$

bzw. gerundet $a \approx 0{,}00234$; $b = -0{,}05625$,
$c = 0$, $d = 0$
Ergebnis: $f(x) = 0{,}00234\,x^3 - 0{,}05625\,x^2$
$f(6) \approx -1{,}52$
Die Auslenkung bei 6 cm beträgt ca. 1,52 cm.

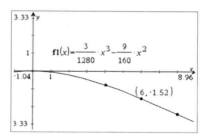

16. Alle Parabeln der Schar gehen durch den Punkt $S(20|25)$. Somit können wir von folgendem Ansatz ausgehen: $f_k(x) - 25 = (x - 20) \cdot (a\,x + b)$

Wir orientieren uns an den Heizkennlinien zu $k = 0$, $k = 10$ und $k = 20$ und bestimmen für diese jeweils die Werte für a und b, indem wir zwei Punkte auf dem Graphen ablesen.

- $k = 0$: $Q_1(-20|52,5)$, $Q_2(0|42,5)$

  Daraus erhalten wir das folgende lineare Gleichungssystem:

  $$\begin{vmatrix} 52,5 - 25 = (-40) \cdot (-20\,a + b) \\ 42,5 - 25 = (-20) \cdot b \end{vmatrix}$$

  Lösung: $a = -0,009375$, $b = -0,875$

- $k = 10$: $P_1(-20|75)$, $P_2(0|57,5)$

  Daraus erhalten wir das folgende lineare Gleichungssystem:

  $$\begin{vmatrix} 75 - 25 = (-40) \cdot (-20\,a + b) \\ 57,5 - 25 = (-20) \cdot b \end{vmatrix}$$

  Lösung: $a = -0,00625$, $b = -1,375$

- $k = 20$: $R_1(0|72,5)$, $R_2(10|52,5)$

  Daraus erhalten wir das folgende lineare Gleichungssystem:

  $$\begin{vmatrix} 52,5 - 25 = (-10) \cdot (-10\,a + b) \\ 72,5 - 25 = (-20) \cdot b \end{vmatrix}$$

  Lösung: $a = -0,0375$, $b = -2,375$

  zusammengefasst:

k	a_k	b_k
0	−0,009375	−0,875
10	−0,00625	−1,375
20	−0,0375	−2,375

mit den Ansätzen

(1) $a_k = e \cdot k^2 + f \cdot k + g$

(2) $b_k = r \cdot k^2 + s \cdot k + t$

erhalten wir für jeden Ansatz ein lineares Gleichungssystem, indem wir die Werte aus der Tabelle einsetzen:

(1) $$\begin{vmatrix} -0,009375 = g \\ -0,00625 = 100\,e + 10\,f + g \\ -0,0375 = 400\,e + 20\,f + g \end{vmatrix}$$

Lösung: $e = -0,000172$; $f = 0,002031$; $g = -0,009375$

(2) $$\begin{vmatrix} -0,875 = t \\ -1,375 = 100\,r + 10\,s + t \\ -2,375 = 400\,r + 20\,s + t \end{vmatrix}$$

Lösung: $r = -0,0025$; $s = -0,025$; $t = -0,875$

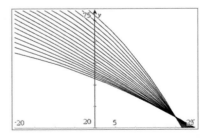

Somit erhalten wir

$f_k(x)$
$= 25 + (x - 20) \cdot [(-0,000172\,k^2 + 0,002031\,k - 0,009375) \cdot x + (-0,0025\,k^2 - 0,025\,k - 0,875)]$
für die gesuchte Funktionenschar f_k.

2 Integralrechnung

2.1 Rekonstruktion eines Bestandes aus Änderungsraten

Einstiegsaufgabe ohne Lösung

-

Zeitintervall	Wasservolumen am Anfang des Zeitintervalls	Änderung des Wasservolumens	Wasservolumen am Ende des Zeitintervalls
0 h bis 3 h	$500\,000\,\text{m}^3$	$3\,\text{h} \cdot 400\,000\,\frac{\text{m}^3}{\text{h}} = 1\,200\,000\,\text{m}^3$	$1\,700\,000\,\text{m}^3$
3 h bis 6 h	$1\,700\,000\,\text{m}^3$	$3\,\text{h} \cdot 400\,000\,\frac{\text{m}^3}{\text{h}} = 1\,200\,000\,\text{m}^3$	$2\,900\,000\,\text{m}^3$
6 h bis 12 h	$2\,900\,000\,\text{m}^3$	$6\,\text{h} \cdot \left(-200\,000\,\frac{\text{m}^3}{\text{h}}\right) = -1\,200\,000\,\text{m}^3$	$1\,700\,000\,\text{m}^3$
12 h bis 15 h	$1\,700\,000\,\text{m}^3$	$3\,\text{h} \cdot \left(-200\,000\,\frac{\text{m}^3}{\text{h}}\right) = -600\,000\,\text{m}^3$	$1\,100\,000\,\text{m}^3$
15 h bis 20 h	$1\,100\,000\,\text{m}^3$	$3\,\text{h} \cdot \left(-200\,000\,\frac{\text{m}^3}{\text{h}}\right) = -1\,000\,000\,\text{m}^3$	$100\,000\,\text{m}^3$
20 h bis 24 h	$100\,000\,\text{m}^3$	$4\,\text{h} \cdot 300\,000\,\frac{\text{m}^3}{\text{h}} = 1\,200\,000\,\text{m}^3$	$1\,300\,000\,\text{m}^3$

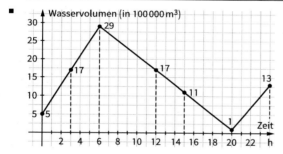

- Bei positivem Wasserfluss nimmt das Wasservolumen zu.
  Bei negativem Wasserfluss nimmt das Wasservolumen ab.
- **1. Fläche**
  $400\,000\,\frac{\text{m}^3}{\text{h}} \cdot 6\,\text{h} = 2\,400\,000\,\text{m}^3$

  In der Zeit von 0 h bis 6 h sind 2,4 Mio. m³ Wasser in das obere Becken geflossen.
  2. Fläche
  $-200\,000\,\frac{\text{m}^3}{\text{h}} \cdot (20\,\text{h} - 6\,\text{h}) = -2\,800\,000\,\text{m}^3$

  In der Zeit von 6 h bis 20 h sind 2,8 Mio. m³ Wasser aus dem oberen Becken geflossen.
  3. Fläche
  $300\,000\,\frac{\text{m}^3}{\text{h}} \cdot (24\,\text{h} - 20\,\text{h}) = 1\,200\,000\,\text{m}^3$

  In der Zeit von 20 h bis 24 h sind 1,2 Mio. m³ Wasser in das obere Becken geflossen.
  Die Flächeninhalte über den Intervallen entsprechen dem jeweiligen Wasservolumen, das in das obere Becken bzw. aus dem oberen Becken fließt.

1. a) (1)

Intervall	Flächeninhalt	Änderung Tankinhalt
[0; 10[	20	+20 m³
[10; 25[	15	+15 m³
[25; 40[	22,5	−22,5 m³

(2)

Intervall	Flächeninhalt	Änderung Wasserstand
[−3; −2[	10	−10 cm
[−2; 1[	30	+30 cm
[1; 2,5[	30	+30 cm
[2,5; 5[	37,5	−37,5 cm

b) (1) $12\,m^3 + 20\,m^3 + 15\,m^3 - 22,5\,m^3 = 24,5\,m^3$

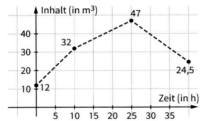

(2) $80\,cm - 10\,cm + 30\,cm + 30\,cm - 37,5\,cm = 92,5\,cm$

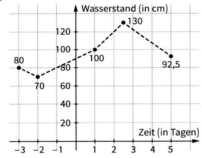

2. a) Die Infusion dauert 10 Minuten. $10\,min \cdot 0,5\,\frac{ml}{min} = 5\,ml$

Es wurden 5 ml verabreicht.

b)

Zeit (in min)	5	10	15	20	25	30	35
Medikamentenmenge (in ml)	2,5	5	4	3	2	1	0

c)

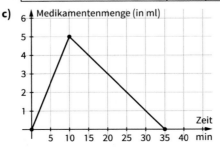

[0; 10[: Die Zunahmegeschwindigkeit beträgt $+0,5\,\frac{ml}{min}$.
Die Medikamentenmenge wächst linear mit der Steigung +0,5.

[10; 35[: Die Abbaugeschwindigkeit beträgt $-0,2\,\frac{ml}{min}$.
Die Medikamentenmenge fällt linear mit der Steigung −0,2.

90

3. a)

Intervall	Änderung der Ladung (in As)
[0; 2[	+ 100
[2; 3[	+ 0
[3; 4[	+ 100
[4; 5[	+ 0
[5; 6,5[	− 150
[6,5; 8[	+ 0
Insgesamt	+ 50 As

b)

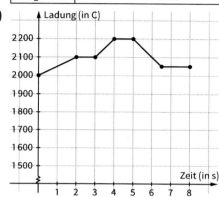

Bei Stromstärken größer als null nimmt die Ladung zu.
Ist die Stromstärke gleich null, ändert sich die Ladung nicht.
Ist die Stromstärke kleiner als null, verringert sich die Ladung.

91

4. a)

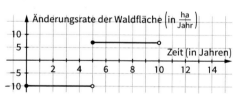

b) In der ersten 5 Jahren verringert sich die Waldfläche um 50 ha.
Danach nimmt die Waldfläche jährlich um 7 ha zu.
$7 \cdot x = 50$ für $x \approx 7,14$.
Nach gut 7 Jahren Aufforstung bzw. gut 12 Jahre nach Beginn der Holzeinschlags ist
die ursprüngliche Größe wieder hergestellt.

c) (1) − 50 ha

(2) + 70 ha

(3) $3 \text{ Jahre} \cdot \left(-10 \frac{\text{ha}}{\text{Jahr}}\right) + 5 \text{ Jahre} \cdot 7 \frac{\text{ha}}{\text{Jahr}} = -30 \text{ ha} + 35 \text{ ha} = +5 \text{ ha}$

91

5. a)

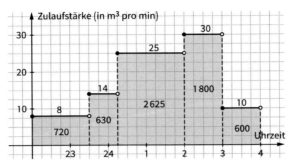

b)

Intervall	Zeit (in min)	Änderung der Wassermenge (in m³)
22:00 bis 23:30	90	$90 \cdot 8 = 720$
23:30 bis 00:15	45	$45 \cdot 14 = 630$
00:15 bis 02:00	105	$105 \cdot 25 = 2625$
02:00 bis 03:00	60	$60 \cdot 30 = 1800$
03:00 bis 04:00	60	$60 \cdot 10 = 600$
Insgesamt: 6375 m³		

Von 22 Uhr bis 4 Uhr sind insgesamt 6375 m³ Wasser in das obere Becken geflossen.

c)

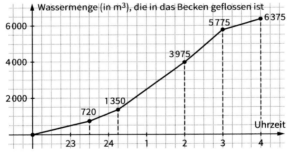

Die jeweiligen Werte am Ende der Zeitintervalle entsprechen der Summe der Flächeninhalte der einzelnen Rechtecke unter dem Graphen aus Teilaufgabe a).

6. (1)

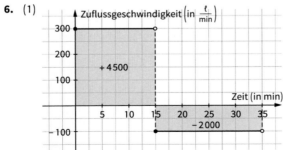

91

(2)

Zeitdauer (min)	5	10	15	20	25	30	35
Volumen (in ℓ)	1 500	3 000	4 500	4 000	3 500	3 000	2 500

Das Volumen im Becken ergibt sich für jeden Punkt der x-Achse als Flächeninhalt der Rechtecke, die von den Geraden $y = 300$ für $0 \leq x \leq 15$ und $y = -100$ für $15 \leq x \leq 35$ gebildet werden. Dabei ist der Flächeninhalt unterhalb der x-Achse von dem oberhalb der x-Achse zu subtrahieren.

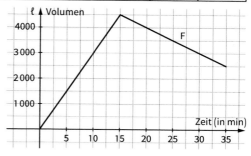

(3) ■ Der Flächeninhalt des ersten Rechtecks beträgt 4 500 FE. Er entspricht dem Wasservolumen, das während der ersten 15 Minuten in das Becken geflossen ist.
$F(15) - F(0) = f(0) \cdot (15 - 0) = 4\,500$

■ Der Flächeninhalt des zweiten Rechtecks beträgt 2 000 FE. Mit einem negativen Vorzeichen versehen entspricht er dem Wasservolumen, das während der letzten 20 Minuten aus dem Becken geflossen ist.
$F(35) - F(15) = f(15) \cdot (35 - 15) = -2\,000$

2.2 Das Integral als Grenzwert von Produktsummen

92

Einstiegsaufgabe ohne Lösung

■ Hier können verschiedene Vorschläge der Schülerinnen und Schüler diskutiert werden, wie zum Beispiel das Auszählen von Kästchen unter dem Graphen oder auch eine Näherung durch Trapezflächen. Man kann auch eine Annäherung durch verschiedene Arten von Flächen diskutieren, z. B. im Intervall [0; 4] ein Dreieck und im Intervall [4; 10] dann ein Trapez, was zu folgender groben Näherung führt: $\frac{1}{2} \cdot 3 \cdot 30 + \frac{30 + 59}{2} \cdot 7 = 45 + 311{,}5 = 356{,}5$
Man sollte danach dann aber auch nach einem einfachen einheitlichen Verfahren suchen, das sich leicht mit einem Rechner umsetzen lässt und sich dabei auf Rechteckflächen gleicher Breite verständigen.

■ Max berechnet mithilfe von Produktsummen den zurückgelegten Weg näherungsweise, indem er über 10 Zeitintervalle von 1 s jeweils die Geschwindigkeit konstant lässt. Als Wert für die Geschwindigkeit nutzt er den Funktionswert am Anfang des jeweiligen Intervalls. Im Intervall [0; 1] ist dieser Funktionswert 0, im Intervall [1; 2] ist er 12 usw.
Jedes Produkt besteht aus dem Faktor 1, des Intervallbreite, und aus dem Funktionswert als zweiten Faktor.

■ Man könnte die Rechtecke noch schmaler machen, z. B. könnte man sie 0,5 Einheiten breit machen:
$0{,}5 \cdot 7 + 0{,}5 \cdot 12 + 0{,}5 \cdot 17 + 0{,}5 \cdot 21 + 0{,}5 \cdot 26 + 0{,}5 \cdot 30 + 0{,}5 \cdot 34 + 0{,}5 \cdot 38 + 0{,}5 \cdot 42 + 0{,}5 \cdot 45$
$+ 0{,}5 \cdot 47 + 0{,}5 \cdot 49 + 0{,}5 \cdot 51 + 0{,}5 \cdot 53 + 0{,}5 \cdot 54 + 0{,}5 \cdot 56 + 0{,}5 \cdot 57 + 0{,}5 \cdot 58 + 0{,}5 \cdot 59 = 378$
Dabei wurden die neuen Funktionswerte an den Stellen 0,5; 1,5; 2,5 usw. ungefähr aus dem Graphen abgelesen.
$378 \frac{km}{h} \cdot s = 105\,m$

95

1. a) Näherung für 5 Rechtecke der Breite 0,2:

Lisa: $\int_0^1 (2-x^2)\,dx \approx 0,2\cdot(2+1,96+1,84+1,64+1,36) \approx 0,2\cdot 8,8 = 1,76$

Theo: $\int_0^1 (2-x^2)\,dx \approx 0,2\cdot(1,96+1,84+1,64+1,36+1) \approx 0,2\cdot 7,8 = 1,56$

Vergleich: $1,56 < \int_0^1 (2-x^2)\,dx < 1,76$

Näherung für 500 Rechtecke der Breite 0,002:

Lisa mit GTR:

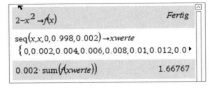

Theo mit GTR:

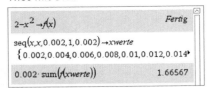

Vergleich: $1,66567 < \int_0^1 (2-x^2)\,dx < 1,66767$

Je größer die Anzahl der Rechtecke, umso geringer ist der Unterschied zwischen den beiden Produktsummen.

b) Der Wert des Integrals liegt offenbar zwischen 1,6656 und 1,6677.
Bei 5 Rechtecken lag die Untersumme bei 1,56 und die Obersumme bei 1,76. Bei 500 Rechtecken ist die Untersumme gewachsen auf 1,66567 und die Obersumme ist gefallen auf 1,66567. Die Werte für Untersumme und Obersumme nähern sich mit zunehmender Anzahl von Rechtecken einander an.
Hier noch der Vergleich für 5 000 Rechtecke mit einem GTR:

Obersumme   Untersumme

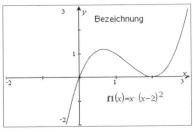

Beide Produktsummen nähern sich vermutlich dem Wert $1,\overline{6} = \frac{5}{3}$.

c) $f(x) = x\cdot(x-2)^2 = x^3 - 4x^2 + 4x$;
$f'(x) = 3x^2 - 8x + 4$; $f'\left(\frac{2}{3}\right) = 0$
f hat die Nullstelle $x_1 = 0$ mit einem Vorzeichenwechsel von – nach + und die doppelte Nullstelle $x_2 = 2$, in deren Nähe $f(x) > 0$ gilt. Weitere Nullstellen kann f nicht haben. Somit ergibt sich für den Graphen von f der Hochpunkt $H\left(\frac{2}{3}\Big|\frac{32}{27} \approx 1,185\right)$ und der nebenstehende Verlauf des Graphen.

Bei der Bestimmung von Obersummen und Untersummen muss man auf die Monotonie achten. Für die Obersumme werden für die Rechteckhöhen die größten Funktionswerte im jeweiligen Intervall genommen, für die Untersummen die jeweils kleinsten. Für alle Rechtecke im Intervall $\left[0;\frac{2}{3}\right]$ sind das die Funktionswerte am jeweils linken Rand eines Rechtecks für die Untersummen und am jeweils rechten Rand für die Obersummen. Im Intervall $\left[\frac{2}{3};2\right]$ ist es umgekehrt. Man sollte deshalb diese Produktsummen auch einmal für das Intervall $\left[0;\frac{2}{3}\right]$ und einmal für das Intervall $\left[\frac{2}{3};2\right]$ getrennt berechnen oder aber das ganze Intervall gleichmäßig so in Teilintervalle zerlegen, dass die Stelle $\frac{2}{3}$, an der ein Monotoniewechsel stattfindet, auch als Intervallgrenze vorkommt.

Hier ein Beispiel mit einem GTR für insgesamt 600 Teilintervalle der Breite $\frac{1}{300}$:

Untersumme   *Obersumme*

$$1{,}32938 < \int_0^2 \left(x\,(x-2)^2\right)\,dx < 1{,}33728$$

96

2. a) Die Höhe des ersten Rechtecks der Untersumme ist null. Somit hat das erste Rechteck der Untersumme auch den Flächeninhalt null.
An der Zeichnung erkennt man, dass der Flächeninhalt des ersten Rechtecks der Obersumme gleich dem Flächeninhalt des zweiten Rechtecks der Untersumme ist. Und der Flächeninhalt des zweiten Rechtecks der Obersumme ist genau so groß wie der Flächeninhalt des dritten Rechtecks der Untersumme und immer so weiter. Verschiebt man alle Rechtecke der Untersumme um eine Rechteckbreite nach links, so decken die Rechtecke der Untersumme alle Rechtecke der Obersumme ab, bis auf das letzte Rechteck der Obersumme.
Die Differenz aus Obersumme und Untersumme ist also gleich dem Flächeninhalt dieses letzten Rechtecks der Obersumme.
Das letzte Rechteck der Obersumme hat bei n Rechtecken die Breite $\frac{b}{n}$ und die Höhe b^2 und somit einen Flächeninhalt von $\frac{b^3}{n}$ Flächeneinheiten.

b) Bezeichnen wir für n Rechtecke die Obersumme mit O_n und die Untersumme mit U_n,

so gilt: $U_n < \int\limits_0^b x^2\,dx < O_n$

In Teilaufgabe a) haben wir gesehen, dass gilt $O_n = U_n + \dfrac{b^3}{n}$.

Für die Abschätzung ergibt sich daraus: $U_n < \int\limits_0^b x^2\,dx < U_n + \dfrac{b^3}{n}$

Wenn $n \to \infty$, dann $\dfrac{b^3}{n} \to 0$ und somit $U_n < \int\limits_0^b x^2\,dx < U_n$, also $U_n = \int\limits_0^b x^2\,dx$ für $n \to \infty$.

3. a) Rationale Zahlen sind Zahlen, die sich in der Form $\frac{a}{b}$ darstellen lassen, wobei a und b zwei ganze Zahlen mit $b \neq 0$ sind. Die rationalen Zahlen liegen auf dem Zahlenstrahl beliebig dicht, d.h. dass man zwischen zwei rationalen Zahlen p und q immer noch eine rationale Zahl angeben kann, die zwischen p und q liegt, z. B. die Zahl $\frac{p+q}{2}$. Dennoch gibt es Zahlen, die keine rationalen Zahlen sind und sich nicht in der Form $\frac{a}{b}$ darstellen lassen, z. B. $\sqrt{2}, \sqrt{3}, \sqrt{5}$, aber dennoch eine Stelle auf dem Zahlenstrahl einnehmen. Solche Zahlen heißen irrationale Zahlen.

Der Graph von f würde deshalb gezeichnet wie eine Strecke parallel zur x-Achse durch die Punkte $P(0|1)$ und $Q(1|1)$ aussehen. Allerdings hätte diese Gerade Löcher an allen irrationalen Stellen, da an diesen Stellen der Funktionswert auf der x-Achse liegen müsste.

b) Wenn man ein Teilintervall betrachtet, so wird für die Obersumme als Rechteckhöhe der jeweils größte Funktionswert verwendet, das wäre die Höhe 1. Für die Untersumme dagegen würde man den jeweils kleinsten Funktionswert als Rechteckhöhe verwenden, also null.

Die Abschätzung durch Untersummen und Obersummen sähe also immer so aus:

$0 < \int\limits_0^{b_1} f(x)\,dx < 1.$

c) In der Lösung von Aufgabe 1, haben wir gesehen, dass die beiden Produktsummen *Obersumme* und *Untersumme* denselben Grenzwert hatten. Bei dieser Funktion ist das nicht der Fall. Es ist egal, in wie viele Teilintervalle wir das Intervall $[0, 1]$ auch zerlegen würden, die Untersumme hätte immer den Wert 0 und die Obersumme immer den Wert 1.

Deshalb hat Riemann die Variante der Definition von Seite 94 verschärft und gefordert, dass die Grenzwerte von Ober- und Untersummen übereinstimmen müssen. Diese Verschärfung ist aber nur für sehr exotische Funktionen erforderlich, die im Mathematikunterricht nicht weiter betrachtet werden.

4. a) 8 Rechtecke der Breite 0,5 (mit dem Endwert $x = 3,5$)

$$\int_0^4 (x-2)^2 \, dx \approx 0,5 \cdot \left((-2)^2 + (-1,5)^2 + (-1)^2 + (-0,5)^2 + 0^2 + 0,5^2 + 1^2 + 1,5^2\right) \approx 0,5 \cdot 11 = 5,5$$

100 Rechtecke der Breite 0,04
(mit dem Endwert $x = 3,96$)
Mit einem GTR, so wie auf Seite 75
im Schülerband:

$$\int_0^4 (x-2)^2 \, dx \approx 5,33$$

$(x-2)^2 \to f(x)$	Fertig
$\text{seq}(x,x,0,3.96,0.04) \to xwerte$	
$\{0,0.04,0.08,0.12,0.16,0.2,0.24,0.28,0.32,0\blacktriangleright$	
$0.04 \cdot \text{sum}(f(xwerte))$	5.3344

b) 7 Rechtecke der Breite 1 (mit Endwert $x = 7$)

$$\int_1^8 (x^3 - x^2) \, dx \approx 0 + 4 + 18 + 48 + 100 + 180 + 294 \approx 644$$

14 Rechtecke der Breite 0,5 (mit Endwert $x = 7,5$)

$$\int_1^8 (x^3 - x^2) \, dx \approx 0,5 \cdot (0 + 1,125 + 4 + 9,375 + 18 + 30,625 + 48 + 70,875 + 100 + 136,125$$
$$+ 180 + 232,375 + 294 + 365,625)$$
$$\approx 745$$

100 Rechtecke der Breite 0,07
(mit Endwert $x = 7,93$)
Mit einem GTR erhält man

$$\int_1^8 (x^3 - x^2) \, dx \approx 838.$$

$x^3 - x^2 \to f(x)$	Fertig
$\text{seq}(x,x,1,7.93,0.07) \to xwerte$	
$\{1,1.07,1.14,1.21,1.28,1.35,1.42,1.49,1.56,\blacktriangleright$	
$0.07 \cdot \text{sum}(f(xwerte))$	837.808

500 Rechtecke der Breite 0,014
(mit Endwert $x = 7,986$)
Mit einem GTR erhält man

$$\int_1^8 (x^3 - x^2) \, dx \approx 850.$$

$x^3 - x^2 \to f(x)$	Fertig
$\text{seq}(x,x,1,7.986,0.014) \to xwerte$	
$\{1,1.014,1.028,1.042,1.056,1.07,1.084,1.0\blacktriangleright$	
$0.014 \cdot \text{sum}(f(xwerte))$	850.284

c) 10 Rechtecke der Breite 0,2

$$\int_1^3 3x^4 \, dx \approx 0,2 \cdot (3 + 6,22 + 11,53 + 19,66 + 31,49 + 48 + 70,28 + 99,53 + 137,09 + 184,4)$$
$$\approx 122,24$$

100 Rechtecke der Breite 0,02

$$\int_1^3 3x^4 \, dx \approx 142,81 \quad \text{mit GTR}$$

$3 \cdot x^4 \to f(x)$	Fertig
$\text{seq}(x,x,1,2.98,0.02) \to xwerte$	
$\{1,1.02,1.04,1.06,1.08,1.1,1.12,1.14,1.16,1\blacktriangleright$	
$0.02 \cdot \text{sum}(f(xwerte))$	142.81

1 000 Rechtecke der Breite 0,002

$$\int_1^3 3x^4 \, dx \approx 144,96 \quad \text{mit GTR}$$

$3 \cdot x^4 \to f(x)$	Fertig
$\text{seq}(x,x,1,2.998,0.002) \to xwerte$	
$\{1,1.002,1.004,1.006,1.008,1.01,1.012,1.0\blacktriangleright$	
$0.002 \cdot \text{sum}(f(xwerte))$	144.96

96

d) 10 Rechtecke der Breite 0,2:

$$\int_0^1 3^x\,dx \approx 0,2 \cdot (1 + 1,25 + 1,55 + 1,93 + 2,4 + 3 + 3,74 + 4,66 + 5,8 + 7,22) \approx 6,51$$

100 Rechtecke der Breite 0,02:

$$\int_0^2 3^x\,dx \approx 7,2$$

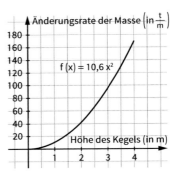

1 000 Rechtecke der Breite 0,002:

$$\int_0^2 3^x\,dx \approx 7,27$$

5. a) siehe rechts

b) Der Flächeninhalt der Fläche zwischen dem Graphen von f und der x-Achse über dem Intervall [0; 4] entspricht der Masse eines 4 m hohen Schüttkegels in Tonnen.

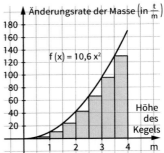

c) 8 Rechtecke der Breite 0,5:

$$\int_0^4 10,6 \cdot x^2\,dx$$

$$\approx 0,5 \cdot (0 + 2,65 + 10,6 + 23,85 + 42,4 + 66,25 + 95,4 + 129,85)$$

$$\approx 186$$

100 Rechtecke der Breite 0,04:

$$\int_0^4 10,6 \cdot x^2\,dx \approx 223 \quad \text{mit GTR}$$

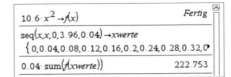

1 000 Rechtecke der Breite 0,004:

$$\int_0^4 10,6 \cdot x^2\,dx \approx 226 \quad \text{mit GTR}$$

Der Schüttkegel hat eine Masse von über 220 t.

96

6. a) Nach dem Einzeichnen der Punkte kann man ungefähr den Verlauf des Graphen der Änderungsrate der Quecksilbermenge abschätzen (gestrichelte Linie).
Wenn man hier für die Näherung mit Produktsummen arbeitet, bei denen man als Rechteckhöhen jeweils die Funktionswerte am linken Rand verwendet, würde die Näherung offensichtlich zu groß werden.

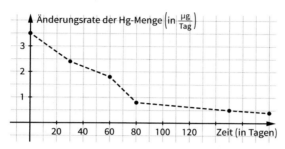

Anhand der grafischen Darstellung der Daten bieten sich verschiedene Möglichkeiten für eine sinnvolle grobe Näherung an. Man könnte z. B. die Datenpunkte miteinander verbinden und die jeweiligen Inhalte der Trapezflächen bestimmen.
Man kann aber auch mit einer möglichst einfachen und rechnerisch zweckmäßigen Abschätzung mithilfe von Rechtecken arbeiten. Eine solche mögliche Näherung ist z. B:

$30 \cdot 3 + 30 \cdot 2 + 30 \cdot 1,25 + 30 \cdot 0,75 + 30 \cdot 0,5 + 30 \cdot 0,5 = 30 \cdot 8 = 240$

Es wurden ungefähr 240 µg Quecksilber ausgeschieden.

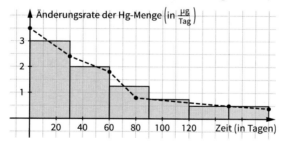

b) $f(x) = 3,552 \cdot 0,9876^x$
Berechung anhand von 180 Rechtecken der Breite 1 mithilfe des GTR ergibt

$$\int_0^{180} f(x)\,dx \approx 256.$$

$3.552 \cdot (0.9876)^x \rightarrow f(x)$	*Fertig*
$seq(x,x,0,179,1) \rightarrow xwerte$	
$\{0,1,2,3,4,5,6,7,8,9,10,11,12,13,14,15,16,17$	
$1 \cdot sum(f(xwerte))$	256.137

Nach dieser Berechnung wurden ungefähr 256 µg Quecksilber ausgeschieden.

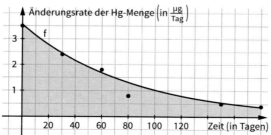

7. a) Die Daten in der Tabelle geben den momentanen Kraftstoffverbrauch nur an einzelnen Stellen an.

Unterstellt man, dass der momentane Kraftstoffverbrauch jeweils auf einem Kilometer davor genauso hoch, also konstant war, so erhalten wir folgende Näherung:

$1\,km \cdot 0{,}150\,\frac{\ell}{km} + 1\,km \cdot 0{,}129\,\frac{\ell}{km} + 1\,km \cdot 0{,}113\,\frac{\ell}{km} + 1\,km \cdot 0{,}100\,\frac{\ell}{km}$

$= (0{,}150 + 0{,}129 + 0{,}113 + 0{,}100)\,\ell = 0{,}492\,\ell$

Während der ersten 4 Fahrkilometer wurde also etwa $\frac{1}{2}$ Liter Kraftstoff verbraucht.

Zeichnet man die Datenpunkte in ein Koordinatensystem, so erkennt man, dass der momentane Kraftstoffverbrauch bei gleichmäßiger Fahrweise offensichtlich abgenommen hat. Die Näherung durch Produktsummen, bei denen man als Rechteckhöhen jeweils den Funktionswert am rechten Rand verwendet, führt also offensichtlich zu einer zu kleinen Näherung.

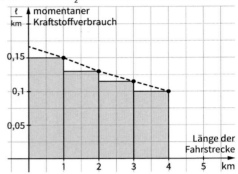

Man könnte für die Näherung auch mit einer einzigen Trapezfläche arbeiten:

$\frac{0{,}2 + 0{,}1}{2} \cdot 4 = 0{,}6$

Der Kraftstoffverbrauch für die ersten 4 km liegt nach dieser Näherung ungefähr bei $0{,}6\,\ell$.

b) Die Funktion k beschreibt die momentane Änderungsrate des Kraftstoffverbrauchs in $\frac{\ell}{km}$. Die Änderung, also der Kraftstoffverbrauch im Zeitintervall $[0; 4]$, kann als Grenzwert von Produktsummen, also als Integral $\int\limits_0^4 k(x)\,dx$ bestimmt werden.

$k(x) = 0{,}2 - 0{,}05\,\sqrt{x}$

Näherung für 1 000 Rechtecke der Breite 0,004:

$\int\limits_0^4 \left(0{,}2 - 0{,}05\,\sqrt{x}\right) dx \approx 0{,}534$ mit GTR

$0.2 - 0.05 \cdot \sqrt{x} \rightarrow f(x)$	*Fertig*
$seq(x,x,0,3.996,0.004) \rightarrow xwerte$	
$\{0, 0.004, 0.008, 0.012, 0.016, 0.02, 0.024, 0.0\rangle$	
$0.004 \cdot sum(f(xwerte))$	0.533536

8. a) (1) $\int\limits_0^3 x^2\,dx = \frac{1}{3} \cdot 3^3 = 9$ (2) $\int\limits_0^8 x^2\,dx = \frac{1}{3} \cdot 8^3 = \frac{512}{3} \approx 170{,}66$ (3) $\int\limits_0^1 x^2\,dx = \frac{1}{3} \cdot 1^3 = \frac{1}{3}$

b) Man erhält $\int\limits_3^7 x^2\,dx$ aus der Differenz $\int\limits_0^7 x^2\,dx - \int\limits_0^3 x^2\,dx$. Das Integral $\int\limits_3^7 x^2\,dx$ ist der orientierte Flächeninhalt zwischen dem Graphen von $y = x^2$ und der x-Achse über dem Intervall $[3; 7]$. Dieser Flächeninhalt ergibt sich aus der Differenz der Flächeninhalte der Flächen zwischen dem Graphen zu $y = x^2$ und der x-Achse über dem Intervall $[0; 7]$ und dem Intervall $[0; 3]$,

97

(1) $\int\limits_{1}^{3} x^2\,dx = \int\limits_{0}^{3} x^2\,dx - \int\limits_{0}^{1} x^2\,dx = 9 - \frac{1}{3} = \frac{26}{3}$

(2) $\int\limits_{5}^{8} x^2\,dx = \int\limits_{0}^{8} x^2\,dx - \int\limits_{0}^{5} x^2\,dx = \frac{1}{3}\cdot 8^3 - \frac{1}{3}\cdot 5^3 = \frac{387}{3} = 129$

(3) $\int\limits_{7}^{10} x^2\,dx = \int\limits_{0}^{10} x^2\,dx - \int\limits_{0}^{7} x^2\,dx = \frac{1}{3}\cdot 10^3 - \frac{1}{3}\cdot 7^3 = \frac{657}{3} = 219$

9. $A = A_{\text{Rechteck}} - \int\limits_{-5}^{5} x^2\,dx$

$A = 10\cdot 25 - 2\cdot \int\limits_{0}^{5} x^2\,dx$

$A = 250 - 2\cdot\frac{1}{3}\cdot 5^3$

$A = 250 - \frac{250}{3}$

$A = \frac{2}{3}\cdot 250 = \frac{500}{3} \approx 166{,}66$

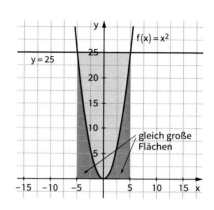

10. Obersumme:

$\overline{S}_n = \frac{b}{n}\left(\left(\frac{b}{n}\right)^3 + \left(\frac{2b}{n}\right)^3 + \left(\frac{3b}{n}\right)^3 + \ldots + \left(\frac{nb}{n}\right)^3\right)$

$= \frac{b^4}{n^4}(1 + 2^3 + 3^3 + \ldots + n^3)$

$= \frac{b^4}{n^4}\sum\limits_{k=1}^{n} k^3 = \frac{b^4}{n^4}\cdot\frac{n^2(n+1)^2}{4} = \frac{b^4}{4}\cdot\frac{(n+1)^2}{n^2} = \frac{b^4}{4}\cdot\left(1 + \frac{1}{n}\right)^2$

$\lim\limits_{n\to\infty}\overline{S}_n = \frac{b^4}{4} \;\Rightarrow\; A \le \frac{b^4}{4}$

Untersumme:

$\lim\limits_{n\to\infty}\underline{S}_n = \overline{S}_n - \frac{b}{n}\cdot b^3 = \overline{S}_n - \frac{b^4}{n}$

$\lim\limits_{n\to\infty}\underline{S}_n = \frac{b^4}{4} \;\Rightarrow\; A \ge \frac{b^4}{4}$

Insgesamt ist $A = \frac{b^4}{4}$.

Für das Integral im Intervall $[a,\,b]$ gilt wieder

$\int\limits_{a}^{b} x^3\,dx = \int\limits_{0}^{b} x^3\,dx - \int\limits_{0}^{a} x^3\,dx = \frac{b^4}{4} - \frac{a^4}{4}$.

98

11. a) (1) $\int\limits_{0}^{3} x^3\,dx = \frac{1}{4}\cdot 3^4 = \frac{81}{4} = 20{,}25$

(2) $\int\limits_{0}^{5} x^3\,dx = \frac{1}{4}\cdot 5^4 = \frac{625}{4} = 156{,}25$

(3) $\int\limits_{0}^{100} x^3\,dx = \frac{1}{4}\cdot 100^4 = 25\,000\,000$

98

b) $\int\limits_a^b x^3\,dx = \int\limits_0^b x^3\,dx - \int\limits_0^a x^3\,dx = \frac{1}{4}\cdot b^4 - \frac{1}{4}\cdot a^4$

(1) $\int\limits_1^3 x^3\,dx = \frac{1}{4}\cdot 3^4 - \frac{1}{4}\cdot 1^4 = \frac{81}{4} - \frac{1}{4} = 20$

(2) $\int\limits_{10}^{100} x^3\,dx = \frac{1}{4}\cdot 100^4 - \frac{1}{4}\cdot 10^4$
$= 25\,000\,000 - 2\,500 = 24\,997\,500$

(3) $\int\limits_4^{20} x^3\,dx = \frac{1}{4}\cdot 20^4 - \frac{1}{4}\cdot 4^4 = 40\,000 - 64 = 39\,936$

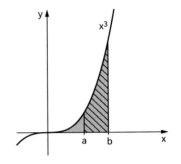

c) (1) Verschiebung um 1 Einheit nach oben.

$\int\limits_1^3 (x^3 + 1)\,dx = \int\limits_1^3 x^3\,dx + 1\cdot(3-1) = 20 + 2 = 22$

(2) Verschiebung um 3 Einheiten nach oben.

$\int\limits_{10}^{100} (x^3 + 3)\,dx = \int\limits_{10}^{100} x^3\,dx + 3\cdot(100-10) = 24\,997\,500 + 270 = 24\,997\,770$

(3) Verschiebung um 10 Einheiten nach unten.
(Zu Beginn des Intervalls bei $x = 4$ von 64 auf 54, am Ende von 8\,000 auf 7\,990.)

$\int\limits_4^{20} (x^3 - 10)\,dx = \int\limits_4^{20} x^3\,dx - 10\cdot(20-4) = 39\,936 - 160 = 39\,776$

12. $A = 5\cdot 125 - \int\limits_0^5 x^3\,dx = 625 - \frac{1}{4}\cdot 5^4 = 468{,}75$

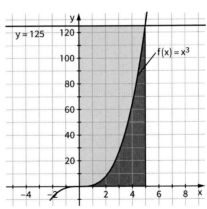

13. a) Der orientierte Flächeninhalt der Teilflächen entspricht dem Gasvolumen, das in dem jeweiligen Zeitintervall in das bzw. aus dem Gasometer geströmt ist.

b) $\int_{0}^{6} f(x)\, dx = 1{,}2 \cdot \frac{3{,}5 + 6}{2} = 5{,}7$

Änderung des Gasmenge: $+5{,}7\,m^3$

$\int_{6}^{16} f(x)\, dx = (-1{,}2) \cdot \frac{4 + 6}{2} = -6$

Änderung der Gasmenge: $-6\,m^3$

$\int_{0}^{18} f(x)\, dx = 5{,}7 - 6 + 0{,}75 \cdot \frac{2 + 0{,}5}{2} = 5{,}7 - 6 + 0{,}9375 = 0{,}6375$

Änderung der Gasmenge: $+0{,}6375\,m^3$

14. a) (1) $-2{,}5 + 2 - 0{,}5 = -1$ (2) $0{,}5 - 0{,}5 + 0{,}5 - 1{,}25 + 0{,}5 = -0{,}25$

    (3) $1{,}5 - 1 + 1{,}25 - 0{,}75 + 0{,}5 = 1{,}5$ (4) $-2{,}25 + 0 + 3{,}75 - 0{,}75 = 0{,}75$

b) (1) $\int_{-1}^{1} f(t)\, dt = 0$ (2) $\int_{-1}^{1} f(t)\, dt = 0$ (3) $\int_{-1}^{1} f(t)\, dt = 1$ (4) $\int_{-1}^{1} f(t)\, dt = 2$

c) (1) $\int_{-2}^{3} f(t)\, dt = \frac{1}{2}$ (2) $\int_{-2}^{3} f(t)\, dt = -0{,}75$ (3) $\int_{-2}^{3} f(t)\, dt = 0$ (4) $\int_{-2}^{3} f(t)\, dt = 3$

15. (1) $\int_{a}^{a} f(x)\, dx$ gehört zu einem Flächenstück der Breite null.

Also ist $\int_{a}^{a} f(x)\, dx = 0$.

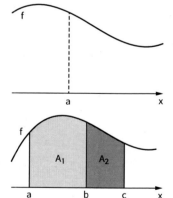

(2) $A_{gesamt} = A_1 + A_2$

$A_{gesamt} = \int_{a}^{c} f(x)\, dx$

$A_1 = \int_{a}^{b} f(x)\, dx$

$A_2 = \int_{b}^{c} f(x)\, dx$

Also gilt $\int_{a}^{c} f(x)\, dx = \int_{a}^{b} f(x)\, dx + \int_{b}^{c} f(x)\, dx$

2.3 Integrale mithilfe von Stammfunktionen berechnen

99

Einstiegsaufgabe ohne Lösung

- Bei 500 Teilintervallen ist die Intervallbreite 0,008.
  Die Liste der x-Werte beginnt bei 0 und endet bei 3,992.

  Mit einem GTR erhält man dafür $\int_0^4 3x^2\,dx \approx 63{,}8081$

- Jana sucht eine Funktion F, für die gilt: $F'(x) = f(x) = 3x^2$

  Da das Integral $\int_0^4 f(x)\,dx$ die Änderung $F(4) - F(0)$ der Größe F beschreibt, kann das Integral auch mithilfe von F bestimmt werden:

  $$\int_0^4 f(x)\,dx = F(4) - F(0), \text{ wenn } F'(x) = f(x) \text{ gilt.}$$

  Für F mit $F(x) = x^3$ gilt: $F'(x) = 3x^2 = f(x)$

  Also gilt: $\int_0^4 3x^2\,dx = 4^3 - 0^3 = 64$

101

1. (1) Nach dem Hauptsatz gilt: $\int_a^a f(x)\,dx = F(a) - F(a) = 0$

(2) Nach dem Hauptsatz gilt:

$$\int_a^b f(x)\,dx + \int_b^c f(x)\,dx = F(b) - F(a) + F(c) - F(b) = F(c) - F(a) = \int_a^c f(x)\,dx$$

(3) $g(x) = k \cdot f(x)$

Ist F eine Stammfunktion von f, so ist G mit $G(x) = k \cdot F(x)$ eine Stammfunktion von g, denn es gilt: $G'(x) = k \cdot F'(x) = k \cdot f(x) = g(x)$

Nach dem Hauptsatz gilt:

$$\int_a^b k \cdot f(x)\,dx = \int_a^b g(x)\,dx = G(b) - G(a) = k \cdot F(b) - k \cdot F(a) = k \cdot \big(F(b) - F(a)\big) = k \cdot \int_a^b f(x)\,dx$$

(4) Ist F eine Stammfunktion von f und G eine Stammfunktion von g, dann ist $F(x) + G(x)$ der Term einer Stammfunktion zu $f(x) + g(x)$, da gilt:

$F'(x) + G'(x) = f(x) + g(x)$

Nach dem Hauptsatz gilt:

$$\int_a^b \big(f(x) + g(x)\big)\,dx = F(b) + G(b) - F(a) - G(a) = F(b) - F(a) + G(b) - G(a) = \int_a^b f(x)\,dx + \int_a^b g(x)\,dx$$

102

2. a) $F'(x) = 6x^2 = f(x)$; $F(x) = 2x^3 + c$ mit $c \in \mathbb{R}$

b) $F'(x) = 20x^3 = f(x)$; $F(x) = 5x^4 + c$ mit $c \in \mathbb{R}$

c) $F'(x) = \frac{2}{3}x^4 = f(x)$; $F(x) = \frac{2}{15}x^5 + c$ mit $c \in \mathbb{R}$

d) $F'(x) = -1{,}2x^3 + 1 = f(x)$; $F(x) = -0{,}3x^4 + x + c$, mit $c \in \mathbb{R}$

e) $F'(x) = 12x^2 - 10x + 1 = f(x)$; $F(x) = 4x^3 - 5x^2 + x + c$, mit $c \in \mathbb{R}$

f) $F'(x) = 4ax^3 - 3bx^2 = f(x)$; $F(x) = 4ax^3 - 3bx^2 + c$, mit $c \in \mathbb{R}$

g) $F'(x) = 2x - 2b = f(x)$; $F(x) = x^2 - 2bx + c$, mit $c \in \mathbb{R}$

h) $F'(x) = n \cdot a \cdot x^{n-1} - m \cdot b \cdot x^{m-1} = f(x)$; $F(x) = a \cdot x^n - bx^m + c$, mit $c \in \mathbb{R}$

3. Immer für c mit $c \in \mathbb{R}$.

a) $F(x) = \frac{3}{2}x^2 - x + c$

f) $F(x) = x^4 - 3{,}5x^2 + 6x + c$

b) $F(x) = 5x + c$

g) $f(x) = x \cdot (x - 4) = x^2 - 4x$; $F(x) = \frac{1}{3}x^3 - 2x^2 + c$

c) $F(x) = \frac{1}{7}x^7 + c$

h) $F(x) = -\cos(x) + \frac{1}{3}x^3 + c$

d) $F(x) = \frac{a}{n+1} \cdot x^{n+1} + c$

i) $F(x) = 3\sin(x) + c$

e) $F(x) = -\cos(x) + c$

j) $f(x) = x^{-2} - x^2$; $F(x) = (-1) \cdot x^{-1} - \frac{1}{3}x^3 + c = -\frac{1}{x} - \frac{1}{3}x^3 + c$

4. **a)** Richtig, denn der Graph von f hat an der Stelle $x = -2$ eine Nullstelle mit einem Vorzeichenwechsel von + nach –. Somit hat der Graph von F mit $F'(x) = f(x)$ dort einen Hochpunkt.

b) Falsch, denn der Graph von f hat an der Stelle $x = 2$ einen Tiefpunkt und eine Nullstelle. Somit hat der Graph von F mit $F'(x) = f(x)$ dort einen Sattelpunkt und keinen Tiefpunkt.

c) Richtig, denn der Graph von f hat im Intervall $[-2; 2]$ drei Extremstellen. Somit hat der Graph von F mit $F'(x) = f(x)$ dort drei Wendepunkte.

d) Richtig, denn der Graph von f hat an der Stelle $x = 0$ eine Nullstelle mit Vorzeichenwechsel von – nach +. Somit hat der Graph von F mit $F'(x) = f(x)$ dort einen Tiefpunkt.

5. Es gilt: $F_1'(x) = \frac{1}{x^2} = f(x)$ und $F_2'(x) = \frac{1}{x^2}$

Somit sind beide Funktionen F_1 und F_2 Stammfunktionen von f. F_2 ist eine abschnittsweise definierte Funktion. Für $x > 0$ unterscheidet sie sich um die Konstante 3 von F_1 und für $x < 0$ um die Konstante 2. Somit liegt kein Widerspruch zum Satz von Seite 101 vor.

6. Lucia: $\int\limits_{-5}^{10} (x^4 - 2x)\, dx = (0{,}2 \cdot 10^5 - 10^2 + 10) - (0{,}2 \cdot (-5)^5 - (-5)^2 + 10)$

$$= 0{,}2 \cdot 10^5 - 10^2 - 0{,}2 \cdot (-5)^5 + (-5)^2$$

Fiene: $\int\limits_{-5}^{10} (x^4 - 2x)\, dx = (0{,}2 \cdot 10^5 - 10^2 - 10) - (0{,}2 \cdot (-5)^5 - (-5)^2 - 10)$

$$= 0{,}2 \cdot 10^5 - 10^2 - 0{,}2 \cdot (-5)^5 + (-5)^2$$

Beide Varianten führen zum selben Ergebnis, da bei der Differenz $F(a) - F(b)$ das konstante Glied in der Stammfunktion F mit $F(x) + c$ verschwindet.

7. Zur Berechnung vergleichen Sie das Beispiel auf Seite 101 im Schülerband.

a) $\int\limits_{0}^{3} (x^2 - 2)\, dx = \left[\frac{1}{3}x^3 - 2x\right]_0^3 = \left(\frac{1}{3} \cdot 3^3 - 2 \cdot 3\right) - 0 = 3$

b) $\int\limits_{-3}^{6} (5 - x^2)\, dx = \left[5x - \frac{1}{3}x^3\right]_{-3}^6 = \left(5 \cdot 6 - \frac{1}{3} \cdot 6^3\right) - \left(5 \cdot (-3) - \frac{1}{3}(-3)^3\right) = -42 - (-6) = -36$

c) $\int\limits_{0}^{6} (x^3 - 2x^2)\, dx = \left[\frac{1}{4}x^4 - \frac{2}{3}x^3\right]_0^6 = \left(\frac{1}{4} \cdot 6^4 - \frac{2}{3} \cdot 6^3\right) - 0 = 180$

d) $\int\limits_{-2}^{0} (-2x^3 + 3x^2 - 4)\, dx = \left[-\frac{1}{2}x^4 + x^3 - 4x\right]_{-2}^0 = 0 - \left(-\frac{1}{2} \cdot (-2)^4 + (-2)^3 - 4 \cdot (-2)\right) = 8$

102

e) $\int\limits_{-1}^{1} (x^5 - 5x^4)\,dx = \left[\frac{1}{6}x^6 - x^5\right]_{-1}^{1} = \left(\frac{1}{6} - 1\right) - \left(\frac{1}{6} + 1\right) = -2$

f) $\int\limits_{0}^{10} \left(\frac{x^2 - 3x}{5} + 1\right) dx = \int\limits_{0}^{10} \left(\frac{1}{5}x^2 - \frac{3}{5}x + 1\right) dx = \left[\frac{1}{15}x^3 - \frac{3}{10}x^2 + x\right]_{0}^{10}$

$$= \left(\frac{1\,000}{15} - \frac{300}{10} + 10\right) - 0 = \frac{200}{3} - 30 + 10 = \frac{140}{3} \approx 46{,}66$$

g) $\int\limits_{1}^{2} (0{,}5x^4 - 5x)\,dx = \left[0{,}1x^5 - 2{,}5x^2\right]_{1}^{2} = (3{,}2 - 10) - (0{,}1 - 2{,}5) = -4{,}4$

h) $\int\limits_{1}^{3} (0{,}4x^3 - 0{,}5x^4 - 7)\,dx = \left[0{,}1x^4 - 0{,}1x^5 - 7x\right]_{1}^{3} = (-37{,}2) - (-7) = -30{,}2$

i) $\int\limits_{-2}^{0} \left(\frac{1}{3}x^3 - \frac{1}{2}x^2 + 1\right) dx = \left[\frac{1}{12}x^4 - \frac{1}{6}x^3 + x\right]_{-2}^{0} = 0 - \frac{2}{3} = -\frac{2}{3}$

j) $\int\limits_{-1}^{5} \left(\frac{x^3}{4} - \frac{x^2}{3} + \frac{1}{5}\right) dx = \left[\frac{1}{16}x^4 - \frac{1}{9}x^3 + \frac{1}{5}x\right]_{-1}^{5} = \left(\frac{1}{16}\cdot 5^4 - \frac{1}{9}\cdot 5^3 + 1\right) - \left(\frac{1}{16} + \frac{1}{9} - \frac{1}{5}\right) = \frac{3\,769}{144} - \left(-\frac{19}{720}\right)$

$$= \frac{131}{5} = \frac{262}{10} = 26{,}2$$

k) $\int\limits_{1}^{2} \left(\frac{x}{2} - \frac{1}{x^2}\right) dx = \left[\frac{1}{4}x^2 - \frac{1}{x}\right]_{1}^{2} = \left(1 - \frac{1}{2}\right) - \left(\frac{1}{4} - 1\right) = \frac{5}{4}$

l) $\int\limits_{0}^{2\pi} \cos(x)\,dx = \left[\sin(x)\right]_{0}^{2\pi} = 0 - 0 = 0$

103

8. a) $f_t(x) = x \cdot (x - t)^2 = x \cdot (x^2 - 2tx + t^2) = x^3 - 2tx^2 + t^2 x$

$$\int\limits_{0}^{t} f_t(x)\,dx = \left[\frac{1}{4}x^4 - \frac{2}{3}tx^3 + \frac{1}{2}t^2 x^2\right]_{0}^{t} = \frac{1}{4}t^4 - \frac{2}{3}t^4 + \frac{1}{2}t^4 = \frac{1}{12}t^4$$

b) $\int\limits_{0}^{t} f_t(x)\,dx = 108$ gilt für $t = 6$

9. a) $\int\limits_{0}^{b} (x^2 - 3)\,dx$

$= \left[\frac{1}{3}x^3 - 3x\right]_{0}^{b} = \frac{1}{3}b^3 - 3b = 0$

für $b_1 = 0$ und für $b_2 = -3$ oder $b_3 = 3$.

Wegen $b > 0$ bleibt $b = 3$ übrig.

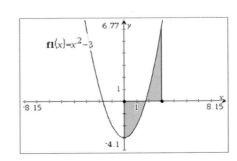

103

b) $\int\limits_{1}^{b} (4-x)\,dx$

$= \left[4x - \frac{1}{2}x^2\right]_1^b = 4b - \frac{1}{2}b^2 - \frac{7}{2} = -4$

für $b = 4 + \sqrt{17} \approx 8{,}123$

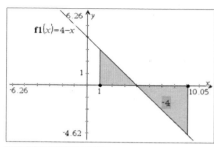

c) $\int\limits_{-1}^{b} x^3\,dx = \left[\frac{1}{4}x^4\right]_{-1}^b = \frac{1}{4}b^4 - \frac{1}{4} = \frac{15}{4}$

für $b = 2$

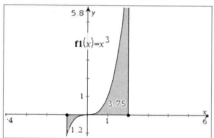

10. a) $f(x) = 2x + 4$, $F(x) = x^2 + 4x + c$

$F(2) = 4 + 8 + c = 10$, also $c = -2$

$F(x) = x^2 + 4x - 2$

b) $f(x) = x^2$, $F(x) = \frac{1}{3}x^3 + c$

$F(3) = 9 + c = 15$, also $c = 6$

$F(x) = \frac{1}{3}x^2 + 6$

c) $f(x) = 0{,}4x^3 - 2x$, $F(x) = 0{,}1x^4 - x^2 + c$

$F(100) = 10\,000\,000 - 10\,000 + c = 0$, also $c = -9\,990\,000$

$F(x) = 0{,}1x^4 - x^2 - 9\,990\,000$

d) $f(x) = 3\cos(x)$, $F(x) = 3\sin(x) + c$

$F\left(\frac{\pi}{2}\right) = 3 + c = 2$, also $c = -1$

$F(x) = 3\sin(x) - 1$

e) $f(x) = \frac{1}{x^2}$; $F(x) = -\frac{1}{x} + c$

$F(1) = -1 + c = 0$, also $c = 1$

$F(x) = -\frac{1}{x} + 1$

11. a) $F(t) = 0{,}05 \cdot t^4 - 16 \cdot t^3 + 1440 \cdot t^2$; $F(120) = 3\,456\,000$

Nach 120 Tagen sind $3\,456\,000\,m^3$ Wasser in das Rückhaltebecken geflossen.

b) $G(t) = 0{,}05 \cdot t^4 - 16 \cdot t^3 + 1440 \cdot t^2 + 5\,000$

$G(120) = 3\,461\,000$

Nach 120 Tagen befanden sich $3\,461\,000\,m^3$ Wasser im Rückhaltebecken.

c) Mithilfe eines GTR findet man mit dem Schnittpunktverfahren oder mithilfe einer Wertetabelle heraus, dass sich nach 51,7 Tagen 2 Millionen m^3 Wasser im Rückhaltebecken befinden.

103

12. (1) $A_0 = \int\limits_{-1}^{1} (x^2 - 2)\,dx = \left[\frac{1}{3}x^3 - 2x\right]_{-1}^{1} = \left(\frac{1}{3} - 2\right) - \left(-\frac{1}{3} + 2\right) = \frac{2}{3} - 4 = -\frac{10}{3}$

(2) $A_0 = \int\limits_{-1}^{1} x^3\,dx = \left[\frac{1}{4}x^4\right]_{-1}^{1} = 0$

(3) $A_0 = \int\limits_{0}^{3} \sqrt{x}\,dx = \left[\frac{2}{3}x^{\frac{3}{2}}\right]_{0}^{3} = \frac{2}{3}\cdot 3^{\frac{3}{2}} - 0 \approx 3{,}46$

104

13. Die Intervallgrenzen müssen eingegeben werden, sowie der Funktionsterm und die Funktionsvariable. Manche GTR verwenden den Befehl fnInt (Funktionsterm, Funktionsvariable, a, b) für das Integral der Funktion über dem Intervall [a; b]

14. a) $K(x) = 8\,000 + \int\limits_{0}^{x}\left(\frac{1}{2\,000}t^2 - \frac{1}{5}t + 70\right)dt = \frac{1}{6\,000}x^3 - \frac{1}{10}x^2 + 70x + 8\,000$

b) $G(x) = 230x - K(x)$ für $0 \le x \le 750$
G' besitzt in $[0; 750]$ keine Nullstellen und ist dort immer > 0. Damit nimmt G das Maximum am rechten Rand an, d. h. es müssen 750 Receiver pro Tag produziert werden.

15. Der Anhalteweg setzt sich aus dem *Reaktionsweg* s_R und dem *Bremsweg* s_B zusammen.
Wir rechnen beide getrennt voneinander aus:

(1) *Reaktionsweg:* Um mit denselben Maßeinheiten zu rechnen, wandeln wir $v_0 = 108\,\frac{km}{h}$ in $v_0 = 30\,\frac{m}{s}$ um. Während einer typischen Reaktionszeit von $t_R = 1\,s$ bewegt sich das Fahrzeug mit unveränderter Geschwindigkeit v_0 weiter. Für die in dieser Zeit t_R zurückgelegte Weglänge s_R gilt: $s_R = v_0 \cdot t_R = 30$.
Der Reaktionsweg kann auch als Flächeninhalt unter dem Graphen der Funktion v gedeutet werden, ist also gleich dem Integral:

$$s_R = \int\limits_{0}^{t_R} v_0\,dt = \int\limits_{0}^{1} 30\,dt = 30\cdot 1 = 30$$

(Wir lassen die Einheiten in der Rechnung weg.)

(2) *Bremsweg:* Wenn wir eine konstante Bremsverzögerung von $-7{,}5$ annehmen, dann verringert sich die Geschwindigkeit linear von $v_0 = v(0) = 30$ vom Beginn des Bremsvorgangs $t = 0$ auf $v(t_B) = 0$ zum Ende des Bremsvorgangs $t = t_B$. Die Funktion v lässt sich somit durch einen linearen Funktionsterm beschreiben: $v(t) = v_0 + a\cdot t = 30 + (-7{,}5)\cdot t$

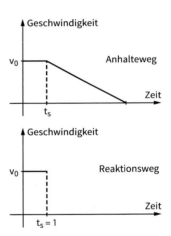

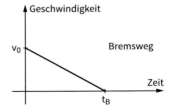

104

Die Abbremszeit ist die Nullstelle von v:

$v(t_B) = 0$, also $0 = 30 - 7,5 \cdot t_B$, und damit gilt $t_B = 4$.

Wir können die gesuchte Weglänge wiederum als Flächeninhalt unter dem Graphen der Funktion v deuten, sie ist also gleich dem Integral:

$$s_B = \int_0^{t_B} \left(30 + (-7,5) \cdot t\right) dt = 30 \cdot t_B + \frac{1}{2} \cdot (-7,5) \cdot t_B^2 = 30 \cdot 4 - 3,75 \cdot 4^2 = 60$$

(3) *Anhalteweg:* Für den Anhalteweg s_A gilt: $s_A = s_R + s_B = 30\,\text{m} + 60\,\text{m} = 90\,\text{m}$

Das Fahrzeug kommt also kurz von dem Reh zum Stehen.

16. $v = 9,81 \cdot t$ mit t in Sekunden und v in $\frac{m}{s}$ $\qquad s(t) = \int_0^t v(t)\,dt = 9,81 \cdot \frac{1}{2} \cdot t^2 = 4,905 \cdot t^2$

17. a) $W = \int_R^x F(x)\,dx = 9,81 \cdot R^2 \cdot \int_R^x \frac{1}{x^2}\,dx$

$\qquad = 9,81 \cdot R^2 \cdot \left[-\frac{1}{x}\right]_R^x$

$\qquad = 9,81 \cdot R^2 \cdot \left(\frac{1}{R} - \frac{1}{x}\right)$

Für $x = k \cdot R$ ergibt sich $W = 9,81 \cdot R \cdot \left(1 - \frac{1}{k}\right) = 6,25 \cdot 10^7 \cdot \left(1 - \frac{1}{k}\right)$

k	2	5	10	100
W (in Nm)	$3,125 \cdot 10^7$	$5 \cdot 10^7$	$5,625 \cdot 10^7$	$6,19 \cdot 10^7$

b) Wenn m in der Einheit kg angegeben ist, müssen die Ergebnisse aus Teilaufgabe a) nur mit m multipliziert werden.

18. a) Der Graph ist monoton fallend und nähert sich für $t \to \infty$ der Null an.

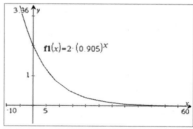

b) $\int_0^{12} 2 \cdot 0,905^t\,dt \approx 13,99$

Nach 12 Stunden wurden ca. 14 mg abgebaut.

$$\int_0^{12} \left(2 \cdot (0.905)^x\right)dx \qquad 13.9882$$

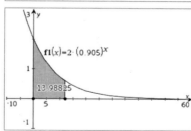

c) 1 % von 20 mg = 0,2 mg

$20 - \int_0^{t_0} 2 \cdot 0,905^t\,dt < 0,2$ also wenn $\int_0^{t_0} 2 \cdot 0,905^t\,dt > 19,8$ für $t_0 > 44,5$

(durch Probieren mit einem GTR gefunden).

Nach ca. 44,5 h ist nur noch 1 % im Körper.

2.4 Integralfunktionen

107

1. a)

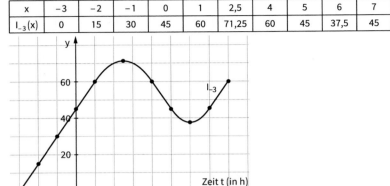

x	−3	−2	−1	0	1	2,5	4	5	6	7	8
$I_{-3}(x)$	0	15	30	45	60	71,25	60	45	37,5	45	60

b) $I_{-3}(x)$ gibt an, wie viel m³ von Zeitpunkt − 3 bis zum Zeitpunkt x in den Tank geflossen sind.

c) Vom Zeitpunkt − 3 bis zum Zeitpunkt 7 sind 45 m³ Wasser in den Tank geflossen.

108

2. a)

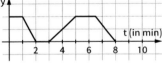

b)

Die Integralfunktion gibt an, welche Strecke man bis zum Zeitpunkt t zurückgelegt hat. Aus der Differenzialrechnung ist der umgekehrte Zusammenhang bekannt: Die Geschwindigkeit ist die Ableitung des zurückgelegte Weges nach der Zeit.

c) Aus den obigen Graphen kann man erkennen, dass dieser Zusammenhang auch hier für die Integralfunktion gilt: Die Geschwindigkeitsverlaufsfunktion ist Ableitung der Integralfunktion, die Integralfunktion also die Aufleitung der Geschwindigkeit.

3. a) Wir bestimmen ungefähr den orientierten Flächeninhalt für 12 Teilintervalle der Breite 10 unter dem Graphen von f, indem wir die Teilflächen durch Dreiecksflächen bzw. Trapezflächen abschätzen. Durch Addieren dieser Flächeninhalte erhalten wir schrittweise Näherungen für die gesuchten Wassermengen:

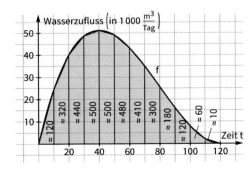

108

Tag	Wassermenge (in 1000 m³)
10	120
20	120 + 320 = 440
30	440 + 440 = 880
40	880 + 500 = 1380
50	1380 + 500 = 1880
60	1880 + 480 = 2360

Tag	Wassermenge (in 1000 m³)
70	2360 + 410 = 2770
80	2770 + 300 = 3070
90	3070 + 180 = 3250
100	3250 + 120 = 3370
110	3370 + 60 = 3430
120	3430 + 10 = 3440

Da der Wasserzufluss zu Beginn des Zeitintervalls von 0 bis 120 Tage den Wert 0 hat und wir ab dem Zeitpunkt 0 die geflossene Wassermenge bestimmen, können wir beim Graphen von F mit $F(0) = 0$ beginnen. Mithilfe der Wertetabelle können wir nun den Graphen der Funktion F skizzieren, die jedem Zeitpunkt x (in Tagen) die Wassermenge (in m³) zuordnet.

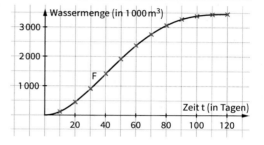

b) Die Funktion f beschreibt den Wasserzufluss $\left(\text{in } \frac{m^3}{Tag}\right)$, also die momentane Änderungsrate der Wassermenge (in m³). Die Funktion f, die den Wasserzufluss beschreibt, ist somit die Ableitung der Funktion F, die die Wassermenge beschreibt, die nach x Tagen in das Reservoir geflossen ist. Also gilt $F'(x) = f(x)$, d. h. die Funktion F ist eine Stammfunktion von f.

c) Der Graph von F hat an der Stelle 40 einen Wendepunkt, da dort das Maximum von f liegt. Der Graph von f ist der Graph der Ableitungsfunktion von F.

108

4. a) Da $v(x)$ im Intervall $0 < x < 6$ positiv ist, ist $I_0(x)$ dort monoton wachsend.
Bei der Extremstelle $x = 3$ von $v(x)$ hat $I_0(x)$ die Wendestelle.
Bei den Nullstellen $x = 0$ und $x = 6$ von $v(x)$ hat $I_0(x)$ Extremstellen.
Für $x > 6$ ist $v(x)$ negativ und somit $I_0(x)$ dort monoton fallend.
$I_0(x)$ gibt die Flughöhe des Segelfliegers in m an.

b) $v(x) = I_0'(x)$
Nach dem Hauptsatz der Differenzial- und Integralrechnung.

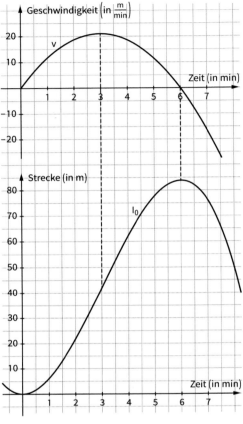

109

5. a) $f(x) = 3x + 1$
$I_0(x) = 1{,}5x^2 + x$
$I_2(x) = 1{,}5x^2 + x - 8$
$I_{-1}(x) = 1{,}5x^2 + x - 0{,}5$
Der Graph von f hat an der Stelle $-\frac{1}{3}$ eine Nullstelle mit einem Vorzeichenwechsel von − nach +.
An der Stelle $-\frac{1}{3}$ haben alle Integralfunktionen von f einen Tiefpunkt.

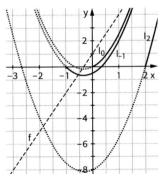

109

b) $f(x) = 2x - 6$

$I_0(x) = x^2 - 6x$

$I_3(x) = x^2 - 6x + 9$

$I_{-2}(x) = x^2 - 6x - 16$

Der Graph von f hat an der Stelle 3 eine Nullstelle mit einem Vorzeichenwechsel von – nach +.

An der Stelle 3 haben alle Integralfunktion von f einen Tiefpunkt.

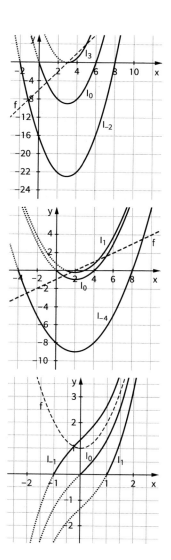

c) $f(x) = \frac{1}{2}x - 1$

$I_0(x) = \frac{1}{4}x^2 - x$

$I_1(x) = \frac{1}{4}x^2 - x + \frac{3}{4}$

$I_{-4}(x) = \frac{1}{4}x^2 - x - 8$

Der Graph von f hat an der Stelle 2 eine Nullstelle mit einem Vorzeichenwechsel von – nach +.

An der Stelle 2 haben alle Integralfunktionen von f einen Tiefpunkt.

d) $f(x) = x^2 + 1$

$I_0(x) = \frac{1}{3}x^3 + x$

$I_1(x) = \frac{1}{3}x^3 + x - \frac{4}{3}$

$I_{-1}(x) = \frac{1}{3}x^3 + x + \frac{4}{3}$

Der Graph von f hat an der Stelle 0 einen Tiefpunkt. An der Stelle 0 haben alle Integralfunktionen von f eine Wendestelle.

6. a) $f(t) = 30t + 150$

mit t in Minuten und $f(t)$ in m^3 pro Minute

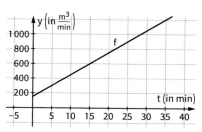

109

b) Die Menge des Wassers nach t min entspricht dem Flächeninhalt zwischen dem Graphen von f und der Zeitachse im Intervall [0; t].

t (in min)	10	20	30	40	50	60	70
$I_0(t)$ (in m³)	3 000	9 000	18 000	30 000	45 000	63 000	84 000

$$I_0(t) = \int_0^t (30x + 150)\, dx$$

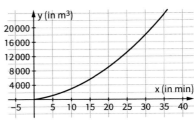

c) Es gilt: $I_0' = f$

$I_0(t)$ gibt den orientierten Flächeninhalt zwischen dem Graphen von f und der Zeitachse im Intervall [0; t] an.

7. a); b) $f(x) = 4 - x^2$

$$I_{-2}(x) = 4x - \frac{1}{3}x^3 + \frac{16}{3}$$

$$I_{-1}(x) = 4x - \frac{1}{3}x^3 + \frac{11}{3}$$

$$I_0(x) = 4x - \frac{1}{3}x^3$$

$$I_1(x) = 4x - \frac{1}{3}x^3 - \frac{11}{3}$$

$$I_2(x) = 4x - \frac{1}{3}x^3 - \frac{16}{3}$$

Die Graphen der Integralfunktionen sind in Richtung der y-Achse verschoben. Alle Graphen haben an der Stelle –2 einen Tiefpunkt, an der Stelle 2 einen Hochpunkt und eine Wendestelle bei 0.

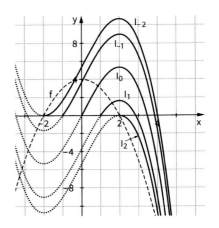

8. $f(t) = 1{,}4^{2t}$

$$I_0(x) = \int_0^x 1{,}4^{2t}\, dt$$

$I_0(x)$ mit $0 \le x \le 20$ gibt an, wie viel Kubikmeter Wasser in x Minuten nach dem Deichbruch durch die Bruchstelle geflossen sind.

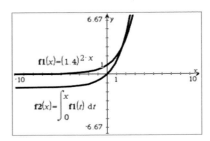

9. Für jede Integralfunktion I_a einer Funktion f gilt: $I_a(a) = 0$

Das liegt daran, dass der orientierte Flächeninhalt unter dem Graphen von f an einer Stelle a den Wert null hat, da $I_a(a) = \int\limits_a^a f(t)\,dt = 0$.

I_a ist also diejenige Stammfunktion aus der Menge aller Stammfunktionen, die an der Stelle a eine Nullstelle hat. Somit muss eine Stammfunktion mindestens eine Nullstelle haben, um auch eine Integralfunktion zu sein.

(1) F hat die Nullstellen -1 und 1. Somit gilt: $F = I_{-1} = I_1$

(2) F hat keine Nullstellen. Somit kann F keine Integralfunktion sein.

(3) Nullstellen bei $x = \frac{\pi}{2} + k\pi$ mit $k \in \mathbb{Z}$. Somit gilt: $F = I_{\frac{\pi}{2} + k\pi}$

(4) F hat keine Nullstellen. Somit kann F keine Integralfunktion sein.

10. a) $I(0) = \frac{0^3}{3} = 0$ $\qquad$ $I_1(1) = \frac{1^3}{3} - \frac{1}{3} = 0$ $\qquad$ $I_{1,5}(1,5) = \frac{1,5^3}{3} - 1,125 = 0$

Allgemein $I_a(a) = 0$ und $I_a(a) = \int\limits_a^a f(x)\,dx$

Sind die Grenzen des Integrals gleich, wird keine Fläche zwischen der Funktion und der x-Achse aufgespannt, die Fläche ist also null.

b)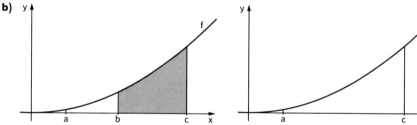

c) Ist $b < a$, so ist geometrisch klar, dass $\int\limits_b^a f(x)\,dx + \int\limits_a^c f(x)\,dx = \int\limits_b^c f(x)\,dx$ gilt (siehe Teilaufgabe b)).

Sei nun $\int\limits_a^b f(x)\,dx = -\int\limits_b^a f(x)\,dx$, dann ist $-\int\limits_a^b f(x)\,dx + \int\limits_a^c f(x)\,dx = \int\limits_b^c f(x)\,dx$

und damit auch $\int\limits_a^b f(x)\,dx + \int\limits_b^c f(x)\,dx = \int\limits_a^c f(x)\,dx$.

Analog gilt für $b > c$: $\int\limits_a^c f(x)\,dx + \int\limits_c^b f(x)\,dx = \int\limits_a^b f(x)\,dx$.

Mit $\int\limits_c^b f(x)\,dx = -\int\limits_b^c f(x)\,dx$ folgt $\int\limits_a^c f(x)\,dx = \int\limits_a^b f(x)\,dx + \int\limits_b^c f(x)\,dx$.

Andererseits gelte nun $\int\limits_a^b f(x)\,dx + \int\limits_b^c f(x)\,dx = \int\limits_a^c f(x)\,dx$ für beliebige Integrationsgrenzen, z. B. $a > b$.

110

Umformen ergibt $\int\limits_{b}^{c} f(x)\,dx = \int\limits_{a}^{c} f(x)\,dx - \int\limits_{a}^{b} f(x)\,dx$.

Diese Gleichung ergibt die bekannte Gleichung für geordnete Integrationsgrenzen,

wenn $-\int\limits_{a}^{b} f(x)\,dx = \int\limits_{b}^{a} f(x)\,dx$.

Analog für $b > c$.

11. Jede Integralfunktion von f ist eine Stammfunktion von f. z. B. $I_0(x) = \int\limits_{0}^{x} \sqrt{1 + t^4}\,dt$

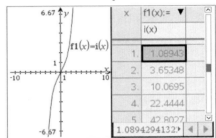

2.5 Berechnen von Flächeninhalten

2.5.1 Fläche zwischen einem Funktionsgraphen und der x-Achse

111

Einstiegsaufgabe ohne Lösung

$A = \int\limits_{-1}^{0} (x^3 - x)\,dx + \left| \int\limits_{0}^{1} (x^3 - x)\,dx \right|$ | Betrag, da das Integral den orientierten Flächeninhalt angibt.

$= 2 \cdot \int\limits_{-1}^{0} (x^3 - x)\,dx$ | Da der Graph von f punktsymmetrisch zum Koordinatenursprung ist.

$= 2 \cdot \left[\frac{1}{4}x^4 - \frac{1}{2}x^2 \right]_{-1}^{0}$

$= 2 \cdot \left(0 - \left(\frac{1}{4} - \frac{1}{2} \right) \right) = 2 \cdot \frac{1}{4} = \frac{1}{2}$

112

1. a) Das Integrationsintervall wird durch die Nullstellen von g begrenzt. Aus der Gleichung
$g(x) = x^3 - x^2 - 2x = x \cdot (x^2 - x - 2) = 0$ erhält man als Nullstellen $-1; 0$ und 2.
Da die linke Teilfläche oberhalb der x-Achse liegt, erhält man für den Flächeninhalt:

$A_1 = \int\limits_{-1}^{0} (x^3 - x^2 - 2x)\,dx = \left[\frac{1}{4}x^4 - \frac{1}{3}x^3 - x^2 \right]_{-1}^{0} = \frac{5}{12}$

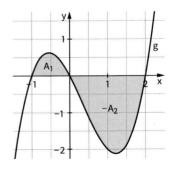

112

Da die rechte Teilfläche unterhalb der x-Achse liegt, erhält man für den Flächeninhalt dieser Fläche:

$$A_2 = \left| \int_0^2 (x^3 - x^2 - 2x)\,dx \right| = \left| \left[\frac{1}{4}x^4 - \frac{1}{3}x^3 - x^2 \right]_0^2 \right| = \left| -\frac{8}{3} \right| = \frac{8}{3}$$

Damit ergibt sich für den gesuchten Flächeninhalt:

$A = A_1 + A_2 = 3\frac{1}{12} \approx 3,08$ (gemessen in der Koordinateneinheit zum Quadrat)

b) Durch die Bildung des Betrages wird der Teil des Graphen von g unterhalb der x-Achse und damit auch die Fläche A_2 im oberen Bild bei der Funktion h an der x-Achse „nach oben" gespiegelt.

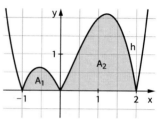

c) Der Flächeninhalt bleibt gleich. Da der Flächeninhalt, den der Graph von g mit der x-Achse einschließt, gleich dem Flächeninhalt ist, den der Graph von h mit der x-Achse einschließt, ist $A = \int_{-1}^2 |g(x)|\,dx$.

d) Weil stets $h(x) = |g(x)| \geq 0$ ist, kann man mithilfe eines Rechners dieses Integral direkt über dem Intervall $[-1; 2]$ näherungsweise berechnen, ohne die zwischen den Integrationsgrenzen liegenden Nullstellen zu berücksichtigen:

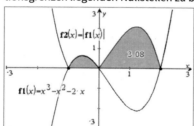

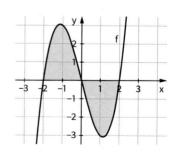

Also gilt: $A = \int_{-1}^2 |x^3 - x^2 - 2x|\,dx \approx 3,08$

113

2. a) $f(x) = x^3 - 4x$, punktsymmetrisch zum Ursprung

$$A = 2 \cdot \int_{-2}^0 (x^3 - 4x)\,dx$$

$$A = 2 \cdot \left[\frac{1}{4}x^4 - 2x^2 \right]_{-2}^0$$

$$A = 2 \cdot (0 - (4 - 8))$$

$$A = 8$$

113

b) $f(x) = x^4 - 4x^2$, achsensymmetrisch zur y-Achse

$$A = 2 \cdot \left| \int_{-2}^{0} (x^4 - 4x^2)\,dx \right|$$

$$A = 2 \cdot \left| \left[\frac{1}{5}x^5 - \frac{4}{3}x^3 \right]_{-2}^{0} \right|$$

$$A = 2 \cdot \left| \left(0 - \left(-\frac{32}{5} + \frac{32}{3} \right) \right) \right|$$

$$A = 2 \cdot \left| -\frac{64}{15} \right|$$

$$A = \frac{128}{15} \approx 8{,}53$$

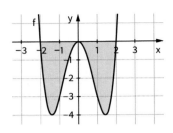

c) $g(x) = x^4 - 10x^2 + 9$, achsensymmetrisch zur y-Achse

$$A = 2 \cdot \left| \int_{-3}^{-1} f(x)\,dx \right| + 2 \cdot \int_{-1}^{0} f(x)\,dx$$

$$A = 2 \cdot \left| \left[\frac{1}{5}x^5 - \frac{10}{3}x^3 + 9x \right]_{-3}^{-1} \right| + 2 \cdot \left[\frac{1}{5}x^5 - \frac{10}{3}x^3 + 9x \right]_{-1}^{0}$$

$$A = 2 \cdot \left| \left(-\frac{1}{5} + \frac{10}{3} - 9 \right) - \left(-\frac{243}{5} + 90 - 27 \right) \right|$$
$$+ 2 \cdot \left(0 - \left(\frac{1}{5} + \frac{10}{3} - 9 \right) \right)$$

$$A = 2 \cdot \left| -\frac{304}{15} \right| + 2 \cdot \frac{88}{15} = \frac{784}{15} \approx 52{,}26$$

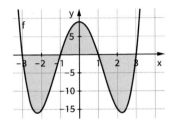

3. a) $A = \int_{1}^{5} (-x^2 + 6x - 5)\,dx$

$$= \left[-\frac{1}{3}x^3 + 3x^2 - 5x \right]_{1}^{5}$$

$$= \frac{25}{3} - \left(\frac{7}{3} \right) = \frac{32}{3}$$

$$\approx 10{,}7$$

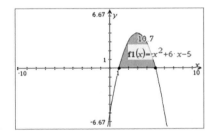

b) $A = \int_{-2}^{1} (x^3 - 3x^2 - 6x + 8)\,dx$

$$+ \left| \int_{1}^{4} (x^3 - 3x^2 - 6x + 8)\,dx \right|$$

$$A = \left[\frac{1}{4}x^4 - x^3 - 3x^2 + 8x \right]_{-2}^{1}$$

$$+ \left| \left[\frac{1}{4}x^4 - x^3 - 3x^2 + 8x \right]_{1}^{4} \right|$$

$$A = \left(\frac{17}{4} - (-16) \right) + \left| -16 - \frac{17}{4} \right|$$

$$A = \frac{81}{2} = 40{,}5$$

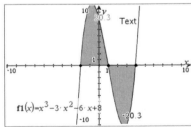

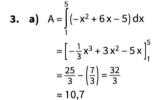

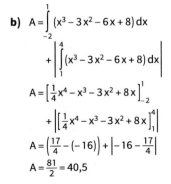

113

c) $A = \int\limits_{-1}^{3} \left(x^3 - 6x^2 + 5x + 12\right) dx$

$A = \left[\frac{1}{4}x^4 - 2x^3 + 2,5x^2 + 12x\right]_{-1}^{3}$

$A = \left(24,75 - (-7,25)\right)$

$A = 32$

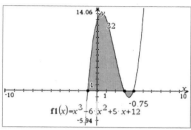

$f1(x) = x^3 - 6 \cdot x^2 + 5 \cdot x + 12$

d) $A = \int\limits_{-2}^{2} \left(x^3 - 2x^2 - 4x + 8\right) dx$

$= \left[\frac{1}{4}x^4 - \frac{2}{3}x^3 - 2x^2 + 8x\right]_{-2}^{2}$

$= \left(\frac{16}{4} - \frac{2 \cdot 8}{3} - 8 + 16\right) - \left(\frac{16}{4} + \frac{2 \cdot 8}{3} - 8 - 16\right)$

$= -\frac{32}{3} + 32$

$= \frac{64}{3} \approx 21,3$

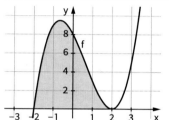

e) $A = \int\limits_{1}^{3} \left(x^3 - 9x^2 + 23x - 15\right) dx$

$+ \left|\int\limits_{3}^{5} \left(x^3 - 9x^2 + 23x - 15\right) dx\right|$

$A = \left[\frac{1}{4}x^4 - 3x^3 + 11,5x^2 - 15x\right]_{1}^{3}$

$+ \left|\left[\frac{1}{4}x^4 - 3x^3 + 11,5x^2 - 15x\right]_{3}^{5}\right|$

$A = \left((-2,25) - (-6,25)\right) + \left|(-6,25) - (2,25)\right| = 8$

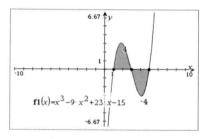

$f1(x) = x^3 - 9 \cdot x^2 + 23 \cdot x - 15$

f) $A = \left|\int\limits_{1}^{2} f(x) dx\right| + \int\limits_{2}^{3} f(x) dx + \left|\int\limits_{3}^{4} f(x) dx\right|$

$F(x) = \frac{1}{5}x^5 - \frac{10}{4}x^4 + \frac{35}{3}x^3 - 25x^2 + 24x$

$A \approx \left|-0,633\right| + 0,367 + \left|-0,633\right|$

$A \approx 1,633$

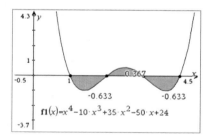

$f1(x) = x^4 - 10 \cdot x^3 + 35 \cdot x^2 - 50 \cdot x + 24$

4. a) Nullstellen: $-2; 2$

$F(x) = 4x - \frac{1}{3}x^3 + c, \text{ mit } c \in \mathbb{R}$

$A = \int\limits_{-2}^{2} \left(4 - x^2\right) dx = \left[4x - \frac{1}{3}x^3\right]_{-2}^{2} = \frac{16}{3} - \left(-\frac{16}{3}\right) = \frac{32}{3} = 10,\overline{6}$

b) Nullstellen: 0; 1; 3

$f(x) = -x^3 + 4x^2 - 3x$

$F(x) = -\frac{1}{4}x^4 + \frac{4}{3}x^3 - \frac{3}{2}x^2 + c$, mit $c \in \mathbb{R}$

$A = \left| \int_0^1 f(x)\,dx \right| + \int_1^3 f(x)\,dx$

$= \left| \left[-\frac{1}{4}x^4 + \frac{4}{3}x^3 - \frac{3}{2}x^2 \right]_0^1 \right| + \left[-\frac{1}{4}x^4 + \frac{4}{3}x^3 - \frac{3}{2}x^2 \right]_1^3 = \left| -\frac{5}{12} \right| + \frac{32}{12} = \frac{37}{12} \approx 3{,}08$

c) Nullstellen: 2; 4

$f(x) = -x^2 + 6x - 8$

$F(x) = -\frac{1}{3}x^3 + 3x^2 - 8x + c$, mit $c \in \mathbb{R}$

$A = \int_2^4 f(x)\,dx = \left[-\frac{1}{3}x^3 + 3x^2 - 8x \right]_2^4 = -\frac{16}{3} - \left(-\frac{20}{3} \right) = \frac{4}{3} = 1{,}\overline{3}$

d) Nullstellen: -1; 7

$F(x) = -\frac{1}{3}x^3 + 3x^2 + 7x + c$, mit $c \in \mathbb{R}$

$A = \int_{-1}^7 (-x^2 + 6x + 7)\,dx = \left[-\frac{1}{3}x^3 + 3x^2 + 7x \right]_{-1}^7 = \frac{245}{3} - \left(-\frac{11}{3} \right) = \frac{256}{3} = 85{,}\overline{3}$

e) Nullstellen: 1; 2; 3

$f(x) = x^3 - 6x^2 + 11x - 6$

$F(x) = \frac{1}{4}x^4 - 2x^3 + \frac{11}{2}x^2 - 6x + c$, mit $c \in \mathbb{R}$

$A = \int_1^2 f(x)\,dx + \left| \int_2^3 f(x)\,dx \right| = \left[\frac{1}{4}x^4 - 2x^3 + \frac{11}{2}x^2 - 6x \right]_1^2 + \left| \left[\frac{1}{4}x^4 - 2x^3 + \frac{11}{2}x^2 - 6x \right]_2^3 \right|$

$= (-2) - (-2{,}25) + \left| (-2{,}25) - (-2) \right| = 0{,}25 + 0{,}25 = 0{,}5$

f) Nullstellen: -1; 1; 3

$F(x) = \frac{1}{4}x^4 - x^3 - \frac{1}{2}x^2 + 3x + c$, mit $c \in \mathbb{R}$

$A = \int_{-1}^1 f(x)\,dx + \left| \int_1^3 f(x)\,dx \right| = \left[\frac{1}{4}x^4 - x^3 - \frac{1}{2}x^2 + 3x \right]_{-1}^1 + \left| \left[\frac{1}{4}x^4 - x^3 - \frac{1}{2}x^2 + 3x \right]_1^3 \right|$

$= 1{,}75 - (-2{,}25) + \left| (-2{,}25) - 1{,}75 \right| = 4 + 4 = 8$

5. *Hinweis:* Die gesuchten Flächeninhalte ergeben sich als Differenz aus dem Flächeninhalt eines Rechtecks und dem Flächeninhalt einer Fläche unter dem Funktionsgraphen.

a) $f(2) = 3$

$A = 3 \cdot 2 - \int_1^2 f(x)\,dx = 6 - \left[\frac{1}{8}x^4 - \frac{1}{4}x^2 \right]_1^2 = 6 - \left(1 - \left(-\frac{1}{8} \right) \right)$

$A = 6 - 1{,}125 = 4{,}875$

b) $f(2) = 4$

$A = 4 \cdot 2 - \int_0^2 f(x)\,dx = 8 - \left[-\frac{1}{4}x^4 + x^3 \right]_0^2 = 8 - 4 = 4$

c) $f(\sqrt{2}) = 3$

$A = 3 \cdot \sqrt{2} - \int_0^{\sqrt{2}} f(x)\,dx = 3 \cdot \sqrt{2} - \left[\frac{1}{3}x^3 + x \right]_0^{\sqrt{2}}$

$A = 3 \cdot \sqrt{2} - \frac{5}{3}\sqrt{2} = \frac{4}{3} \cdot \sqrt{2} \approx 1{,}886$

113

6. a) $\int\limits_0^{2\pi} \sin(x)\,dx$ gibt den orientierten Flächen-

inhalt an. Es gilt: $\int\limits_0^{\pi} \sin(x)\,dx = -\int\limits_{\pi}^{2\pi} \sin(x)\,dx$

Also gilt: $\int\limits_0^{2\pi} \sin(x) = 0$

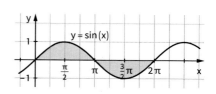

Um den Flächeninhalt zu bestimmen, muss man wie folgt rechnen:

$$A = \int\limits_0^{\pi} \sin(x)\,dx + \left|\int\limits_{\pi}^{2\pi} \sin(x)\,dx\right|$$

b) Nun gilt: $\left|\int\limits_{\pi}^{2\pi} \sin(x)\,dx\right| = \int\limits_0^{\pi} \sin(x)\,dx$ und somit:

$$A = 2 \cdot \int\limits_0^{\pi} \sin(x)\,dx = 2 \cdot \left[-\cos(x)\right]_0^{\pi}$$

$$A = 2 \cdot \left(1 - (-1)\right) = 4$$

114

7. a) Nullstellen: $0;\ 2 - \sqrt{2};\ 2 + \sqrt{2};\ 4$

$$A = \int\limits_0^4 |f(x)|\,dx \approx 2 \cdot 0{,}388 + 13{,}6 \approx 14{,}376$$

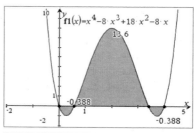

b) Nullstellen: $-3;\ -\sqrt{2};\ \sqrt{2};\ 3$

$$A = \int\limits_{-3}^3 |f(x)|\,dx \approx 2 \cdot 12{,}6 + 32{,}4 \approx 57{,}6$$

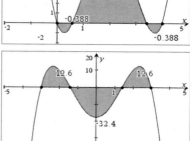

c) Nullstellen: $-1;\ 0;\ 2$

$$A = \int\limits_{-1}^2 |f(x)|\,dx \approx 0{,}417 + 2{,}67 \approx 3{,}09$$

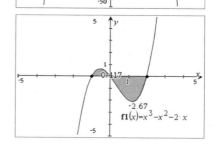

114

d) Nullstellen: $-4; -2; 2; 4$

$$A = \int_{-4}^{4} |f(x)|\,dx \approx 2 \cdot 46{,}9 + 162 \approx 255{,}8$$

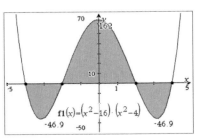

e) **Achtung:** identisch mit Teilaufgabe c)

Nullstellen: $-1; 0; 2$

$$A = \int_{-1}^{2} |f(x)|\,dx \approx 0{,}417 + 2{,}67 \approx 3{,}09$$

Alternative Aufgabe:

$f(x) = x^5 - 5x + 4x$

Nullstellen: $-2, -1, 0, 1, 2$

$$A = \int_{-2}^{2} |f(x)|\,dx \approx 2 \cdot 0{,}917 + 2 \cdot 2{,}25 \approx 6{,}33$$

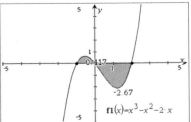

f) Nullstellen: $-2; 2$

$$A = \left| \int_{-2}^{2} (x^4 - 3x^2 - 4)\,dx \right|$$

$$= \left| \left[\frac{1}{5}x^5 - x^3 - 4x \right]_{-2}^{2} \right|$$

$$A = |-9{,}6 - 9{,}6| = 19{,}2$$

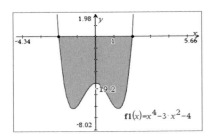

8. a) Der Betrag darf nicht aus dem Integral heraus gezogen werden, dadurch werden Flächen orientiert berechnet und somit ist das Gleichheitszeichen falsch.

$$\int_{1}^{3} |x^3 - 6x^2 + 11x - 6|\,dx = 2 \cdot \int_{1}^{2} (x^3 - 6x^2 + 11x - 6)\,dx = 2 \cdot \left[\frac{1}{4}x^4 - 2x^3 + \frac{11}{2}x^2 - 6x \right]_{1}^{2} = \frac{1}{2}$$

b) Der Betrag darf nicht weggelassen werden, wenn nicht alle Flächen über der x-Achse liegen. Es gibt keine weiteren Schnittstellen von $x^2 + x - 2$ mit der x-Achse.

Die Fläche liegt komplett unter der x-Achse, daher kann man die Fläche als Betrag des Integrals berechnen:

$$\int_{-2}^{1} |x^2 + x - 2|\,dx = \left| \int_{-2}^{1} (x^2 + x - 2)\,dx \right| = \left| \left[\frac{1}{3}x^3 + \frac{1}{2}x^2 - 2x \right]_{-2}^{1} \right| = \frac{9}{2} = 4{,}5$$

c) Die Funktionswerte der Stammfunktion müssen für die obere Grenze und für die untere Grenze in Klammern gesetzt werden.

$F(x) = x^3 - x^2$

$F(1) = 1^3 - 1^2 = 0$

$F(-1) = (-1)^3 - (-1)^2 = -1 - 1 = -2$

$$[x^3 - x^2]_{-1}^{1} = F(1) - F(-1) = (1^3 - 1^2) - ((-1)^3 - (-1)^2)$$

$$= \quad 0 \quad - \quad (-2)$$

$$= 2$$

114

9. **a)** $f(x) = x + 2$

Der Graph von f verläuft für alle $u \geq 1$ oberhalb der x-Achse.

$$A = \int_{1}^{u} f(x)\,dx = \left[\tfrac{1}{2}x^2 + 2x\right]_1^u = \left(\tfrac{1}{2}u^2 + 2u\right) - \left(\tfrac{1}{2} + 2\right)$$

$$A = \tfrac{1}{2}u^2 + 2u - \tfrac{5}{2} = \tfrac{27}{2}$$

Durch Multiplikation mit 2 auf beiden Seiten der Gleichung ergibt sich

$$u^2 + 4u - 5 = 27$$
$$u^2 + 4u - 32 = 0$$
$$u_{1,2} = -2 \pm \sqrt{4 + 32} = -2 \pm 6$$
$$u_1 = -8; \quad u_2 = 4$$

Das gesuchte Intervall ist $I = [1; 4]$.

b) Der Graph von f verläuft im Intervall $[-2; 3]$ unterhalb der x-Achse.

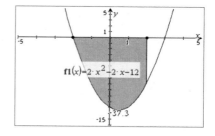

Nun gilt: $\int_{-2}^{2} f(x)\,dx = -37\tfrac{1}{3}$

Also muss u kleiner als -2 sein.

Gesucht wird also ein $u < -2$ mit

$$\int_{u}^{-2} f(x)\,dx = 43 - 37\tfrac{1}{3} = 5\tfrac{2}{3} = \tfrac{17}{3}.$$

$$\int_{u}^{-2} f(x)\,dx = \left[\tfrac{2}{3}x^3 - x^2 - 12x\right]_u^{-2} = \left(-\tfrac{16}{3} - 4 + 24\right) - \left(\tfrac{2}{3}u^3 - u^2 - 12u\right) = -\tfrac{2}{3}u^3 + u^2 + 12u + \tfrac{44}{3} = \tfrac{17}{3}$$

Also $-\tfrac{2}{3}u^3 + u^2 + 12u + 9 = 0$

mit TR: $u_1 \approx 5,34$; $u_2 = -3$; $u_3 \approx -0,84$: $u_2 = -3$ ist die Lösung, die kleiner als -2 ist.

Das gesuchte Intervall ist $I = [-3; 2]$.

c) Nullstellen:

$$\tfrac{1}{2} - \tfrac{1}{2}\sqrt{5} \approx 0,62; \quad 1; \quad \tfrac{1}{2} + \tfrac{1}{2}\sqrt{5} \approx 1,62$$

$$\int_{-0,62}^{4} |f(x)|\,dx \approx 25,89 < 26,25$$

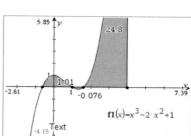

Gesucht wird also $u < -0,62$ mit

$$\int_{u}^{-0,62} f(x)\,dx \approx 25,89 - 26,25 = -0,36$$

$$= \left[\tfrac{1}{4}x^4 - \tfrac{2}{3}x^3 + x\right]_u^{-0,62} \approx -0,36$$

$$\approx -0,424 - \left(\tfrac{1}{4}u^4 - \tfrac{2}{3}u^3 + u\right) \approx -0,36$$

Daraus ergibt sich $-\tfrac{1}{4}u^4 + \tfrac{2}{3}u^3 - u - 0,064 \approx 0$

mit GTR: $u \approx -1$ ist die Lösung, die kleiner als $-0,62$ ist.

Das gesuchte Intervall ist $I = [-1; 4]$.

114

10. $\int_0^3 f(x)\,dx = \left[-\frac{1}{4}x^4 + x^3\right]_0^3 = \frac{27}{4}$

gesucht: a mit $\int_0^a f(x)\,dx = \frac{27}{8}$ und $0 < a < 3$

also $-\frac{1}{4}a^4 + a^3 = \frac{27}{8}$

Daraus ergibt sich durch Multiplikation mit 8 und Umstellen: $2a^4 - 8a^3 + 27 = 0$

Mit einem GTR findet man die Nullstellen 1,84 und 3,74.

Wegen $0 < a < 3$ ist $a = 1{,}84$ die gesuchte Stelle.

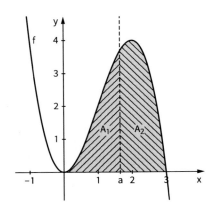

11. a) Nullstellen: $x_0 = 0$; $x_1 = k$

$A = \left|\int_0^k (x^2 - kx)\,dx\right| = \left|\left[\frac{1}{3}x^3 - \frac{1}{2}kx^2\right]_0^k\right|$

$= \left|-\frac{1}{6}k^3\right| \overset{!}{=} 36 \Leftrightarrow |k| = 6$

$\Leftrightarrow k = 6$ oder $k = -6$

k bestimmt die Position der zweiten Nullstelle und des Scheitelpunkts. Für betragsmäßig große k wandert die Nullstelle nach außen. Damit wächst die eingeschlossene Fläche.

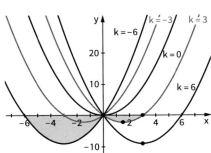

b) Nullstellen: $x_0 = -\frac{2}{\sqrt{k}}$; $x_1 = 0$; $x_2 = \frac{2}{\sqrt{k}}$

f besitzt nur für $k > 0$ eine endliche Fläche. f ist punktsymmetrisch zum Ursprung, also ist

$A = 2 \cdot \int_{-\frac{2}{\sqrt{k}}}^{0} (kx^3 - 4x)\,dx = 2 \cdot \left[\frac{1}{4}kx^4 - 2x^2\right]_{-\frac{2}{\sqrt{k}}}^{0}$

$= \frac{8}{k} \overset{!}{=} 16 \Leftrightarrow k = \frac{1}{2}$

Je kleiner k, desto weiter laufen die Nullstellen nach außen. Damit wächst die eingeschlossene Fläche.

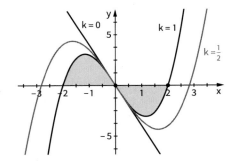

114

c) Nullstellen:
$x_0 = -\frac{1}{2}\sqrt{-2k}$; $x_1 = 0$; $x_2 = \frac{1}{2}\sqrt{-2k}$
f besitzt nur für $k < 0$ eine endliche
Fläche. f ist punktsymmetrisch zum
Ursprung, also ist

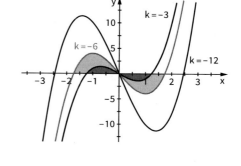

$$A = 2 \cdot \int_{-\frac{1}{2}\sqrt{-2k}}^{0} (2x^3 + kx)\,dx$$

$$= 2 \cdot \left[\frac{1}{2}x^4 + \frac{1}{2}kx^2\right]_{-\frac{1}{2}\sqrt{-2k}}^{0}$$

$$= \frac{1}{4}k^2 \overset{!}{=} 9 \Leftrightarrow k = -6$$

k streckt den Graphen in x- und y-
Richtung. Je kleiner k, desto größer
wird die eingeschlossene Fläche.

12. a) Ansatz: $f(x) = a \cdot x^2$
$f(4) = a \cdot 16 = 2$
also gilt $a = \frac{1}{8}$
Somit ergibt sich f mit $f(x) = \frac{1}{8}x^2$

b) $A_Q = 2 \cdot 8 - 2 \cdot \int_{0}^{4} \frac{1}{8}x^2\,dx = 16 - 2 \cdot \left[\frac{1}{24}x^3\right]_{0}^{4}$

$A_Q = 16 - 2 \cdot \left(\frac{8}{3}\right) = \frac{32}{3}$

Die Querschnittsfläche beträgt $10,\overline{6}\,\text{m}^2$.

c) $g(x) = \frac{1}{8}x^2 - 2$

$$A_Q = \left|\int_{-4}^{4}\left(\frac{1}{8}x^2 - 2\right)dx\right| = \left|\left[\frac{1}{24}x^3 - 2x\right]_{-4}^{4}\right|$$

$A_Q = \left|-\frac{16}{3} - \frac{16}{3}\right| = \frac{32}{3}$

d) $1\,000\,\text{m} \cdot 10,\overline{6}\,\text{m}^2 = 10\,666,\overline{6}\,\text{m}^3$
Auf 1 km Länge hat der Kanal ein Wasservolumen von etwa $10\,667\,\text{m}^3$.

e) $f(x) = 1$ für $x = \sqrt{8}$ und $x = -\sqrt{8}$
Querschnittsfläche bei 1 m Höhe:

$$A = 2 \cdot \sqrt{8} \cdot 1 - 2 \cdot \int_{0}^{\sqrt{8}} \frac{1}{8}x^2\,dx$$

$$A = 2 \cdot \sqrt{8} - 2 \cdot \left[\frac{1}{24}x^3\right]_{0}^{\sqrt{8}} = 2 \cdot \sqrt{8} - 2 \cdot \frac{1}{3} \cdot \sqrt{8}$$

$$A = \frac{4}{3}\sqrt{8} \approx 3,77$$

Die Querschnittsfläche beträgt bei 1 m Wasserhöhe etwa $3,77\,\text{m}^2$.
Das ergibt auf einer Kanallänge von 1 km ein Wasservolumen von etwa $3\,770\,\text{m}^3$.

13. ■ Ein Parabelbogen unterhalb der x-Achse.
$f_1(x) = a \cdot (x + 2) \cdot (x - 4)$
$f_1(1) = a \cdot 1 \cdot (-3) = -3$, also $a = 1$
$f_1(x) = (x + 2) \cdot (x - 4) = x^2 - 2x - 8$ für $-2 \leq x \leq 4$

114

- Drei Parabelbögen oberhalb der x-Achse.

$f_2(x) = -x^2 + 4$ für $-2 \leq x \leq 0$

$f_3(x) = -\frac{1}{2}x^2 + 4$ für $0 \leq x \leq 2$

$f_4(x) = -\frac{1}{2}x^2 + 2x$ für $2 \leq x \leq 4$

- Fläche unter der x-Achse:

$$A_1 = \left| \int_{-2}^{4} f_1(x)\,dx \right| = \left| \left[\frac{1}{3}x^3 - x^2 - 8x \right]_{-2}^{4} \right|$$

$$A_1 = \left| -\frac{52}{3} - \frac{28}{3} \right| = \frac{80}{3}$$

- Flächen oberhalb der x-Achse:

$$A_2 = \int_{-2}^{0} f_2(x)\,dx = \left[-\frac{1}{3}x^3 + 4x \right]_{-2}^{0} = 0 - \left(-\frac{16}{3} \right) = \frac{16}{3}$$

$$A_3 = \int_{0}^{2} f_3(x)\,dx = \left[-\frac{1}{6}x^3 + 4x \right]_{0}^{2} = \frac{20}{3}$$

$$A_4 = \int_{2}^{4} f_4(x)\,dx = \left[-\frac{1}{6}x^3 + x^2 \right]_{2}^{4} = \frac{16}{3} - \frac{8}{3} = \frac{8}{3}$$

$$A_{gesamt} = A_1 + A_2 + A_3 + A_4 = \frac{124}{3} = 41,\overline{3}$$

Die Oberfläche des Sees hat eine Größe von 41,33 km².

115

14. a) Die Öffnungsfläche kann in einen rechteckigen und einen halbkreisförmigen Teil zerlegt werden. Im Beispiel (A) ist der rechteckige Teil ein Quadrat mit Seitenlänge $r = 2\,m$ und der Halbkreis hat einen Radius von 1 m.

$$A = (2\,m)^2 + \frac{1}{2}\pi (1\,m)^2 = \left(4 + \frac{\pi}{2} \right) m^2 = 5,57\,m^2$$

b) Hier kann erneut die Rechteckfläche abgetrennt werden. Es verbleibt eine Parabel der Form $f(x) = -(x-1)(x+1) = -x^2 + 1$

Die Fläche ist dann $A_P = \int_{-1}^{1} (-x^2 + 1)\,dx = \left[-\frac{1}{3}x^3 + x \right]_{-1}^{1} = \frac{4}{3}\,m^2$

$$A_B = (2\,m)^2 + \frac{4}{3}\,m^2 = 5\frac{1}{3}\,m^2$$

c) Die Öffnungsfläche des Torbogens (A) ist um ca. 0,24 m² größer.

15. a) $f(x) = (x+1)^2 - 4 = x^2 + 2x - 3$;

$F(x) = \frac{1}{3}x^3 + x^2 - 3x + c$

$$A = \left| \int_{-2}^{1} \left((x+1)^2 - 4 \right) dx \right| + \int_{1}^{2} \left((x+1)^2 - 4 \right) dx$$

$$= \left| \left[\frac{1}{3}x^3 + x^2 - 3x \right]_{-2}^{1} \right| + \left[\frac{1}{3}x^3 + x^2 - 3x \right]_{1}^{2}$$

$$= 9 + \frac{7}{3} = 11\frac{1}{3}$$

115

   b) $f(x) = x^2 - 3$; Nullstellen $x = \pm\sqrt{3}$

    f und Grenzen symmetrisch zur y-Achse

$$A = 2 \cdot \left(\left| \int_0^{\sqrt{3}} (x^2 - 3)\, dx \right| + \left| \int_{\sqrt{3}}^2 (x^2 - 3)\, dx \right| \right)$$

$$= 2 \cdot \left(\left| \left[-\frac{1}{3}x^3 + 3x \right]_0^{\sqrt{3}} \right| + \left| \left[-\frac{1}{3}x^3 + 3x \right]_0^2 \right| \right)$$

$$= 2 \cdot \left(2\sqrt{3} + 2\sqrt{3} - \frac{10}{3} \right) = 7{,}1897$$

   c) $f(x) = \frac{1}{3}(x+1)(x-1)(x-3) = \frac{1}{3}x^3 - x^2 - \frac{1}{3}x + 1$; Grenzen symmetrisch um $(1\,|\,0)$

    f punktsymmetrisch um $(1\,|\,0)$

$$A = 2 \cdot \left(\left| \int_1^3 f(x)\, dx \right| + \left| \int_3^4 f(x)\, dx \right| \right) = 2 \cdot \left| \left[\frac{1}{12}x^4 - \frac{1}{3}x^3 - \frac{1}{6}x^2 + x \right]_1^3 \right| + \left[\frac{1}{12}x^4 - \frac{1}{3}x^3 - \frac{1}{6}x^2 + x \right]_3^4$$

$$= 2 \cdot \left(\left| -\frac{4}{3} \right| + \frac{25}{12} \right) = \frac{41}{6} = 6\frac{5}{6} = 6{,}833$$

   d) $f(x) = (x+2) \cdot x \cdot (x-1) = x^3 - x^2 + 2x^2 - 2x = x^3 + x^2 - 2x$

$$A = \int_{-1,5}^0 f(x)\, dx + \left| \int_0^1 f(x)\, dx \right| + \int_1^{1,5} f(x)\, dx$$

    Stammfunktion: $F(x) = \frac{1}{4}x^4 + \frac{1}{3}x^3 - x^2$

$$A = \frac{135}{64} + \frac{5}{12} + \frac{107}{192} = \frac{37}{12} = 3\frac{1}{12} = 3{,}0833$$

2.5.2 Fläche zwischen zwei Funktionsgraphen

116

Einstiegsaufgabe ohne Lösung

- Beide Funktionsterme enthalten den Faktor $(x^2 - 16)$. Für $x = -4$ und $x = 4$ wird dieser Faktor null. Also gilt:

  $f(4) = f(-4) = g(4) = g(-4) = 0$

  Somit schneiden sich die Graphen von f und g in den Punkten $P(-4\,|\,0)$ und $Q(4\,|\,0)$.

- Man bestimmt zunächst den Flächeninhalt A_1 der Fläche, die der Graph von f mit der x-Achse einschließt:

  $$A_1 = \int_{-4}^4 \left(-0{,}1\,(x^2 - 16)(x^2 + 1{,}5) \right) dx \approx 40{,}1$$

  Danach bestimmt man den Flächeninhalt A_2 der Fläche, die der Graph von g mit der x-Achse einschließt:

  $$A_2 = \int_{-4}^4 \left(-0{,}05\,(x^2 - 16)(x^2 + 1{,}2) \right) dx \approx 18{,}8$$

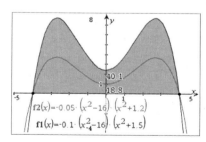

116 Der Flächeninhalt A_M für das „Goldene M" ergibt sich als Differenz aus A_1 und A_2:

$A_M = A_1 - A_2 \approx 40,1 - 18,8 = 21,3$

Man könnte aber auch wie folgt rechnen:

$$A_M = A_1 - A_2 = \int_{-4}^{4} f(x)\,dx - \int_{-4}^{4} g(x)\,dx = \int_{-4}^{4} [f(x) - g(x)]\,dx$$

$$= \int_{-4}^{4} \left((x^2 - 16) \cdot (-0,05\,x^2 - 0,09) \right) dx \approx 21,3$$

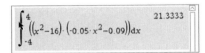

Das „Goldene M" hat einen Flächeninhalt von
21,3 cm².

- Bei einer Dicke von 0,1 cm ergibt sich ein Volumen von 2,13 cm³ und somit eine Masse von 2,13 · 19,3 g = 41,109 g.
  Das entspricht 41,109 : 31,1034768 ≈ 1,3217 Feinunzen.
  Der Preis für eine Feinunze Gold liegt bei 1 044,95€ (Stand 10. Juni 2015). Somit würde das „Goldene M" etwa 1 045€ kosten. Der Kurs sollte das Geld besser nicht dafür ausgeben. Man könnte das M auch aus einem günstigeren Material anfertigen.

119 1. a) Achtung: Aufgabe **in der 1. Auflage** nur
mithilfe eines Rechners lösbar:
Bestimmung der drei Schnittstellen
von f mit $f(x) = x^3 - 4x + 3$ und g mit
$g(x) = 4 - \frac{1}{2}x^2$:

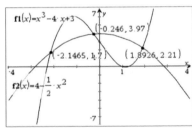

Schnittstellen:
$x_0 \approx -2,146$; $x_1 \approx -0,246$; $x_2 \approx 1,893$

$$A = \int_{-3}^{x_0} \big(g(x) - f(x)\big)\,dx + \int_{x_0}^{x_1} \big(f(x) - g(x)\big)\,dx + \int_{x_1}^{x_2} \big(g(x) - f(x)\big)\,dx + \int_{x_2}^{2} \big(f(x) - g(x)\big)\,dx = 12,5874$$

Neu ab der 2. Auflage: $g(x) = 3x - 3$;
f wie in 1. Auflage $f(x) = x^3 - 4x + 3$
$I = [-3; 2]$
Schnittstellen: $x_0 = -3$; $x_1 = 1$; $x_2 = 2$
Stammfunktionen:

$F(x) - G(x) = \frac{1}{4}x^4 - \frac{7}{2}x^2 + 6x$

$G(x) - F(x) = -\frac{1}{4}x^4 + \frac{7}{2}x^2 + 6x$

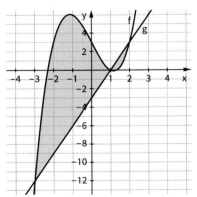

$$A = \int_{-3}^{1} |f(x) - g(x)|\,dx + \int_{1}^{2} |g(x) - f(x)|\,dx$$

$$A = \left[\frac{1}{4}x^4 - \frac{7}{2}x^2 + 6x\right]_{-3}^{1} + \left[-\frac{1}{4}x^4 + \frac{7}{2}x^2 - 6x\right]_{1}^{2}$$

$A = 2,75 - (-29,25) + (-2) - (2,75)$

$A = \quad\quad 32 \quad\quad\quad + 0,75$

$A = 32,75$

119

b) $I = [2; 5]$

Schnittstellen: $x_0 = 2$, $x_1 = 5$

Stammfunktion:

$G(x) - F(x) = -\frac{2}{3}x^3 + 7x^2 - 20x$

$A = \int_2^5 \left(g(x) - f(x)\right) dx = \left[-\frac{2}{3}x^3 + 7x^2 - 20x\right]_2^5$

$A = -\frac{25}{3} - \left(-\frac{52}{3}\right) = \frac{27}{3} = 9$

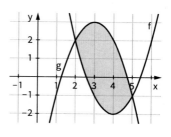

c) $I = [1; 2]$

Schnittstellen: $x_0 = 1$, $x_1 = 2$

Stammfunktion:

$F(x) - G(x) = -x^3 + \frac{3}{2}x^2 + 8x + \frac{8}{x}$

$A = \int_1^2 \left(f(x) - g(x)\right) dx$

$A = \left[-x^3 + \frac{3}{2}x^2 + 8x + \frac{8}{x}\right]_1^2$

$A = 18 - 16{,}5$

$A = \frac{3}{2} = 1{,}5$

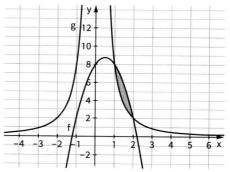

2. a) Schnittstellen: $x_0 = -2$; $x_1 = 0$; $x_2 = 2$

$A = \int_{-2}^2 |f(x) - g(x)| \, dx$

$= \int_{-2}^0 \left(f(x) - g(x)\right) dx + \int_0^2 \left(g(x) - f(x)\right) dx$

$= 8$

b) Schnittstellen bzw. Berührpunkte:

$x_0 = -3$; $x_1 = 0$; $x_2 = 3$, aber der Graph von g verläuft im Intervall $[-3; 3]$ komplett oberhalb des Graphen von f, daher gilt:

$A = \int_{-3}^3 |f(x) - g(x)| \, dx = \int_{-3}^3 \left(g(x) - f(x)\right) dx = 64{,}8$

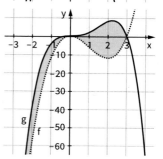

119

c) Schnittstellen bzw. Berührpunkte:

$x_0 = -1$; $x_1 = 0$; $x_2 = 4$, aber der Graph von g verläuft im Intervall $[-1; 4]$ komplett oberhalb des Graphen von f, daher gilt

$$A = \int_{-1}^{4} |f(x) - g(x)| \, dx = \int_{-1}^{4} (g(x) - f(x)) \, dx \approx 72{,}92$$

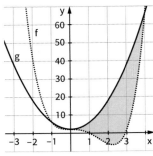

d) Schnittstellen:

$x_0 = -4$; $x_1 = -2{,}2361$; $x_2 = 2{,}2361$; $x_3 = 3$

$$A = \int_{-4}^{3} |f(x) - g(x)| \, dx$$

$$= \int_{-4}^{-2{,}2361} (f(x) - g(x)) \, dx + \int_{-2{,}2361}^{2{,}2361} (g(x) - f(x)) \, dx$$

$$+ \int_{2{,}2361}^{3} f((x) - g(x)) \, dx$$

$$\approx 196{,}47$$

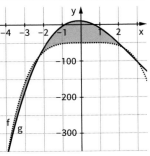

3. Berechnet werden soll die Fläche zwischen den beiden Graphen von f und g im Intervall $[-2; 2]$. Da f zwischen -2 und 0 unterhalb und zwischen 0 und 2 oberhalb von g verläuft, ist dies mit dem GTR am einfachsten möglich mit

$$\int_{-2}^{2} |f(x) - g(x)| \, dx = 12.$$

Subtrahiert man stattdessen die Integrale der Betrags-funktionen von f und g, also

$$\int_{-2}^{2} |f(x)| \, dx - \int_{-2}^{2} |g(x)| \, dx, \text{ so erhält man in diesem Beispiel}$$

nicht die Größe der Fläche zwischen f und g, sondern die Größe der Fläche zwischen den „hochgeklappten" Graphen der Betragsfunktionen. Siehe Grafik rechts. Dieses Beispiel zeigt, das der Betrag im Allgemeinen nicht „aus dem Integral gezogen" werden darf.

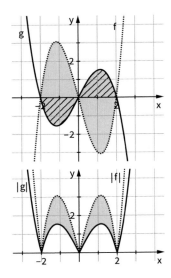

120

4. a) Schnittstellen: $x_0 = 0$; $x_1 = k$

$$A = \left| \int_0^k \left(f(x) - g(x) \right) dx \right|$$

$$= \left| \left[\frac{1}{4}x^4 - \frac{2}{3}kx^3 + \frac{1}{2}k^2x^2 \right]_0^k \right|$$

$$= \frac{k^4}{12} \overset{!}{=} \frac{4}{3} \Rightarrow k = -2 \text{ oder } k = 2,$$

also $x_1 = -2$ oder $x_1 = 2$.

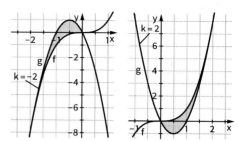

k bestimmt sowohl die Krümmung als auch die Nullstelle von g und somit auch den Schnittpunkt mit f und den Flächeninhalt. Für $k < 0$ dreht sich die Parabel g um.

b) Schnittstellen: $x_0 = -\sqrt{\frac{k}{2}}$; $x_1 = \sqrt{\frac{k}{2}}$ für $k \geq 0$.

$$A = \left| \int_{x_0}^{x_1} \left(f(x) - g(x) \right) dx \right| = \left[\frac{2}{3}x^3 - kx \right]_{x_0}^{x_1} = \frac{2}{3}\sqrt{2k^3} \overset{!}{=} 1 \Leftrightarrow k = \frac{\sqrt[3]{9}}{2}, \text{ also } x_0 \approx -0{,}721; \ x_1 \approx 0{,}721$$

k bestimmt den Scheitelpunkt von g und somit die Schnittstellen und den Flächeninhalt zwischen den Graphen.

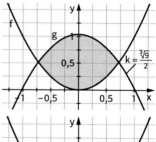

c) Schnittstellen: $x_0 = -\frac{1}{\sqrt{1+k}}$; $x_1 = \frac{1}{\sqrt{1+k}}$

$$A = \left| \int_{x_0}^{x_1} \left(f(x) - g(x) \right) dx \right|$$

$$= \left| \left[\frac{1}{3}x^3(1+k) - x \right]_{x_0}^{x_1} \right|$$

$$= \frac{4}{3\sqrt{1+k}} \overset{!}{=} \frac{2}{3} \Leftrightarrow k = 3,$$

also $x_0 = -\frac{1}{2}$; $x_1 = \frac{1}{2}$

k bestimmt die Krümmung der Parabel g und somit die Schnittstellen und den Flächeninhalt.

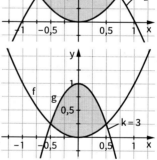

120

d) Schnittstellen: $x_0 = -\sqrt{k}$; $x_1 = 0$; $x_2 = \sqrt{k}$
Sowohl f als auch g sind punktsymmetrisch zum Ursprung, damit gilt:

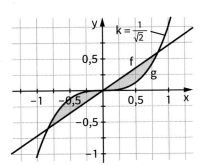

$$A = 2\left|\int_0^{\sqrt{k}} \big(f(x) - g(x)\big)dx\right|$$

$$= 2\left|\left[\frac{1}{4}x^4 - \frac{1}{2}kx^2\right]_0^{\sqrt{k}}\right|$$

$$= \frac{1}{2}k^2 \overset{!}{=} \frac{1}{4} \Leftrightarrow k = \frac{1}{\sqrt{2}},$$

also $x_0 = -\frac{1}{\sqrt{2}}$; $x_1 = 0$; $x_2 = \frac{1}{\sqrt{2}}$

k bestimmt die Steigung der Geraden g und somit die Schnittpunkte mit f und die Größe des Flächeninhalts.

5. Die Berandungen der Wasserfläche beschreiben wir durch die Funktionen f und g in einem Koordinatensystem mit der Einheit 100 m. Der Graph von f ist offensichtlich eine in y-Richtung gestauchte Normalparabel mit dem Streckungsfaktor $\frac{1}{4}$, also $f(x) = \frac{1}{4}x^2$.
Der Graph von g ist ebenfalls eine Parabel mit dem Streckungsfaktor $-\frac{1}{4}$ und dem Scheitelpunkt $S(1\,|\,4)$, also $g(x) = -\frac{1}{4}(x - 1)^2 + 4 = -\frac{1}{4}x^2 + \frac{1}{2}x + \frac{15}{4}$.

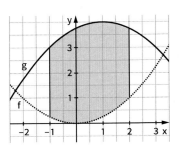

Es muss nun die Fläche zwischen beiden Funktionsgraphen über dem Intervall $[-1;\,2]$ berechnet werden:

$$A = \int_{-1}^2 \big(g(x) - f(x)\big)\,dx = \int_{-1}^2 \left(-\frac{1}{2}x^2 + \frac{1}{2}x + \frac{15}{4}\right)dx = \left[-\frac{1}{6}x^3 + \frac{1}{4}x^2 + \frac{15}{4}x\right]_{-1}^2$$

$$= -\frac{4}{3} + 1 + \frac{15}{2} - \frac{1}{6} - \frac{1}{4} + \frac{15}{4} = 10,5$$

Da wir 100 m als Einheit gewählt haben, beträgt die Wendefläche $105\,000$ m^2 oder $10,5$ ha.

6. a) $f(x) = -(x + 1)^2 + 2 = -x^2 - 2x + 1$
$g(x) = x^2 - 2$
Schnittstellen:
$x_1 = -\frac{1}{2} - \frac{1}{2}\sqrt{7} \approx -1,823$
$x_2 = -\frac{1}{2} + \frac{1}{2}\sqrt{7} \approx 0,823$

$$A = \int_{-1,823}^{0,823} |f(x) - g(x)|\,dx \approx 6,173$$

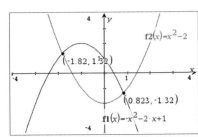

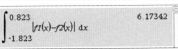

120

b) $f(x) = x^2 - 4$; $g(x) = x + 2$

Schnittstellen $x_0 = -2$; $x_1 = 3$

$$A = \int_{-2}^{3} \left(g(x) - f(x) \right) dx = \left[-\frac{1}{3}x^3 + \frac{1}{2}x^2 + 6x \right]_{-2}^{3} = \frac{125}{6} \approx 20{,}833$$

c) $f(x) = -x^3$; $g(x) = -x$

Schnittstellen $x_0 = -1$; $x_1 = 0$; $x_2 = 1$

Punktsymmetrisch zum Ursprung

$$A = 2 \cdot \int_{0}^{1} \left(f(x) - g(x) \right) dx = 2 \left[-\frac{1}{4}x^4 + \frac{1}{2}x^2 \right]_{0}^{1} = \frac{1}{2}$$

7. Parabel: $f(x) = \frac{1}{4}x^2$ Tangente: $g(x) = x - 1$ $A = \int_{0}^{2} f(x)\, dx - \frac{1}{2} = \frac{1}{6}$

8. $f(x) = \frac{1}{4}(x-2)x^2(x+2) = \frac{1}{4}x^4 - x^2$

$g(x) = \frac{3\sqrt{3}}{8}(x+2)x(x-2) = \frac{3}{8}\sqrt{3}\,x^3 - \frac{3\sqrt{3}}{2}x$

$$A_1 = \int_{-2}^{-1} \left(g(x) - f(x) \right) dx = \frac{47}{60} + \frac{27\sqrt{3}}{32} \approx 2{,}245$$

$$A_2 = \left| \int_{-1}^{0} f(x)\, dx \right| = \frac{17}{60} \approx 0{,}283$$

$$A_3 = \int_{-1}^{0} g(x)\, dx = \frac{21\sqrt{3}}{32} \approx 1{,}137$$

$$A_4 = \int_{0}^{1} \left(f(x) - g(x) \right) dx = \frac{21\sqrt{3}}{32} - \frac{17}{60} \approx 0{,}853$$

$$A_5 = \int_{1}^{2} \left((f(x) - g(x)) \right) dx = \frac{27\sqrt{3}}{32} - \frac{47}{60} \approx 0{,}678$$

$$A_6 = \left| \int_{-1}^{2} f(x)\, dx \right| = \frac{16}{15} \approx 1{,}067$$

Hinweis: Die Angabe der Funktionsterme und die konkreten Berechnungen sind nicht unbedingt nötig. Es genügt die Schreibweise als Integral.

121

9. a) Funktionsterme: $f(x) = x^2$, $g(x) = \sqrt{x}$

Fläche $A = 4 \int_{0}^{1} \left(\sqrt{x} - x^2 \right) dx = \frac{4}{3}$ [dm²]

Kosten: $\frac{4}{3} \cdot 100 \cdot 7{,}99\,€ = 1\,065{,}33\,€$

121

b) Funktionsterme: $f(x) = -\frac{1}{6}(x+3)(x-3) = -\frac{1}{6}x^2 + \frac{3}{2}$,

$g(x) = -\frac{4}{25}(x+2,5)(x-2,5) = -\frac{4}{25}x^2 + 1$; $h(x) = -f(x)$, $i(x) = -g(x)$

Der Kreisring in der Mitte wird ohne Integralrechnung berechnet.

$$A = 4 \cdot \left(\int_0^3 f(x)\,dx - \int_0^{2,5} g(x)\,dx \right) + \pi - \frac{\pi}{4} = 4 \cdot \left(\left[-\frac{1}{18}x^3 + \frac{3}{2}x \right]_0^3 - \left[-\frac{4}{75}x^3 + x \right]_0^{2,5} \right) + \frac{3}{4}\pi$$

$$= 4 \cdot \left(3 - \frac{5}{3} \right) + \frac{3}{4}\pi = \frac{16}{3} + \frac{3}{4}\pi \approx 7,7\,[dm^2]$$

Kosten: 6 152,30 €

c) Funktionsterme: $f_1(x) = 3 - \frac{x^2}{12}$, $f_2(x) = \frac{3}{2} - \frac{x^2}{24}$, $f_3(x) = \frac{3}{4} - \frac{x^2}{48}$; sowie $f_4(x) = -f_1(x)$;
$f_5(x) = -f_2(x)$; $f_6(x) = -f_3(x)$

Nullstellen -6, 6, Ende des „Schwanzes" bei $x_3 = 6 \cdot \sqrt{2}$ $\left(\text{hier gilt } f_1(x_3) = -3 \right)$.

$$A = 4 \cdot \left(\int_0^6 (f_1 - f_2 + f_3)\,dx \right) + 2 \cdot \left(\int_6^{6\sqrt{2}} (-f_1 + f_2 - f_3)\,dx \right) = 4 \cdot 9 + 2 \cdot 2,636 \approx 41,3\,[dm^2]$$

Kosten: $4\,130 \cdot 7,99\,€ = 32\,998,70\,€$

d) Funktionsterme: $f(x) = -\frac{2}{9}(x+3)(x-3) = -\frac{2}{9}x^2 + 2$; $g(x) = -f(x)$

$$A = 4 \int_0^3 f(x)\,dx - \pi + 4 \int_3^4 (-f(x)\,dx) = 16 - \pi + 4 \cdot \frac{20}{27} \approx 15,82$$

Kosten: 12 641,27 €

10. $f(x) = x^2$

$$A_1 = \int_0^1 (x - x^2)\,dx = \left[\frac{1}{2}x^2 - \frac{1}{3}x^3 \right]_0^1 = \frac{1}{6}$$

Für den gesuchten Flächeninhalt A gilt:
$$A = 2 \cdot A_1 = \frac{2}{6} = \frac{1}{3}$$

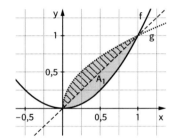

11. a) Die Geschwindigkeit der Draisine nimmt bis zum Zeitpunkt 15,7 s zu (Hochpunkt). Sie erreicht nach 15,7 s eine Geschwindigkeit von ungefähr 5,6 $\frac{m}{s}$. Danach nimmt die Geschwindigkeit wieder ab. Nach 40 s hat die Draisine die Geschwindigkeit 0 $\frac{m}{s}$. Danach wird die Geschwindigkeit negativ, d. h. die Draisine fährt rückwärts, zurück in Richtung des Ausgangspunkts.

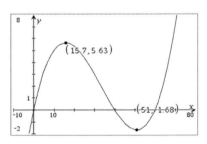

Nach 51 s (Tiefpunkt) erreicht sie eine Geschwindigkeit von etwa $-1,7\frac{m}{s}$.
Nach 60 s fährt die Draisine wieder vorwärts, die Geschwindigkeit wird wieder positiv und liegt nach 70 s bei $7\frac{m}{s}$.

121

b) Die Draisine fährt im Zeitintervall [40 s; 60 s] rückwärts. Der Flächeninhalt der Fläche zwischen dem Graphen von f und der x-Achse gibt folgendes an:

(1) $s_1 = \int_0^{40} v(t)\,dt \approx 142\,m$;

im Intervall [0 s; 40 s]: Welchen Weg die Draisine in dieser Zeit vom Ausgangspunkt zurückgelegt hat.

(2) $s_2 = \left| \int_{40}^{60} v(t)\,dt \right| \approx 22{,}2\,m$;

im Intervall [40 s; 60 s]: Wie weit die Draisine in dieser Zeit rückwärts gefahren ist.

(3) $s_3 = \int_{60}^{70} v(t)\,dt \approx 29{,}7\,m$;

im Intervall [60 s; 70 s]: Wie weit die Draisine in dieser Zeit vorwärts gefahren ist.

c) Die Entfernung der Draisine vom Ausgangspunkt kann durch die Integralfunktion I_0

mit $I_0(x) = \int_0^x v(t)\,dx = \int_0^x \left(\frac{1}{3\,000}t^3 - \frac{1}{30}t^2 + \frac{4}{5}t \right) dt$ angegeben werden.

Damit ergibt sich:

$I_0(x) = \left[\frac{1}{12\,000}t^4 - \frac{1}{90}t^3 + \frac{2}{5}t^2 \right]_0^x$

Also

$I_0(x) = \frac{1}{12\,000}x^4 - \frac{1}{90}x^3 + \frac{2}{5}x^2$

mit x in s und $0 \le x \le 70$

$I_0(x)$ hat die Einheit m.

$I_0(70) \approx 149{,}7$

Nach 70 s ist die Draisine etwa 149,7 m vom Ausgangspunkt entfernt. Dies weicht nur leicht von der Summe der Näherungswerte $142 - 22{,}2 + 29{,}7 = 149{,}5$ aus Teilaufgabe b) ab.

d) $s = \int_0^{40} v(t)\,dt + \left| \int_{40}^{60} v(t)\,dt \right| + \int_{60}^{70} v(t)\,dt \approx 142 + 22{,}2 + 29{,}7 \approx 194$ (siehe Teilaufgabe b)

Die Draisine hat insgesamt einen Weg von etwa 194 m zurückgelegt.

122

12. a) Der Flächeninhalt der eingeschlossenen Fläche gibt für die Zeitspanne [0 s; 30 s] die Differenz des zurückgelegten Weges von Familie Müller und Familie Nordmann an.

b) $A = \int_0^{30} \left(v_M(t) - v_N(t) \right) dt = \int_0^{30} \left(-\frac{1}{3\,000}t^3 + \frac{1}{120}t^2 + \frac{1}{20}t \right) dt$

$A = \left[-\frac{1}{12\,000}t^4 + \frac{1}{360}t^3 + \frac{1}{40}t^2 \right]_0^{30}$

$A = 30$

Familie Müller hat von 0 s bis 30 s 30 m mehr zurückgelegt als die Familie Nordmann.

122

c) Abstand vom Ausgangspunkt von Familie Müller nach 40 s: $\int_0^{40} v_M(t)\,dt \approx 146{,}6\,\text{m}$

Abstand vom Ausgangspunkt von Familie Nordmann nach 40 s: $\int_0^{40} v_N(t)\,dt \approx 142{,}2\,\text{m}$,

Familie Nordmann fährt ab ca. 35 s abrupt rückwärts.
Die Draisinen haben nach 40 s nur noch einen Abstand von etwa 4,4 m.

13. a) Das nördliche Ufer des Baldeneysees wird mithilfe der Punkte A(0|1,316), B(1|2,061), C(2,5|2,4004) und D(3,8|1,4551) als Graph einer ganzrationalen Funktion f dritten Grades modelliert:
$f(x) = a x^3 + b x^2 + c x + d$
Durch Einsetzen der vier Punkte erhalten wir ein LGS:

$$\begin{vmatrix} f(0) = 1{,}316 \\ f(1) = 2{,}061 \\ f(2{,}5) = 2{,}4004 \\ f(3{,}8) = 1{,}4551 \end{vmatrix} = \begin{vmatrix} a \cdot 0^3 + \ b \cdot 0^2 + \ c \cdot 0 + d = 1{,}316 \\ a + \ b + \ c + d = 2{,}061 \\ 2{,}5^3 a + 2{,}5^2 b + 2{,}5 c + d = 2{,}4004 \\ 3{,}8^3 a + 3{,}8^2 b + 3{,}8 c + d = 1{,}4551 \end{vmatrix}$$

Mit dem GTR erhalten wir die Lösung: $a = -0{,}035$, $b = -0{,}084$, $c = 0{,}8649$, $d = 1{,}316$
Das ergibt die Funktion f mit $f(x) = -0{,}035 x^3 - 0{,}084 x^2 + 0{,}8649 x + 1{,}316$.
Mit der gleichen Methode modellieren wir das südliche Seeufer durch den Graphen der Funktion g mit $g(x) = -0{,}053 x^3 + 0{,}0753 x^2 + 0{,}4278 x + 1{,}13$.

b) Als Wasserfläche erhalten wir in unserem Modell die Fläche zwischen dem Graphen von f und dem Graphen von g zwischen den Messpunkten A und H:

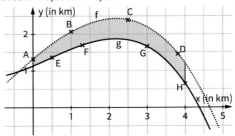

$$\int_0^4 \left(f(x) - g(x)\right)\,dx = \int_0^4 \left(0{,}018 x^3 - 0{,}1593 x^2 + 0{,}4371 x + 0{,}186\right)\,dx \approx 1{,}99$$

Der Baldeneysee hat also eine Fläche von knapp 2 km².

c) Wenn wir die von den Funktionsgraphen eingeschlossene Fläche mit der Landkarte vergleichen, fällt auf, dass die eingeschlossene Fläche in der Mitte geringfügig gekrümmter ist, ansonsten wird der See und auch die Seefläche zwischen den Messpunkten A und H gut approximiert. Über den Punkt H hinausgehend fallen die Funktionsgraphen stark ab, sodass der Baldeneysee beim Übergang in die Ruhr-Mündung nicht mehr vernünftig dargestellt wird.

123

14. Die Wandfläche setzt sich aus Rechtecken und Dreiecken und aus vier Parabelsegmenten zusammen.

$A_{\text{Rechtecke + Dreiecke}} = 2 \cdot \frac{1}{2} \cdot 1{,}5 \cdot 4{,}5 + 22{,}5 \cdot 3{,}5 = 84$

Mithilfe der Integralrechnung erhält man bei jeweils entsprechender Lage der Koordinatensysteme:

$$3 \cdot \int_{-2{,}25}^{2{,}25} -\frac{8}{27}(x - 2{,}25)(x + 2{,}25)\,dx + \int_{-4{,}5}^{4{,}5} -\frac{(x - 4{,}5)(x + 4{,}5)}{4{,}5}\,dx$$

$$= 3 \cdot \int_{\frac{9}{4}}^{\frac{9}{4}} -\frac{8}{27}x^2 + \frac{3}{2}\,dx + \int_{-\frac{9}{2}}^{\frac{9}{2}} -\frac{2}{9}x^2 + \frac{9}{2}\,dx$$

$$= 3 \cdot \left[-\frac{8}{81}x^3 + \frac{3}{2}x \right]_{-\frac{9}{4}}^{\frac{9}{4}} + \left[-\frac{2}{27}x^3 + \frac{9}{2}x \right]_{-\frac{9}{2}}^{\frac{9}{2}}$$

$$= 3 \cdot 4{,}5 + 27 = 40{,}5$$

Also $A = 84 + 40{,}5 = 124{,}5$

Die Schutzlasur reicht also für die komplette rückwärtige Fassade.

15. a)
- Flächeninhalt des äußeren Kreises: $A_A = \pi \cdot \pi^2 = \pi^3$
- Flächeninhalt eines inneren Halbkreises: $A_H = \frac{1}{2} \cdot \pi \cdot \left(\frac{\pi}{2}\right)^2 = \frac{1}{8}\pi^3$
- Flächeninhalt eines Symbols: $A_S = \frac{1}{2} \cdot A_A = \frac{1}{2}\pi^3$
- Flächeninhalt eines geteilten Symbols ohne Berücksichtigung des kleinen Kreises:

$A_{\text{Teil}} = A_H + \frac{1}{8}A_A = \frac{1}{8}\pi^3 + \frac{1}{8}\pi^3 = \frac{1}{4}\pi^3 = \frac{1}{2}A_S$

b) $A_{\text{Mond}} = A_H - \int_0^\pi \sin(x)\,dx = \frac{1}{8}\pi^3 - \left[-\cos(x)\right]_0^\pi = \frac{1}{8}\pi^3 - 2 \approx 1{,}8757$

16. a) Man betrachte eine Parabel mit $y = -x^2 + k$. Sie hat Nullstellen bei $\sqrt{k}$ und $-\sqrt{k}$.

Für die Fläche zwischen Funktion und x-Achse gilt:

$A = 2 \cdot \int_0^{\sqrt{k}} -x^2 + k = 2 \cdot \left[-\frac{1}{3}x^3 + k \cdot x \right]_0^{\sqrt{k}} = -\frac{2}{3} \cdot k \cdot \sqrt{k} + 2 \cdot k \cdot \sqrt{k}$

$= 2 \cdot \sqrt{k} \cdot \left(-\frac{1}{3}k + k \right) = 2 \cdot \sqrt{k} \cdot \frac{2}{3}k = \frac{2}{3} \cdot 2 \cdot \sqrt{k} \cdot k$

$2 \cdot \sqrt{k}$ entspricht g und k entspricht h.

b) Betrachte die Parabel $f(x) = k\,x^2$.

Sekante durch Punkte $P_1(a \mid k\,a^2)$ und $P_2(b \mid k\,b^2)$: $g(x) = k(b + a)x - k\,a\,b$

Fläche Parabelsegment:

$A_1 = \int_a^b (g(x) - f(x))\,dx = \left[\frac{1}{2}k(b + a)x^2 - k\,a\,b\,x - \frac{1}{3}k\,x^3 \right]_a^b = \frac{1}{6}k(b^3 - a^3) + \frac{1}{2}k\,a\,b\,(a - b)$

Tangente parallel zu der Sekante: $h(x) = k(b + a)x - \frac{k}{4}(b + a)^2$

Bestimmt über den Punkt $D\left(x_0 = \frac{1}{2}(b + a) \mid f(x_0)\right)$, für den gilt $f'(x_0) = 2k\,x_0 = k(b + a)$.

Fläche des Parallelogramms:

$A_2 = \int_a^b (g(x) - h(x))\,dx = \frac{1}{4}k(b^3 - a^3) + \frac{3}{4}k\,a\,b\,(a - b) \Rightarrow \frac{2}{3}A_2 = A_1$

2.5.3 Uneigentliche Integrale

124

Einstiegsaufgabe ohne Lösung
A ist der Flächeninhalt der Strandfläche in $10\,000\,\text{m}^2$.

$$A = \int_1^b \frac{1}{x^3}\,dx = \int_1^b x^{-3}\,dx = \left[-\frac{1}{2}x^{-2}\right]_1^b = \left[-\frac{1}{2x^2}\right]_1^b$$

$$A = -\frac{1}{2b^2} - \left(-\frac{1}{2}\right) = \frac{1}{2} - \frac{1}{2b^2}$$

Wenn $b \to \infty$, dann $\frac{1}{2b^2} \to 0$ und $A \to \frac{1}{2}$

Der Strand hat eine Fläche von $5\,000\,\text{m}^2$ und bietet damit Platz für $1\,000$ Urlaubsgäste. Obwohl der Strand endlos lang ist, ist seine Fläche doch begrenzt.

126

1. a) Die Stammfunktion lautet $F(x) = \frac{1}{1-k}x^{1-k}$

$$\int_1^b f(x)\,dx = \left[\frac{1}{1-k}x^{1-k}\right]_1^b = \frac{1}{1-k}(b^{1-k}-1)$$

$$\lim_{b\to\infty} \int_1^b f(x)\,dx = \frac{1}{1-k} \cdot \lim_{b\to\infty}(b^{1-k}-1) = -\frac{1}{1-k}$$

Auch wenn für $x \to \infty$ $f(x)$ immer größer als 0 ist, bleibt der Flächeninhalt endlich.

b) Für $0 < k < 1$ ist $1 - k > 0$ und somit ist $\lim_{b\to\infty} b^{1-k} = \infty$, d.h. ein Grenzwert existiert nicht. Der Flächeninhalt wächst in diesem Fall ebenfalls ins Unendliche.

2. a) $\displaystyle\lim_{b\to\infty} \int_1^b \frac{2}{x^3}\,dx = \lim_{b\to\infty}\left(-\frac{1}{b^2}+1\right) = 1$

b) $\displaystyle\lim_{b\to\infty} \int_8^b \frac{1}{\sqrt[3]{x}}\,dx = \lim_{b\to\infty}\left(\frac{3}{2}\cdot b^{\frac{2}{3}}-6\right) = \infty$ Das uneigentliche Integral existiert nicht.

c) $\displaystyle\lim_{b\to\infty} \int_1^b \frac{1}{(2x-1)^2}\,dx = \lim_{b\to\infty}\left(-\frac{1}{4b-2}+\frac{1}{2}\right) = \frac{1}{2}$

3. a) $\displaystyle\lim_{a\to 0} \int_a^1 \frac{1}{\sqrt{x}}\,dx = \lim_{a\to 0}\left(2-2\sqrt{a}\right) = 2$

b) $\displaystyle\lim_{a\to 0} \int_a^1 \frac{1}{x^3}\,dx = \lim_{a\to 0}\left(\frac{1}{a^2}-1\right) = \infty$ Das uneigentliche Integral existiert nicht.

c) $\displaystyle\lim_{b\to 1} \int_0^b \frac{-1}{(x-1)^3}\,dx = \lim_{b\to 1}\left(\frac{1}{2(b-1)^2}-\frac{1}{2}\right) = \infty$ Das uneigentliche Integral existiert nicht.

126

4. a) $\lim\limits_{b\to\infty}\int\limits_{1}^{b}\frac{1}{x^4}\,dx=\lim\limits_{b\to\infty}\left(-\frac{1}{3\,b^3}+\frac{1}{3}\right)=\frac{1}{3}$

b) $\lim\limits_{b\to\infty}\int\limits_{0}^{b}\frac{1}{(x+1)^2}\,dx=\lim\limits_{b\to\infty}\left(-\frac{1}{b+1}+1\right)=1$

c) $\lim\limits_{a\to-\infty}\int\limits_{a}^{-2}\frac{1}{x^2}\,dx=\lim\limits_{a\to-\infty}\left(\frac{1}{2}+\frac{1}{a}\right)=\frac{1}{2}$

d) $\lim\limits_{a\to0}\int\limits_{a}^{2}\frac{1}{\sqrt{x}}\,dx=\lim\limits_{a\to0}\left(2\sqrt{2}-2\sqrt{a}\right)=2\sqrt{2}\approx2{,}828$

5. a) $F_G=6{,}672\cdot10^{-11}\,\frac{m^3}{kg\cdot s^2}\cdot\frac{1\,kg\cdot5{,}977\cdot10^{24}\,kg}{(6{,}371\cdot10^6\,m+x\,m)^2}$

$F_G=\frac{39{,}872567\cdot10^{13}\,kg\cdot m}{(6{,}371\cdot10^6+x)^2}\,\frac{}{s^2}$

$F_G(x)=\frac{3{,}988\cdot10^{14}}{(6{,}371\cdot10^6+x)^2}\quad\left(1\,\frac{kg\cdot m}{s^2}=1\,N\right)$

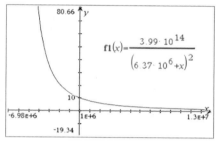

b) Der Flächeninhalt unter dem Graphen im Intervall [0; x] gibt die Arbeit an, die erforderlich ist, um den Körper in eine Höhe x über der Erdoberfläche zu heben:

$W=\int\limits_{0}^{x}\frac{3{,}988\cdot10^{14}}{(6{,}371\cdot10^6+x)^2}\,dx$

mit x in Meter und W in Nm.

$W=3{,}988\cdot10^{14}\cdot\int\limits_{0}^{x}\frac{1}{(6{,}371\cdot10^6+x)^2}\,dx$

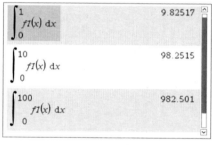

Der Graph zu $y=\frac{1}{(6{,}371\cdot10^6+x)^2}$ entsteht aus dem Graphen zu $y=\frac{1}{x^2}$ durch eine Verschiebung um $6{,}371\cdot10^6$ Einheiten nach links.

Somit gilt:

$W=3{,}988\cdot10^{14}\cdot\int\limits_{6{,}371\cdot10^6}^{6{,}371\cdot10^6+x}\frac{1}{r^2}\,dr$

$W=3{,}988\cdot10^{14}\cdot\left(\frac{1}{6{,}371\cdot10^6}-\frac{1}{6{,}371\cdot10^6+x}\right)$

c) Im Fall $x\to\infty$ gilt: $\frac{1}{6{,}371\cdot10^6+x}\to0$

Somit ist für das Verlassen des Gravitationsfeldes eine Arbeit von

$W=3{,}988\cdot10^{14}\cdot\frac{1}{6{,}371\cdot10^6}\approx6{,}26\cdot10^7\,Nm$

erforderlich.

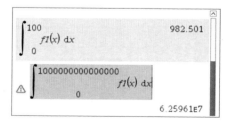

Blickpunkt – Näherungsweise Bestimmung von π

127

1. Für die Koordinaten aller Punkte $P(x|y)$ auf dem Graphen zu $y = \sqrt{1 - x^2}$ im Intervall $[0; 1]$
gilt: $y^2 = 1 - x^2$, also $x^2 + y^2 = 1$

Somit haben alle Punkte auf dem Graphen von f den
Abstand 1 vom Koordinatenursprung und liegen auf
einem Viertelkreis mit dem Radius 1 um den Koordinatenursprung.
Für den Flächeninhalt eines Kreises mit dem Radius
$r = 1$ gilt: $A_k = \pi\, r^2 = \pi$.
Für die Fläche unter dem Graphen zu f mit
$f(x) = \sqrt{1 - x^2}$ gilt somit $A_V = \dfrac{\pi}{4}$

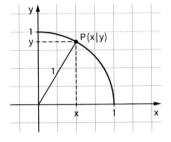

2. Beide Produktsummen verwenden 5 Rechtecke, jeweils der Breite 0,2. Bei U_5 dient der
Funktionswert am rechten Rand als Rechteckhöhe, bei O_5 der am linken Rand.
   - $U_5 = 0,2 \cdot (0,9797 + 0,9165 + 0,8 + 0,6 + 0)$
     $U_5 = 0,65924$
   - $O_5 = 0,2 \cdot (1 + 0,9797 + 0,9165 + 0,8 + 0,6)$
     $O_5 = 0,85924$
   $4 \cdot U_5 = 2,63696 < \pi < 3,43696 = 4 \cdot O_5$

3. Zur Berechnung mit dem GTR siehe auch im Schülerband auf Seite 93.

Anzahl n der Rechtecke	Schrittweite = Rechteckbreite $\frac{1}{n}$	Intervall U_n	Intervall O_n	U_n	O_n
10	0,1	[0,1; 1]	[0; 0,9]	0,72613	0,82613
20	0,05	[0,05; 1]	[0; 0,95]	0,757116	0,80711
50	0,02	[0,02; 1]	[0; 0,98]	0,774567	0,794567
100	0,01	[0,01; 1]	[0; 0,99]	0,780104	0,790104
500	0,002	[0,002; 1]	[0; 0,998]	0,784372	0,786372

```
√(1-x²) →f(x)                              Fertig

seq(x,x,0.1,1,0.1) →xwerteu 10
    {0.1,0.2,0.3,0.4,0.5,0.6,0.7,0.8,0.9,1.}

0.1· sum(f(xwerteu10))              0.72613

seq(x,x,0,0.9,0.1) →xwerteo 10
    {0,0.1,0.2,0.3,0.4,0.5,0.6,0.7,0.8,0.9}

0.1· sum(f(xwerteo10))             0.82613
```

$4 \cdot U_{500} = 3,137488 < \pi < 3,145488 = 4 \cdot O_{500}$
Ein Taschenrechner gibt $\pi \approx 3,141592654$ aus.
Bei der Abschätzung mithilfe von Produktsummen stimmen U_{500} und O_{500} auf eine
Nachkommastelle überein. Benutzt man den Integralbefehl eines GTR, so erhält man mit

$$\pi \approx 4 \cdot \int_0^1 \sqrt{1 - x^2}\, dx \approx 3,14159 \text{ eine deutliche bessere Näherung.}$$

2.6 Rotationskörper und ihre Volumina

128

Einstiegsaufgabe ohne Lösung

- Der Graph hat Ähnlichkeit mit dem Graphen der Wurzelfunktion, allerdings ist er gestreckt. Man findet über die Graphenpunkte (1|2) und (4|4) schnell die Funktionsgleichung $f(x) = 2 \cdot \sqrt{x}$. Die Überprüfung an weiteren Stellen bestätigt dieses Ergebnis.

-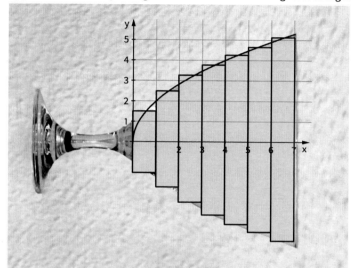

Das Glas wird in 7 Scheiben (Zylinder) zerlegt. Die Höhe eines solchen Zylinders ist jeweils 1. Für den Radius können nun Funktionswerte an verschiedenen Stellen gewählt werden:

- am unteren linken Rand
- am oberen rechten Rand
- in der Mitte des Intervalls

Die Verfahren mit dem linken bzw. rechten Rand kennen die Schülerinnen und Schüler bereits von den Verfahren bei Flächen. Wir zeigen deshalb hier die Näherung mit den Funktionswert in der Mitte des Intervalls: Die Radien ergeben sich als Funktionswert in der Mitte des jeweiligen Intervalls, also $f(0,5)$, $f(1,5)$, $f(2,5)$, ..., $f(6,5)$.

Damit erhält man näherungsweise:

$$V \approx \pi \cdot 1 \cdot \left[\left(f(0,5) \right)^2 + \left(f(1,5) \right)^2 + ... + \left(f(6,5) \right)^2 \right] \approx \pi \cdot [2 + 6 + 10 + 14 + 18 + 22 + 26] \approx 98 \cdot \pi \approx 308$$

Man erhält also etwa $308\,cm^3 = 308\,ml$ für das Fassungsvermögen des Glases.

- Man kann im nächsten Schritt die Scheiben (Zylinder) schmaler machen, also die Anzahl der Intervalle erhöhen. Dies kann ggf. auch mithilfe eines Rechners ausgeführt werden. Entscheidend bei dem Verfahren ist aber, dass man erkennt, dass hier eigentlich das Integral über die neue Funktion $h(x) = \left(f(x) \right)^2$ gebildet wird.

$$V = \pi \cdot \int_0^7 \left(f(x) \right)^2 \, dx = \pi \cdot \int_0^7 \left(2 \cdot \sqrt{x} \right)^2 \, dx = \pi \cdot \int_0^7 4x \, dx$$

Der Pokal fasst also etwa $307,9\,ml$.

130

1. a)

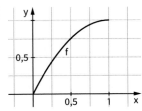

b) Von innen: $\Delta x = \frac{1}{n}$; $x_i = i \cdot \Delta x$; $n = 10$ bzw. $n = 20$

$$\underline{S}_n = \pi \left(f(x_0) \right)^2 \Delta x + \pi \left(f(x_1) \right)^2 \Delta x + \ldots + \pi \left(f(x_{n-1}) \right)^2 \Delta x$$

$$\Rightarrow \underline{S}_{10} = 0{,}48333 \cdot \pi = 1{,}5184 \qquad\qquad \underline{S}_{20} = 0{,}50833 \cdot \pi = 1{,}5970$$

Von außen: $\Delta x = \frac{1}{n}$; $x_i = i \cdot \Delta x$; $n = 10$ bzw. $n = 20$

$$\overline{S}_n = \pi \left(f(x_1) \right)^2 \Delta x + \pi \left(f(x_2) \right)^2 \Delta x + \ldots + \pi \left(f(x_n) \right)^2 \Delta x$$

$$\Rightarrow \overline{S}_{10} = 0{,}58333 \cdot \pi = 1{,}8326 \qquad\qquad \overline{S}_{20} = 0{,}55833 \cdot \pi = 1{,}7540$$

$$\Rightarrow \underline{S}_{20} \le V_{Kreisel} \le \overline{S}_{20}$$

$$\underline{S}_n = \pi \cdot f^2(x_0) \cdot \Delta x + \ldots + \pi \cdot f^2(x_{n-1})$$

$$= \frac{\pi}{n} \cdot \left(f^2(x_0) + \ldots + f^2(x_{n-1}) \right)$$

$$= \frac{\pi}{n} \cdot \left(\left(-x_0^2 + 2x_0 \right)^2 + \ldots + \left(-x_{n-1}^2 + 2x_{n-1} \right)^2 \right)$$

$$= \frac{\pi}{n} \cdot \left(x_0^4 - 4x_0^3 + 4x_0^2 + \ldots + x_{n-1}^4 + 4x_{n-1}^3 + 4x_{n-1} \right)$$

$$= \frac{\pi}{n} \cdot \left(x_0^4 + x_{n-1}^4 - 4 \left(x_0^3 + \ldots + 4x_{n-1}^3 \right) + 4 \left(x_0^2 + \ldots + x_{n-1}^2 \right) \right)$$

$$= \frac{\pi}{n} \cdot \left(\frac{1^4}{n^4} + \ldots + \frac{(n-1)^4}{n^4} - 4 \left(\frac{1^3}{n^3} + \ldots + \frac{(n-1)^3}{n^3} \right) + 4 \left(\frac{1^2}{n^2} + \ldots + \frac{(n-1)^2}{n^2} \right) \right)$$

$$= \frac{\pi}{n} \cdot \frac{1}{n^4} \left(\left(1^4 + \ldots + (n-1)^4 \right) - \frac{4}{n^3} \left(1^3 + \ldots + (n-1)^3 \right) + \frac{4}{n^2} \left(1^2 + \ldots + (n-1)^2 \right) \right)$$

Mit den Formeln

$$1^2 + 2^2 + \ldots + m^2 = \frac{1}{6} m (m+1)(2m+1)$$

$$1^3 + 2^3 + \ldots + m^3 = \frac{1}{4} m^2 (m+1)^2$$

$$1^4 + 2^4 + \ldots + m^4 = \frac{1}{5} m^5 + \frac{1}{2} m^4 + \frac{1}{3} m^3 - \frac{1}{30} m$$

erhält man den geschlossenen Ausdruck $\quad \underline{S}_n = \pi \cdot \dfrac{16n^4 - 15n^3 - 1}{30n^4}$

Analog ergibt sich $\qquad\qquad\qquad\qquad \overline{S}_n = \pi \cdot \dfrac{16n^4 + 15n^3 - 1}{30n^4}$

c) Betrachte $n \to \infty$; $\underline{S}_n \le V_{Kreisel} \le \overline{S}_n$

$$\Rightarrow \lim_{n \to \infty} \overline{S}_n = \lim_{n \to \infty} \underline{S}_n = \int_0^1 \pi \left(f(x) \right)^2 dx = V_{Kreisel}$$

$$\int_0^1 \pi \left(f(x) \right)^2 dx = \int_0^1 \pi \left(x^4 - 4x^3 + 4x^2 \right) dx = \left[\pi \left(\frac{1}{5} x^5 - x^4 + \frac{4}{3} x^3 \right) \right]_0^1 = \pi \frac{8}{15} \approx 1{,}6755$$

2. $f(x) = \sqrt{625 - x^2}$

Berechne Integrationsgrenzen $f(x) = 20 \Leftrightarrow \sqrt{625 - x^2} = 20 \Leftrightarrow x = 15$ für $x > 0$

Damit $V = \displaystyle\int_{15}^{24} \pi \cdot \left(\sqrt{625 - x^2} \right)^2 dx = 2142 \, \pi \, cm^3 \approx 6{,}7 \ell$

130

3. a) Kegel: $V = \pi \cdot \int_0^h \left(\frac{r}{h} \cdot x\right)^2 dx = \frac{1}{3}\pi r^2 h$

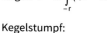

Kugel: $V = \pi \cdot \int_{-r}^r \left(\sqrt{r^2 - x^2}\right)^2 dx = \frac{4}{3}\pi r^3$

Kegelstumpf:
großer Kegel mit $r_1 h_1$ abzüglich kleiner
Kegel mit $r_2 h_2$:
$V = \frac{1}{3}\pi r_1^2 h_1 - \frac{1}{3}\pi r_2^2 h_2$

Mit $h = h_1 - h_2$ und Strahlensatz: $h_1 r_2 = h_2 r_2$ folgt

$V = \frac{1}{3}\pi \left(r_1^2 h_1 - r_2^2 h_2 \underbrace{- h_2 r_1^2 + h_1 r_1 r_2}_{= 0} + \underbrace{h_1 r_2^2 - h_2 r_1 r_2}_{= 0}\right) = \frac{1}{3}\pi h \left(r_1^2 + r_1 r_2 + r_2^2\right)$

Kugelabschnitt: $V = \pi \cdot \int_{r-h}^r \left(\sqrt{r^2 - x^2}\right)^2 dx = \frac{\pi h^2}{3}(3r - h)$

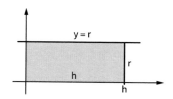

b) $V = \pi \cdot \int_0^h (r)^2 dx = \pi r^2 h$

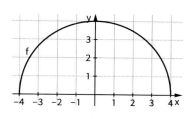

4. a) $V = \int_0^2 \pi(x-1)^2 dx = \left[\pi \frac{1}{3}(x-1)^3\right]_0^2 = \frac{2}{3}\pi \approx 2{,}094$

b) $V = \int_1^2 \pi\left(\frac{1}{x}\right)^2 dx = \pi \cdot \left[-\frac{1}{x}\right]_1^2 = \frac{1}{2}\pi \approx 1{,}571$

c) $V = \int_{-1}^1 \pi\left(\sqrt{2x+2}\right)^2 dx = \pi\left[x^2 + 2x\right]_{-1}^1 = 4\pi \approx 12{,}566$

131

5. Nullstellen: $x_0 = -4$; $x_1 = 4$

$V = \int_{-4}^4 \pi(16 - x^2) dx$

$= \left[\pi\left(16x - \frac{1}{3}x^3\right)\right]_{-4}^4$

$= \frac{256}{3}\pi = 268{,}083$

6. Frederick berechnet nicht das Volumen, denn es gilt:

$\int_0^5 \pi \cdot \left(f(x) - g(x)\right)^2 dx = \pi \cdot \int_0^5 \left((f(x))^2 - 2 \cdot f(x) \cdot g(x) + (g(x))^2\right) dx$

$= \pi \cdot \int_0^5 (f(x))^2 dx - 2\pi \cdot \int_0^5 f(x) \cdot g(x) dx + \pi \cdot \int_0^5 (g(x))^2 dx$

131

Für das gesuchte Volumen gilt jedoch:

V = (Volumen des durch den Graphen von f begrenzten Rotationskörpers)
     – (Volumen des durch den Graphen von g begrenzten Rotationskörpers)

$$V = \pi \cdot \int_0^5 (f(x))^2 \, dx - \pi \cdot \int_0^5 (g(x))^2 \, dx$$

Also

$$V = \pi \cdot \int_0^5 \left((f(x))^2 - (g(x))^2 \right) dx$$

$$V = \int_0^5 \pi \cdot \left((f(x))^2 - (g(x))^2 \right) dx$$

Cosima rechnet also richtig.

7. a) Wir zeichnen den Graphen von f mithilfe eines GTR und berechnen die Funktionswerte:

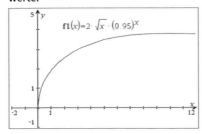

seq(x,x,0,10,1) →xwerte
      {0,1,2,3,4,5,6,7,8,9,10}

f1(xwerte)
    {0.,1.9,2.55266,2.97003,3.25803,3.46045,⟩

seq(x,x,0,10,1) →xwerte
      {0,1,2,3,4,5,6,7,8,9,10}

f1(xwerte)
⟨5,3.6012,3.69525,3.75287,3.7815,3.78674⟩

b) Mithilfe eines GTR finden wir den Hochpunkt H(9,75|3,79)
Der größte Durchmesser beträgt 7,58 cm.

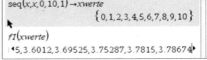

c) $V = \int_0^{10} \pi \cdot (f(x))^2 \, dx \approx 326{,}883$

Das Bierglas hat ein Fassungsvermögen von etwa 327 cm³, also 327 ml.

d) Wir definieren die Integralfunktion im GTR:

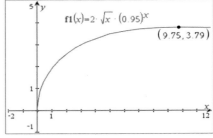

$$\int_0^{10} \left(\pi \cdot (f1(x))^2 \right) dx \qquad 326.883$$

$$\int_0^{10} \left(\pi \cdot (f1(x))^2 \right) dx \qquad 326.883$$

$$\int_0^x \left(\pi \cdot (f1(x))^2 \right) dx \to i(x) \qquad \text{Fertig}$$

131

Zeichnen des Graphen der Integralfunktion und bestimmen des Schnitt-
punkts des Graphen von f mit dem
Graphen zu y = 300.
Der Eichstrich muss an der Stelle
x = 9,4 angebracht werden.

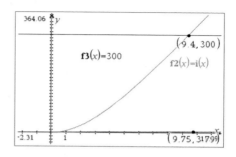

8. Vergleichen Sie dazu die Lösung der Einstiegsaufgabe ohne Lösung von Seite 128 auf der
Seite 141 in diesem Band.

9. Volumen des gesamten Zylinders:
$V_Z = \pi r^2 (h + a r^2) = 125\pi + 625\pi \cdot a$
Berechne das Rotationsvolumen V_R der
Einbuchtung (Luft)
$y = a x^2$ rotiert um die y-Achse.
Betrachte die Umkehrfunktion $f(x) = \sqrt{\frac{x}{a}}$.
Diese rotiert um die x-Achse.

$V_R = \pi \int_0^{25a} \left(\sqrt{\frac{x}{a}}\right)^2 dx = \frac{625}{2}\pi \cdot a$

Berechne a aus
$V = V_Z - V_R = 125\pi + \frac{625}{2}\pi \cdot a = 1000 \text{ cm}^3$
$a = \frac{2}{625}\left(\frac{1000}{\pi} - 125\right) \approx 0{,}619$,
also $f(x) = 0{,}619 x^2$

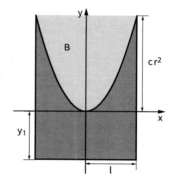

10. (1) Festlegung eines Koordinatensystems: Ursprung verläuft durch den Scheitelpunkt der
unteren Parabel.
(2) Beschreibung der beiden Berandungsbögen durch Parabeln:
 ▪ äußere Berandung: $f(x) = a x^2$
 Bedingung: $f(3{,}4) = 10{,}2$, also $11{,}56a = 10{,}2$ bzw. $a \approx 0{,}8824$
 ▪ innere Berandung: $g(x) = b x^2 + c$
 Bedingungen: (1) $g(3{,}3) = 10{,}2$ (2) $g(0) = 1{,}2$
 also (1) $10{,}89b + c = 10{,}2$ (2) $c = 1{,}2$
Somit $b \approx 0{,}8264$, $c = 1{,}2$
Ergebnis: äußere Berandung:
 $f(x) = 0{,}8824 x^2$,
 $-3{,}4 \leq x \leq 3{,}4$
 innere Berandung:
 $g(x) = 0{,}8264 x^2 + 1{,}2$,
 $-3{,}3 \leq x \leq 3{,}3$

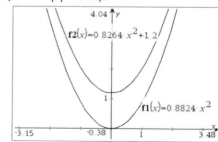

131

(3) Für die Bestimmung des Volumens des Glases betrachten wir die an der Gerade zu $y = x$ gespiegelten Graphen von f und g, also die Graphen der zugehörigen Umkehrfunktion. Wir erhalten die Terme durch Vertauschen von x und y.

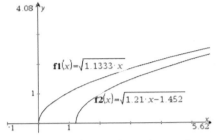

- $f(x) = 0,8824 x^2$
  also $x = 0,8824 y^2$
  $y = \sqrt{1,1333 x}$, $\bar{f}(x) = \sqrt{1,1333 x}$

- $g(x) = 0,8264 x^2 + 1,2$
  also $x = 0,8264 y^2 + 1,2$
  $y = \sqrt{1,21 x - 1,452}$,
  $\bar{g}(x) = \sqrt{1,21 x - 1,452}$
  mit $x \geq 1,2$

- Das Fassungsvermögen des Glases berechnen wir als Rotationsvolumen des Rotationskörpers mit der inneren Berandung durch den Graphen von $\bar{g}$.

$$V_F = \pi \cdot \int_{1,2}^{9} \left(\sqrt{1,21 x - 1,45}\right)^2 dx \approx 115,636$$

Das Glas hat somit ein Fassungsvermögen von $115,6 \, cm^3$.

- Der Rotationskörper, der durch den Graphen von $\bar{f}$ berandet wird, hat das Volumen V_A.

$$V_A = \pi \cdot \int_{0}^{9} \left(\sqrt{1,133 x}\right)^2 dx \approx 144,195$$

Das Volumen des Glases ohne Stiel ergibt sich aus der Differenz $V_A - V_F \approx 28,56$
Das Glas ohne Stiel hat ein Volumen von $28,56 \, cm^3$.

2.7 Mittelwert der Funktionswerte einer Funktion

134

1. a) Grafik siehe rechts.

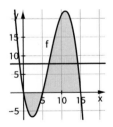

   b) $\mu = \dfrac{1}{15} \displaystyle\int_0^{15} \dfrac{x(5-x)(x-15)}{12} dx$

   $= \dfrac{1}{15} \displaystyle\int_0^{15} \dfrac{-x^3 + 20 x^2 - 75 x}{12} dx$

   $= \dfrac{1}{15 \cdot 12} \displaystyle\int_0^{15} -x^3 + 20 x^2 - 75 x \, dx$

   $= \dfrac{1}{15 \cdot 12} \cdot 1406,25 = 7,813$

2. $\dfrac{1}{b-a}\displaystyle\int_a^b f(x) dx = f(c) \Leftrightarrow \dfrac{1}{b-a}\big(F(b) - F(a)\big) = f(c) \Leftrightarrow \dfrac{F(b) - F(a)}{b-a} = F'(c)$

Dies ist der aus der Differenzialrechnung bekannte Differenzenquotient.
Die Behauptung stimmt also.

134

3. a) $\int_1^3 f(x)\,dx = 10 \quad \Big| \cdot \frac{1}{2}$

$\frac{1}{2}\int_1^3 f(x)\,dx = 5$

$\frac{1}{3-1}\int_1^3 f(x)\,dx = 5 = \mu$

Dies entspricht der Definition des Mittelwerts.

Dieser existiert nach dem Satz aus Aufgabe 2.

b) $\int_a^b \big(f(x) - \mu\big)\,dx = \int_a^b f(x)\,dx - \int_a^b \mu\,dx = (b-a)\cdot\mu - [\mu\cdot x]_a^b = (b-a)\cdot\mu - \mu\cdot(b-a) = 0$

$\underbrace{\qquad\qquad\qquad\qquad\qquad}_{\text{(Nach Mittelwertsatz der Integralrechnung)}}$

4. (1) $\mu = \frac{1}{b-a}\cdot\int_a^b \big(f_1(x) + 3\big)\,dx = \frac{1}{b-a}\cdot\int_a^b f_1(x)\,dx + \frac{1}{b-a}[3x]_a^b = \mu_1 + \frac{1}{b-a}\cdot(3b-3a) = 2+3 = 5$

(2) $\mu = \frac{1}{b-a}\cdot\int_a^b \big(2\cdot f_1(x) - f_2(x)\big)\,dx = \frac{1}{b-a}\cdot\int_a^b 2\cdot f_1(x)\,dx - \frac{1}{b-a}\int_a^b f_2(x)\,dx = 2\mu_1 - \mu_2 = 4-5 = -1$

(3) $\mu = 5\cdot\mu_1 - 2\mu_2 = 10 - 10 = 0$

135

5. Korrektur an 1. Auflage: Die Funktion muss lauten $T(t) = 10 + 8\cdot\sin\left(\frac{\pi}{12}t\right)$.

$\mu = \frac{1}{12}\cdot\int_9^{21} \left(10 + 8\cdot\sin\left(\frac{\pi\cdot t}{12}\right)\right)\,dt$

$\mu \approx \frac{1}{12}\cdot 76{,}8 = 6{,}4$

Die Tagesmitteltemperatur beträgt etwa 6,4 °C.

6. $\mu = \frac{1}{2\pi}\int_0^{2\pi} \big(\sin(x) - \cos(x)\big)\,dx$

$= \frac{1}{2\pi}\big[-\cos(x) - \sin(x)\big]_0^{2\pi} = 0$

Der Graph verläuft symmetrisch
zu der x-Achse.

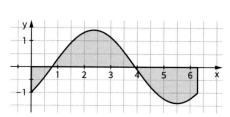

7.

t	1	2	5	10	20
$\int_0^t f(x)\,dx$ mithilfe eines GTR	2,88	8,63	86,78	1 607	11 035
$\frac{1}{t}\cdot\int_0^t f(x)\,dx$	2,88	4,315	17,357	160,7	551,75

t	50	100	1 000	10 000
$\int_0^t f(x)\,dx$ mithilfe eines GTR	41 034	91 034	991 034	10 000 000
$\frac{1}{t}\int_0^t f(x)\,dx$	820,7	910,34	991,03	1 000

135

Für $t \to \infty$ gilt: $f(t) \to 1\,000$
Für $t \to \infty$ liegt somit auch die mittlere
Größe der bedeckten Fläche bei $1\,000\,\text{cm}^2$.

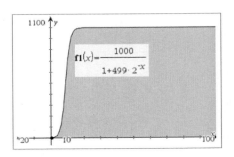

8. **Korrektur an 1. Auflage:** Die Funktion muss lauten $f(x) = 2x^3 - kx^2 + 4x - 5,\ k \in \mathbb{R}$.
   a) **Korrektur an der der 1. Auflage:** Die Aufgabenstellung muss lauten:
      Bestimmen Sie **die Mittelwerte** der Funktionenschar f_k im Intervall $[-2;2]$.
      (Nicht: „die Ortslinie"…).

$$\mu_k = \frac{1}{2-(-2)} \cdot \int_{-2}^{2} f_k(x)\,dx = \frac{1}{4} \cdot \left[\frac{1}{2}x^4 - \frac{k}{3}x^3 + 2x^2 - 5x \right]_{-2}^{2} = \frac{1}{4} \cdot \left[\left(6 - \frac{8}{3}k\right) - \left(26 + \frac{8}{3}k\right) \right] = 5 - \frac{4}{3}k$$

   b) Der Mittelwert der Funktion f über dem Intervall $[-2;2]$ ist null für $k = -\frac{15}{4} = -3{,}75$.

9. $f(x) = a \cdot \sin(bx + c) + d$
   Befehl beim GTR: SinReg
   $a = 4{,}1506 \qquad b = 0{,}5296 \qquad c = -1{,}6025 \qquad d = 12{,}3064$
   Mittlere Sonnenscheindauer:

$$\mu = \frac{1}{12}\int_{0}^{12} 4{,}1506 \cdot \sin(0{,}5296 \cdot x - 1{,}6025) + 12{,}3064\,dx \approx \frac{1}{12} \cdot 147{,}1129 \approx 12{,}2594$$

   Das arithmetische Mittel der Daten ist $12{,}84$ und liegt somit über dem Mittelwert der
   Funktionswerte.

10. a) Mittlere monatliche Regenmenge:
       $25\,\text{mm} + 20\,\text{mm} + 25\,\text{mm} + 30\,\text{mm} + 20\,\text{mm} + 10\,\text{mm} + 0\,\text{mm} + 0\,\text{mm} + 15\,\text{mm} + 35\,\text{mm}$
       $+ 35\,\text{mm} + 25\,\text{mm} = 240\,\text{mm}$

       $\frac{240\,\text{mm}}{12} = 20\,\text{mm}$

       Regen im Mittel pro Tag:

       Januar: $\frac{25\,\text{mm}}{31} \approx 0{,}806\,\text{mm}$ Februar: $\frac{20\,\text{mm}}{28} \approx 0{,}714$
       März: $\frac{25\,\text{mm}}{31} \approx 0{,}806$ April: $\frac{30\,\text{mm}}{30} \approx 1\,\text{mm}$

   b) ■ $12{,}5\,°\text{C} + 13\,°\text{C} + 15\,°\text{C} + 17{,}5\,°\text{C} + 18\,°\text{C} + 22{,}5\,°\text{C} + 25\,°\text{C} + 25\,°\text{C} + 23\,°\text{C} + 20\,°\text{C}$
       $+ 17{,}5\,°\text{C} + 15\,°\text{C} = 224\,°\text{C}$

       $\frac{224\,°\text{C}}{12} \approx 18{,}67\,°\text{C}$

       ■ Beispielsweise **SinReg** mit dem GTR:
       $f(x) = a \cdot \sin(bx + c) + d$
       $a = 6{,}345 \qquad b = 0{,}559 \qquad c = -2{,}442 \qquad d = 19$

$$\mu = \frac{1}{12}\int_{0}^{12} f(x)\,dx \approx \frac{1}{12} \cdot 224{,}216 \approx 18{,}68\,°\text{C}$$

3 Wachstum mithilfe der e-Funktion beschreiben

Noch fit ... in exponentiellem Wachstum?

142

1. a) Der Graph
- verläuft oberhalb der x-Achse;
- schneidet die y-Achse im Punkt P (0 | 1);
- schmiegt sich der negativen x-Achse an;
- ist streng monoton wachsend.

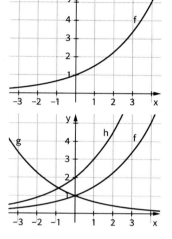

b) Der Graph von g entsteht aus dem Graphen von f durch eine Spiegelung an der y-Achse.
Der Graph von h entsteht aus dem Graphen von f durch eine Streckung in Richtung der y-Achse mit dem Faktor 2.

2. a) $f(t) = a \cdot b^t$
Bedingungen: $f(0) = 10 = a$
$\qquad\qquad\qquad f(2) = 40$
Somit: $40 = 10 \cdot b^2$, also $b = 2$
$f(t) = 10 \cdot 2^t$, t in Stunden, f(t) in g
b) $f(4) = 10 \cdot 2^4 = 160$
Nach 4 Stunden sind 160 g Hefe vorhanden.
c) $f(t) = 10 \cdot 2^t = 60$, also $2^t = 6$
$t \approx 2,6$
Nach ca. 2,6 h sind 60 g Hefe vorhanden.

143

3. $f(t) = a \cdot b^t$
a) $f(0) = 40$; $f(1) = 42$
$42 = 40 \cdot b$, also $b = 1,05$
$f(t) = 40 \cdot 1,05^t$, t in Tagen
b) $f(0) = 200$; $f(0,5) = 180$
$180 = 200 \cdot b^{0,5}$, also $b = 0,81$
$f(t) = 200 \cdot 0,8^t$, t in Jahren
c) $f(0) = 4$; $f(5) = \frac{4}{3}$
$\frac{4}{3} = 4 \cdot b^5$, also $b^5 = \frac{1}{3}$ bzw. $b \approx 0,8$
$f(t) = 4 \cdot 0,8^t$, t in Stunden

143

4. a) (1) $f(1) = 12$, also $a \cdot b = 12$
(2) $f(2) = 9{,}6$, also $a \cdot b^2 = 9{,}6$
Hieraus ergibt sich $12\,b = 9{,}6$,
also $b = 0{,}8$ und $a = 15$.
$f(x) = 15 \cdot 0{,}8^x$

b) $f(x) = 1{,}5^{x+1}$

c) $f(x) = 9 \cdot 3^x = 3^2 \cdot 3^x = 3^{x+2}$

5. ■ $f(x) = a \cdot b^x$
$f(0) = 3 = a$; $f(-1) = \frac{3}{2}$, also
$3 \cdot b^{-1} = \frac{3}{2}$, also $b = 2$
$f(x) = 3 \cdot 2^x$

■ Der Graph von g entsteht aus dem Graphen von f durch eine Spiegelung an der y-Achse.
Somit: $g(x) = 3 \cdot \left(\frac{1}{2}\right)^x$

■ $h(x) = a \cdot b^x$
$h(0) = -3$; $h(1) = -1{,}5$
$-3 \cdot b = -1{,}5$, also $b = \frac{1}{2}$
$h(x) = -3 \cdot \left(\frac{1}{2}\right)^x$

■ $k(x) = a \cdot b^x$
$k(0) = -\frac{1}{2}$; $k(1) = -1$
$-\frac{1}{2} \cdot b = -1$, also $b = 2$
$k(x) = -\frac{1}{2} \cdot 2^x$

6. $f(t) = a \cdot b^t$

a) $f(0) = 3$; $f(5{,}27) = 1{,}5$
$3 \cdot b^{5,27} = 1{,}5$, also $b^{5,27} = \frac{1}{2}$ bzw. $b \approx 0{,}8768$
$f(t) = 3 \cdot 0{,}8768^t$, t in Jahren, $f(t)$ in mg

b) Nach einem Jahr sind noch ca. 88 % der ursprünglichen Masse vorhanden.

c) $f(t) = 0{,}03$, also $3 \cdot 0{,}8768^t = 0{,}03$
$t \approx 35{,}0$ (nsolve-Befehl beim GTR)
Es dauert ca. 35 Jahre, bis nur noch 1 % der Ausgangsmasse vorhanden ist.

7. a) durchschnittliche Änderungsrate im Intervall $[0; 4]$:
$\frac{f(4) - f(0)}{4} = \frac{5{,}0625 - 1}{4} \approx 1{,}02$

b) durchschnittliche Änderungsrate im Intervall $[1; 4]$:
$\frac{f(4) - f(1)}{4 - 1} = \frac{16\,a - 2\,a}{3} = \frac{14\,a}{3}$
$\frac{14\,a}{3} = 14$, also $a = 3$

3.1 Exponentielles Wachstum

3.1.1 Wachstumsgeschwindigkeit – e-Funktion

144 **Einstiegsaufgabe ohne Lösung**

- Im Jahr 1970 $(t = 0)$: Anzahl der Transistoren pro Chip 4 000
  $f(0) = 4000$
  Nach einen Jahr $(t = 1)$ hat sich die Anzahl der Transistoren verdoppelt.
  $f(1) = 4000 \cdot 2 = 8000$
  Nach zwei Jahren gilt:
  $f(2) = (4000 \cdot 2) \cdot 2 = 4000 \cdot 2^2 = 16000$
  Nach t Jahren gilt:
  $f(t) = 4000 \cdot 2^t$, t in Jahren ab 1970
  $f(t)$ Anzahl der Transistoren pro Chip

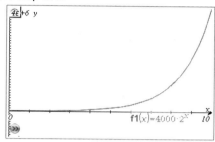

- Wir zeichnen mit dem GTR die Graphen von f und f'.

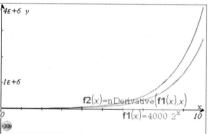

- Die Vermutung liegt nahe, dass der Graph von f' ebenfalls ein Graph einer Exponentialfunktion ist, der durch Streckung parallel zur y-Achse aus dem Graphen von f entstanden ist. Es müsste dann gelten: $f'(t) = c \cdot f(t)$
  Wir prüfen dies anhand einer Tabelle:

t	0	1	2	3	4	5
$f(t)$	4000	8000	16 000	32 000	64 000	128 000
$f'(t)$	2 772,59	5 545,18	11 090,36	22 180,71	44 361,42	88 722,85
$\dfrac{f'(t)}{f(t)}$	0,693147	0,693147	0,693147	0,693147	0,693147	0,693147

Es gilt also :
$\dfrac{f'(t)}{f(t)} \approx 0,693147$ bzw. $f'(t) \approx 0,693147 \cdot f(t)$

- Der Wachstumsprozess wird nun durch eine Funktion g mit $g(t) = 4000 \cdot b^t$ beschrieben (t in Jahren ab 1970).
  Es gilt: $g(2) = 4000 \cdot b^2 = 8000$, also $b^2 = 2$
  und damit $b = \sqrt{2}$
  Somit $g(t) = 4000 \cdot (\sqrt{2})^t$

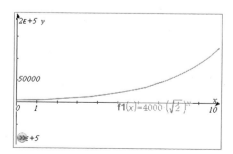

144

t	0	2	4	6
g(t)	4 000	8 000	16 000	32 000
g'(t)	1 386,29	2 772,59	5 545,18	11 090,36
$\dfrac{g'(t)}{g(t)}$	0,346574	0,346574	0,346574	0,346574

Es gilt also: $g'(t) \approx 0,346574 \cdot (t)$

- Bei der Beschreibung durch die Funktion f würde sich die Anzahl der Transistoren alle 10 Jahre um den Faktor $\approx 1\,000$ vervielfachen.
  Vergleicht man dies mit den Zahlen in der Grafik im Buch, so stellt man fest, dass dies schon im Jahr 1980 nicht mehr erfüllt ist.
  Bei der Beschreibung durch die Funktion g würde sich die Anzahl alle 20 Jahre mit dem Faktor 1 000 vervielfachen. Dieses Modell beschreibt die tatsächlichen Anzahlen gut.
- Im Jahr 2009 sagte ein Sprecher von Intel voraus, dass das Moore'sche Gesetz (Verdopplung alle zwei Jahre) bis zum Jahr 2029 Gültigkeit habe.

147

1. Die gesuchte Basis b muss zwischen 2 und 3 liegen. Wir wählen verschiedene Werte aus diesem Bereich für die Basis und kontrollieren anhand der Wertetabelle, wie gut Funktion und Ableitung übereinstimmen. Für $f(x) = 2{,}7^x$ gilt schon recht genau $f(x) = f'(x)$.
   Die gesuchte Basis liegt also im Intervall $]2{,}7;\ 2{,}8[$.

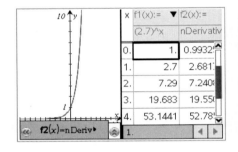

148

2. **a)** Ist F eine Stammfunkton zu f, so gilt $F'(x) = f(x)$
   $$F'(x) = e^x + 0 = e^x$$
   Also gilt: F mit $F(x) = e^x + c$ ist eine Stammfunktion zu f mit $f(x) = e^x$.

   b) $\displaystyle\int_{-1}^{1} e^x\,dx = [e^x]_{-1}^{1} = e^1 - e^{-1} = e - \dfrac{1}{e}$

   c) $\displaystyle\int_{2}^{b} e^x\,dx = [e^x]_{2}^{b} = e^b - e^2$

   Aus $e^b - e^2 = e^2(e^2 - 1)$ folgt $b = 4$

149

3. **a)**

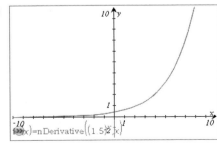

149

b) Es gilt: $f'(x) = c \cdot f(x)$ und damit
$f'(0) = c \cdot f(0) = c \cdot 1 = c$
Somit lesen wir den Streckfaktor aus
der Wertetabelle ab: $c \approx 0{,}405465$

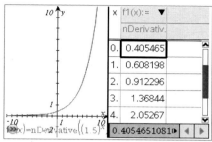

c) Die Tangente geht durch den Punkt $P(0\,|\,1)$ und hat die Steigung $m \approx 0{,}4$
$t: y = 0{,}4\,x + 1$

4. Die angegebene Ableitung kann nicht stimmen, denn 2^x ist monoton wachsend, aber es
gilt $x \cdot 2^{x-1} < 0$ für $x < 0$.

5. $f'(t) = k \cdot 5^t$
$k = \lim\limits_{h \to 0} \dfrac{5^h - 1}{h} \approx 1{,}6094;$ \qquad exakter Wert: $k = \ln(5)$
Somit ergibt sich $f'(t) \approx 1{,}6094 \cdot 5^t$.

6. Beispiele für Exponentialfunktionen mit $b < 1$:
$f(x) = 0{,}5^x$ \qquad\qquad\qquad $f(x) = 0{,}3^x$ \qquad\qquad\qquad $f(x) = \left(\dfrac{1}{4}\right)^x$

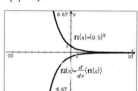 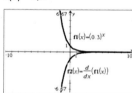 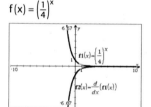

Auch für $b < 1$ ist der Graph der Ableitungsfunktion wieder der Graph einer Exponentialfunktion. Er entsteht aus dem Graphen der Ausgangsfunktion durch
- eine Spiegelung an der x-Achse
- eine Streckung/Stauchung in Richtung der y-Achse mit einem Streckfaktor c.

Vermutung:
Für $b < 1$ gilt: Die Funktion f mit $f(x) = b^x$ hat als Ableitung $f'(x) = c \cdot b^x$ mit $c < 0$.

7. a) Durch Streckung um den Faktor $1{,}3$ in
Richtung der y-Achse.

b) $b \approx 3{,}67$
$f'(x) = 1{,}3 \cdot 3{,}67^x$

x	f3_5abl(.▼	f3_6abl(.▼	f3_65ab.▼	f3_67ab.▼
	$d((3.5)^x,$	$d((3.6)^x,$	$d((3.65)^x$	$d((3.67)^x$
0.	1.252763	1.28093...	1.29472...	1.30019...
1.	4.38467...	4.61136...	4.72575...	4.77170...
2.	15.3463...	16.6009...	17.2490...	17.5121...
3.	53.7122...	59.7632...	62.95886	64.2695...
4.	187.992...	215.1477	229.799...	235.869...

$f3\_67abl(x) := \dfrac{d}{dx}\left((3.67)^x\right)$

149

8. (1) $3\ \left(\text{in}\ \frac{cm^2}{h}\right)$ (3) $3\,e^2 \approx 22{,}17$ (5) $3\,e^4 \approx 163{,}8$

    (2) $3\,e \approx 8{,}16$ (4) $3\,e^3 \approx 60{,}26$

9. **a)** Verschiebung um 1 nach unten.

   b) Streckung mit dem Faktor $\frac{1}{2}$.

   c) Streckung mit dem Faktor $\frac{1}{4}$;

       Spiegelung an der x-Achse.

   d) Streckung mit dem Faktor 2;

       Verschiebung um 3 nach unten.

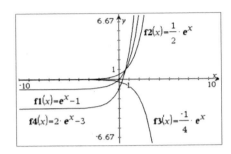

10. **a)** $f'(x) = e^x$, $f''(x) = e^x$ **e)** $f'(x) = e^x + 2x + 1$, $f''(x) = e^x + 2$

    b) $f'(x) = e^x + 1$, $f''(x) = e^x$ **f)** $f'(x) = -e^x - 1$, $f''(x) = -e^x$

    c) $f'(x) = 2\,e^x$, $f''(x) = 2\,e^x$ **g)** $f'(x) = 4\,e^x$, $f''(x) = 4\,e^x$

    d) $f'(x) = -3\,e^x$, $f''(x) = -3\,e^x$ **h)** $f'(x) = -e^x$, $f''(x) = -e^x$

11. **a)** Vermutung: Nullstellen der Tangenten: $-2; -1; 0; 1; 2$

     Eine Tangente an die e-Funktion an der Stelle x hat $x - 1$ als Nullstelle.

     Beweis: Tangentengleichung an der Stelle 3:

     Steigung der Tangente bei $x = 3$: $m = e^3$

     Also gilt für die Tangente: $g(t) = e^3 \cdot t + b$

     Wir wissen: $g(3) = e^3$, also $e^3 \cdot 3 + b = e^3$

                    also $b = e^3 - 3 \cdot e^3$

                                $= (1 - 3) \cdot e^3$

                                $= -2 \cdot e^3$

     $g(t) = e^3 \cdot t - 2 \cdot e^3$

     $g(t) = 0$

     $e^3 t - 2\,e^3 = 0$

     $t = \frac{2\,e^3}{e^3}$

     $t = 2 = 3 - 1$

     Beweis: allgemeine Tangentengleichung an die e-Funktion an der Stelle x:

     Steigung der Tangente an der Stelle x ist $m = e^x$.

     Also gilt: $g(t) = e^x \cdot t + b$

     Wir wissen: $g(x) = e^x$, also $e^x \cdot x + b = e^x$

                    also $b = e^x - e^x \cdot x = e^x \cdot (1 - x)$

     $g(t) = e^x \cdot t + e^x \cdot (1 - x)$

     Für die Nullstelle ergibt sich:

     $e^x \cdot t + e^x \cdot (1 - x) = 0$ $\vert -e^x \cdot (1 - x)$

     $e^x \cdot t = -e^x \cdot (1 - x)$ $\vert : e^x$

     $t = -(1 - x)$

     $t = x - 1$

   b) Man geht an der Stelle auf der x-Achse um eine Einheit nach links und verbindet diesen Punkt mit dem Punkt auf dem Graphen, an den die Tangente gezeichnet werden soll.

150

12. a) $F(x) = e^x + x$

c) $F(x) = -e^x - \frac{1}{2}x^2$

b) $F(x) = 2e^x$

d) $F(x) = 2e^x + \frac{1}{3}x^3 - \frac{1}{2}x^2$

13. Friederike hat die untere Grenze nicht richtig eingesetzt: $e^0 = 1$
Richtig muss die Rechnung lauten:

$$\int_0^1 (e^x - x)\,dx = \left[e^x - \frac{1}{2}x^2 \right]_0^1 = e^1 - \frac{1}{2} \cdot 1^2 - (e^0 - 0) = e - \frac{1}{2} - 1 \approx 1{,}21828$$

14. a) $\displaystyle\int_0^2 f(x)\,dx = \left[e^x \right]_0^2 = e^2 - 1 \approx 6{,}3891$

b) $\displaystyle\int_0^2 f(x)\,dx = \left[8x - e^x \right]_0^2 = 17 - e^2 \approx 9{,}6109$

c) $\displaystyle\int_0^2 f(x)\,dx = \left[e^x + \frac{1}{2}x^2 + 2x \right]_0^2 = e^2 + 5 \approx 12{,}3891$

d) $\displaystyle\int_0^2 f(x)\,dx = e^2 - 3 \approx 4{,}389$

15. a) $k = \frac{e}{e-1}$ **b)** $k = e - 1$ **c)** $k = -2 \cdot (e - 3)$ **d)** $k = 1$

16. a) $F(x) = 2e^x + x + \frac{3}{2}$ **b)** $F(x) = x^3 - \frac{e^x}{2} + 1$

17. Tangente: $y = x + 2$

$$A = \int_{-4}^0 (e^x + 1)\,dx - \int_{-2}^0 (x + 2)\,dx = \left[e^x + x \right]_{-4}^0 - \left[\frac{1}{2}x^2 + 2x \right]_{-2}^0$$

$$= 1 - (e^{-4} - 4) - 2 = 3 - e^{-4} \approx 2{,}98 \text{ FE}$$

18.

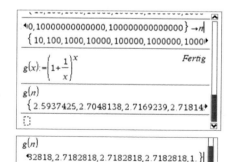

Der berechnete Wert nähert sich immer mehr der Zahl $e \approx 2{,}718281828$.

Der Fehler für $n = 10^{14}$ ist dadurch zu erklären, dass der Rechner hier intern mit $1 + \frac{1}{10^{14}} = 1$ weiterrechnet.

(Hinweis: Berechnet man die Werte mit dem GTR mithilfe Folgen-Modus seq (für sequenz = Folge), benötigen manche Rechner ab $n = 10^4$ sehr viel Zeit für die Berechnung. Dann kann man die Werte auch direkt berechnen.)

150

$$\left(1+\frac{1}{10^{10}}\right)^{10^{10}} \qquad 2.7182818$$

$$\left(1+\frac{1}{10^{11}}\right)^{10^{11}} \qquad 2.7182818$$

$$\left(1+\frac{1}{}\right)^{10^{12}} \qquad 2.7182818$$

$$\left(1+\frac{1}{10^{13}}\right)^{10^{13}} \qquad 2.7182818$$

$$\left(1+\frac{1}{10^{14}}\right)^{10^{14}} \qquad 1.$$

19. Beide Argumentationen sind falsch. Obwohl sowohl Max als auch Lea mit ihren ersten Aussagen recht haben, $1+\frac{1}{n}>1$ für $n\in\mathbb{N}$ und $1+\frac{1}{n}\to 1$ für $n\to\infty$, konvergiert der Term $\left(1+\frac{1}{n}\right)^2$ weder gegen 1 noch gegen ∞. Der Term konvergiert gegen $e\approx 2,718$ (vgl. Aufgabe 18).

20. a) Der Graph von g entsteht aus dem Graphen von f durch eine Verschiebung in Richtung der x-Achse um eine Einheit nach links.

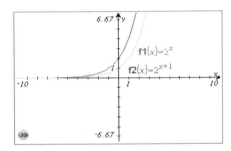

b) Es gilt: $2^{x+1}=2\cdot 2^x$
Der Graph der Funktion g entsteht aus dem Graphen von f durch eine Streckung parallel zur y-Achse mit dem Streckfaktor 2.
Allgemein gilt: $b^{x+k}=b^k\cdot b^x$
Der Graph einer Funktion g mit $g(x)=b^{x+k}$ entsteht aus dem Graphen einer Funktion f mit $f(x)=b^x$ durch eine Verschiebung parallel zur y-Achse mit dem Streckfaktor b^k.

c) Die Behauptung ist richtig.
Bei einer Basis $b>3$ $(b<3)$ wird der Graph mit einem Streckfaktor, der größer als 1 ist (kleiner als 1 ist), parallel zur y-Achse gestreckt.
Betrachtet man b^{x+k} mit $k>0$, so erhält man $b^{x+k}=b^k\cdot b^x$, also einen Streckfaktor größer als 1.
Bei b^{x-k} mit $k>0$ ergibt sich aus $b^{x-k}=\frac{1}{b^k}\cdot b^x$ ein Streckfaktor kleiner als 1.

3.1.2 Ableitung von Exponentialfunktionen – Natürlicher Logarithmus

151

Einstiegsaufgabe ohne Lösung

-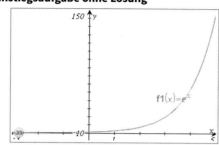

- Umkehrfunktion

$x \approx$	0,05	0,14	0,37	1	2,72	7,39	20,09	54,60	148,41
y	−3	−2	−1	0	1	2	3	4	5

-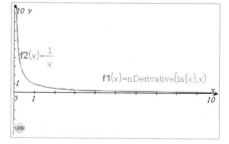

- $f(x) = e^x$: $D = \mathbb{R}$; $W = \mathbb{R}^+\backslash\{0\}$
  Umkehrfunktion: $D = \mathbb{R}^+\backslash\{0\}$
  $W = \mathbb{R}$
  Da bei der Umkehrfunktion die x-Werte mit den y-Werten getauscht werden, werden auch der Definitionsbereich und der Wertebereich getauscht.

154

1. **a)** Wir zeichnen den Graphen der Funktion g mit $g(x) = \frac{1}{x}$ und den Graphen der Ableitungsfunktion durch graphisches Differenzieren.

   b) An der Stelle ln (x) hat die e-Funktion mit $f(x) = e^x$ den Funktionswert $f(\ln(x)) = e^{\ln(x)} = x$ und die Ableitung $f'(\ln(x)) = e^{\ln(x)} = x$.
   Das Steigungsdreieck an den Graphen der e-Funktion an der Stelle ln (x) ist
   kongruent zum Steigungsdreieck an den Graphen der Logarithmusfunktion an der Stelle x.
   Somit gilt für die Ableitung der Logarithmusfunktion an der Stelle x: $f'(x) = \frac{1}{x}$.

154

2. a) $\int_1^5 \frac{1}{x}\,dx = [\ln(x)]_1^5 = \ln(5) - \ln(1) = \ln(5)$

b) Sei $x > 0$, dann gilt: $\quad \ln(|x|)' = \ln(x)' = \frac{1}{x}$

Sei $x < 0$, dann gilt: $\quad \ln(|x|)' = \ln(-x)' = \frac{-1}{-x} = \frac{1}{x}$

c) $\int_{\ln(e)}^b \frac{1}{x}\,dx = [\ln|x|]_{\ln(e)}^b = \ln(|b|) - \ln\big(\ln(e)\big) = \ln(|b|) - \ln\big(\ln(e)\big) = \ln(|b|) - \ln(1) = \ln(|b|)$

Aus $\ln(|b|) = 1$ folgt $b = e$.

155

3. a) $x \mapsto \ln(x) + 1$

Verschiebung um $+1$
in Richtung der y-Achse

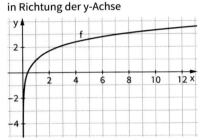

b) $x \mapsto \ln(x) - 3$

Verschiebung um -3
in Richtung der y-Achse

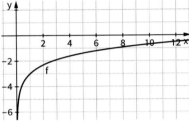

c) $x \mapsto \ln(x + 1)$

Verschiebung um -1
in Richtung der x-Achse

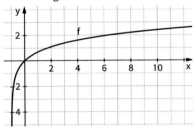

d) $x \mapsto \ln(x - 3)$

Verschiebung um $+3$
in Richtung der x-Achse

e) $x \mapsto 2 \cdot \ln(x)$

Streckung mit dem Faktor 2
in Richtung der y-Achse

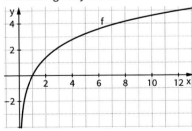

f) $x \mapsto \ln\left(\frac{1}{3}x\right)$

Streckung mit dem Faktor 3
in Richtung der x-Achse

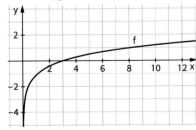

155

g) $x \mapsto \ln(2x)$
Streckung mit dem Faktor $\frac{1}{2}$
in Richtung der x-Achse

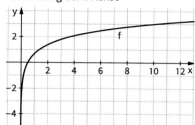

h) $x \mapsto \frac{1}{3}\ln(x)$
Streckung mit dem Faktor $\frac{1}{3}$
in Richtung der y-Achse

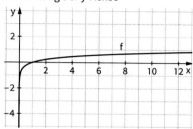

4. (1) $f_1(x) = \ln(-x), \; x < 0$ (3) $f_3(x) = \ln(x+2), \; x > -2$ (5) $f_5(x) = \ln(x), \; x > 0$
     (2) $f_2(x) = 1 - \ln(-x), \; x < 0$ (4) $f_4(x) = 2 + \ln(x), \; x > 0$ (6) $f_6(x) = -\ln(x), \; x > 0$

5. a) ■ verläuft nur im 1. und im
        4. Quadranten
    ■ f ist streng monoton wachsend
    ■ schneidet die x-Achse an der Stelle
        x = 1
    ■ für $x \to 0$ $f(x) \to -\infty$
        für $x \to \infty$ $f(x) \to \infty$

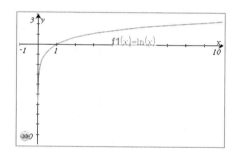

b) (1) $x = 2; \; y = 3$
    $\ln(6) \approx 1{,}79; \; \ln(2) \approx 0{,}69;$
    $\ln(3) \approx 1{,}10$
    also $\ln(2 \cdot 3) \approx \ln(2) + \ln(3)$
    (2) $x = 3; \; y = 4$
    $\ln\left(\frac{3}{4}\right) \approx -0{,}29; \; \ln(3) \approx 1{,}10; \; \ln(4) \approx 1{,}39$ also $\ln\left(\frac{3}{4}\right) \approx \ln(3) - \ln(4)$
    (3) $x = 2; \; y = 3$
    $\ln(8) \approx 2{,}08$ also $\ln(8) \approx 3 \cdot \ln(2)$

c) (2) $e^{\ln\left(\frac{x}{y}\right)} = \frac{x}{y} = \frac{e^{\ln(x)}}{e^{\ln(y)}} = e^{\ln(x) - \ln(y)}$, also $\ln\left(\frac{x}{y}\right) = \ln(x) - \ln(y)$
    (3) $e^{\ln(x^t)} = x^t = \left(e^{\ln(x)}\right)^t = e^{t \cdot \ln(x)}$, also $\ln(x^t) = t \cdot \ln(x)$

6. a) $f(x) > g(x)$ für $4{,}18 < x < 5503{,}66$
    Für $x \to \infty$ gilt:
    $f(x) \to \infty; \; g(x) \to \infty$

    b) $S_1(\approx 4{,}18 \,|\, \approx 1{,}43)$
    $S_2(\approx 5503{,}66 \,|\, \approx 8{,}61)$

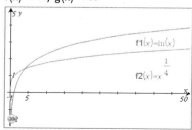

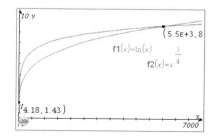

155

7. a) Für $x \to 0$ $(x > 0)$ gilt $x \cdot \ln(x) \to 0$

    b) Für $x \to \infty$ gilt: $\frac{\ln(x)}{x} \to 0$

8. a) 2   **c)** $\frac{1}{2}$ **e)** $2 - \ln k$ **g)** 3

    b) -2 **d)** $\frac{1}{3}$ **f)** $3 + \ln(2)$ **h)** 0,5

156

9. a) $\ln(7x)$ **c)** $\ln(x) - 3$ **e)** $\ln(x^8)$

    b) $\ln\left(\frac{x}{2}\right)$ **d)** $\ln(x^5)$ **f)** $\ln(3x^2)$

10. Aus $f'(x) = \frac{1}{x} = \frac{2}{3}$ erhält man $x = \frac{3}{2}$, also $P\left(\frac{3}{2} \,\middle|\, \ln\left(\frac{3}{2}\right)\right)$; Tangentengleichung $y = \frac{2}{3}x + \ln\left(\frac{3}{2}\right) - 1$

11. a) $e^x = 2$,   also $x = \ln(2) \approx 0,69$

    b) $e^x = \pi$,   also $x = \ln(\pi) \approx 1,14$

    c) $e^{0,5x} = 3$,   also $0,5x = \ln(3)$ und damit $x = 2 \cdot \ln(3) \approx 2,20$

    d) $e^{2x+1} = 0,5$,   also $2x + 1 = \ln(0,5)$ und damit $x = -\frac{1}{2} + \frac{1}{2}\ln(0,5) \approx -0,85$

    e) $e^{x-7} = 1$,   also $x - 7 = \ln(1) = 0$ und damit $x = 7$

    f) $e^{-3x} = 5$,   also $-3x = \ln(5)$ und damit $x = -\frac{1}{3}\ln(5) \approx -0,54$

    g) $e^{-2x} = 0,5$,   also $-2x = \ln(0,5)$ und damit $x = -\frac{1}{2}\ln(0,5) \approx 0,35$

    h) $e^{1,5x} = 2$,   also $1,5x = \ln(2)$ und damit $x = \frac{2}{3}\ln(2) \approx 0,46$

    i) $e^{\frac{1}{2}x} = 5$,   also $\frac{1}{2}x = \ln(5)$ und damit $x = 2\ln(5) \approx 3,22$

12. a) $e^x > 0$ für alle $x \in \mathbb{R}$ Somit kann die Gleichung $e^x = -1$ keine Lösung haben.

    b) $0 < e^x < 1$ für $x < 0$

        $x = \ln(a)$ ist die Lösung der Gleichung $e^x = a$.

        Also ist $\ln(a) < 0$ für $0 < a < 1$

13. a) $e^x = 3$, $x = \ln(3)$ $L = \{\ln(3)\}$

    b) $e^{2x+1} = \frac{1}{2}$, $2x + 1 = \ln\left(\frac{1}{2}\right)$ bzw. $x = -\frac{1}{2} + \frac{1}{2}\ln\left(\frac{1}{2}\right)$ $L = \left\{-\frac{1}{2} + \frac{1}{2}\ln\left(\frac{1}{2}\right)\right\}$

    c) $e^{-x} = 2$, also $x = -\ln(2)$ $L = \{-\ln(2)\}$

    d) $e^{-x^2} = 1$, also $-x^2 = 0$ bzw. $x = 0$ $L = \{0\}$

    e) $e^{\frac{1}{2}x} = 3$, also $x = 2 \cdot \ln(3)$ $L = \{2 \cdot \ln(3)\}$

    f) $e^x \cdot (x + 3) = 0$, also $e^x = 0$ oder $x + 3 = 0$

        $e^x = 0$ keine Lösung

        $x + 3 = 0$, also $x = -3$ $L = \{-3\}$

    g) $e^{x+2} \cdot (e^x - 2) = 0$, also $e^{x+2} = 0$ oder $e^x - 2 = 0$

        $e^{x+2} = 0$ keine Lösung

        $e^x - 2 = 0$, also $x = \ln(2)$ $L = \{\ln(2)\}$

    h) $\ln(x) = 3$, also $x = e^3$ $L = \{e^3\}$

    i) $\ln(x + 1) = 2$, also $x + 1 = e^2$ bzw. $x = -1 + e^2$ $L = \{-1 + e^2\}$

    j) $\ln(x^2) = 1$, also $x^2 = e^1$ bzw. $x_{1,2} = \pm\sqrt{e}$ $L = \{-\sqrt{e}; \sqrt{e}\}$

    k) $\ln(x) = 0$; also $x = e^0 = 1$, $L = \{1\}$

    l) $\ln\left(\frac{1}{2}x\right) = 1$, also $\frac{1}{2}x = e^1$ bzw. $x = 2e$ $L = \{2e\}$

156

14. a) $f'(x) = \ln(3) \cdot 3^x$

b) $f'(x) = 2 \cdot \ln(3) \cdot 3^x$

c) $f'(t) = \ln(1{,}02) \cdot 1{,}02^t + 2t$

d) $f'(x) = \ln(2{,}5) \cdot 2{,}5^x - 2{,}5 \cdot \ln(2) \cdot 2^x$

e) $f'(x) = (k-1) \cdot k^x;\ f'(x) = (k-1) \cdot \ln(k) \cdot k^x$

f) $f'(x) = \ln(3) \cdot 3^x - e^x$

15.

Funktion	Tangentengleichung
(1) $f(x) = 3^x$	$x = -1$: $\ y = \frac{1}{3} \cdot \ln(3) \cdot x + \frac{1}{3}\big(\ln(3) + 1\big)$ $x = 0$: $\ \ \ y = \ln(3) \cdot x + 1$ $x = 1$: $\ \ \ y = 3 \cdot \ln(3) \cdot x - 3 \cdot \big(\ln(3) - 1\big)$ $x = 2$: $\ \ \ y = 9 \cdot \ln(3) \cdot x - 18 \cdot \ln(3) + 9$
(2) $f(x) = 2{,}5^x$	$x = -1$: $\ y = \frac{2}{5} \cdot \ln(2{,}5) \cdot x + \frac{2}{5} \cdot \big(\ln(2{,}5) + 1\big)$ $x = 0$: $\ \ \ y = \ln(2{,}5) \cdot x + 1$ $x = 1$: $\ \ \ y = \frac{5}{2} \cdot \ln(2{,}5) \cdot x + \frac{5}{2} \cdot \big(1 - \ln\big(\frac{5}{2}\big)\big)$ $x = 2$: $\ \ \ y = \frac{25}{4} \cdot \ln(2{,}5) \cdot x - \frac{25}{2} \cdot \ln(2{,}5) + \frac{25}{4}$
(3) $f(x) = 0{,}5^x$	$x = -1$: $\ y = 2 \cdot \ln(0{,}5) \cdot x + 2 \cdot \ln(0{,}5) + 2$ $x = 0$: $\ \ \ y = \ln(0{,}5) \cdot x + 1$ $x = 1$: $\ \ \ y = \frac{1}{2} \cdot \ln(0{,}5) \cdot x - \frac{1}{2} \ln(0{,}5) + \frac{1}{2}$ $x = 2$: $\ \ \ y = \frac{1}{4} \ln(0{,}5) \cdot x - \frac{1}{2} \ln(0{,}5) + \frac{1}{4}$

(1) $x \mapsto 3^x$ (2) $x \mapsto 2{,}5^x$ (3) $x \mapsto 0{,}5^x$

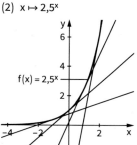
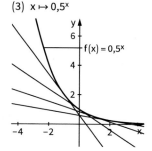

16. Tangente an der Stelle $x = 1$:

$$t_a(x) = \frac{1}{4} \ln\left(\frac{1}{4}\right) \cdot x + \frac{1}{4}\left(1 - \ln\left(\frac{1}{4}\right)\right) = -0{,}34657x + 0{,}59657$$

Tangente an der Stelle $x = -2$:

$$t_b(x) = 16 \cdot \ln\left(\frac{1}{4}\right) \cdot x + 16\left(1 + 2 \cdot \ln\left(\frac{1}{4}\right)\right) = -22{,}18071\,x - 28{,}36142$$

Schnittpunkt der Tangenten t_a und t_b: $S(-1{,}3263 \mid 1{,}05622)$

17. a) $F'(x) = \frac{a}{\ln(b)} \cdot \ln(b) \cdot b^x = a \cdot b^x = f(x)$

F mit $F(x) = \frac{a}{\ln(b)} \cdot b^x$ ist eine Stammfunktion zu f mit $f(x) = a \cdot b^x$

b) (1) $\displaystyle\int_0^4 3^x\, dx = \left[\frac{3^x}{\ln(3)}\right]_0^4 = \frac{1}{\ln(3)}\left(3^4 - 3^0\right) = \frac{1}{\ln(3)} \cdot (81 - 1) = \frac{80}{\ln(3)} \approx 72{,}82$

(2) $\displaystyle\int_1^5 1{,}6^x\, dx = \left[\frac{1{,}6^x}{\ln(1{,}6)}\right]_1^5 = \frac{1}{\ln(1{,}6)} \cdot \left(1{,}6^5 - 1{,}6^1\right) = \frac{8{,}88576}{\ln(1{,}6)} \approx 18{,}91$

(3) $\displaystyle\int_0^3 2 \cdot 1{,}05^x\, dx = \left[\frac{2 \cdot 1{,}05^x}{\ln(1{,}05)}\right]_0^3 = \frac{2}{\ln(1{,}05)} \cdot \left(1{,}05^3 - 1{,}05^0\right) = \frac{0{,}31525}{\ln(1{,}05)} \approx 6{,}46$

157

18. a) $\int\limits_{1}^{\ln(2)} (e^x + 1)\,dx = \left[e^x + x\right]_1^{\ln(2)} = e^{\ln(2)} + \ln(2) - (e^1 + 1) = 2 + \ln(2) - e - 1 = 1 + \ln(2) - e \approx -1{,}03$

b) $\int\limits_{0}^{\ln(3)} (e^{2x} - x)\,dx = \left[\frac{1}{2}e^{2x} - \frac{1}{2}x^2\right]_0^{\ln(3)} = \frac{1}{2}e^{2\ln(3)} - \frac{1}{2}\big(\ln(3)\big)^2 - \left(\frac{1}{2}e^0 - 0\right)$

$\qquad = \frac{1}{2}\cdot\left(e^{\ln(3)}\right)^2 - \frac{1}{2}\big(\ln(3)\big)^2 - \frac{1}{2} = 4 - \frac{1}{2}\big(\ln(3)\big)^2 \approx 3{,}40$

c) $\int\limits_{1}^{2} \left(e^{\frac{x}{2}} - \ln(2)\right)dx = \left[2\,e^{\frac{x}{2}} - \ln(2)\cdot x\right]_1^2 = 2\,e^1 - 2\ln(2) - \left(2\,e^{\frac{1}{2}} - \ln(2)\right) = 2\,e - 2\sqrt{e} - \ln(2) \approx 1{,}45$

19. ▪ Schnittstelle des Graphen und der Geraden mit $y = 5$

$\qquad 2^x = 5$, also $x = \dfrac{\ln(5)}{\ln(2)}$

▪ Flächeninhalt $A = 5\cdot\dfrac{\ln(5)}{\ln(2)} - \int\limits_{0}^{\frac{\ln(5)}{\ln(2)}} 2^x\,dx = 5\cdot\dfrac{\ln(5)}{\ln(2)} - \left[\dfrac{1}{\ln(2)}\cdot 2^x\right]_0^{\frac{\ln(5)}{\ln(2)}} = \dfrac{1}{\ln(2)}\big[5\cdot\ln(5) - 4\big] \approx 5{,}84$

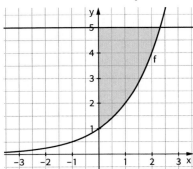

20. Betrachte $\lim\limits_{c\to\infty}\int\limits_{0}^{c}\left(\frac{1}{2}\right)^x dx = \lim\limits_{c\to\infty}\left[\dfrac{-2^{-x}}{\ln 2}\right]_0^c = \lim\limits_{c\to\infty}\dfrac{-2^{-c}}{\ln 2} + \dfrac{1}{\ln 2} = \dfrac{1}{\ln 2}$

Man kann der Fläche den Inhalt $\frac{1}{\ln 2}$ zuordnen.

21. a) $\int\limits_{1}^{5}\frac{1}{x}\,dx = \ln(5) - \ln(1) = \ln(5)$ 　　　　**c)** $\int\limits_{2}^{5}\frac{2}{x}\,dx = 2\,(\ln 5 - \ln 2)$

b) $\int\limits_{-4}^{-2}\frac{1}{x}\,dx = \ln(2) - \ln(4) = -\ln(2)$ 　　**d)** $\int\limits_{1}^{4}\left(x^2 - \frac{1}{x}\right)dx = 21 - 2\cdot\ln 2$

22. a) $\lim\limits_{c\to 0}\int\limits_{c}^{1}\frac{1}{x}\,dx = \lim\limits_{c\to 0}\big[\ln(x)\big]_c^1 = \lim\limits_{c\to 0}\big(\ln(1) - \ln(c)\big) = \lim\limits_{c\to 0}\big(-\ln(c)\big)$

Der Grenzwert existiert nicht, das Integral also auch nicht.

b) $\lim\limits_{c\to\infty}\int\limits_{1}^{c}\frac{1}{x}\,dx = \lim\limits_{c\to\infty}\big[\ln(x)\big]_1^c = \lim\limits_{c\to\infty}\big(\ln(c) - \ln(1)\big) = \lim\limits_{c\to\infty}\big(\ln(c)\big)$

Der Grenzwert existiert nicht, das Integral also auch nicht.

157

23. a) $f(-1) = \frac{1}{3}$, also Tangentenberührpunkt

$B\left(-1 \Big| \frac{1}{3}\right)$

Tangentensteigung:

$m = f'(-1) = \ln(3) \cdot 3^{-1} = \frac{\ln(3)}{3}$

Tangente in B: $y = \frac{\ln(3)}{3} \cdot x + c$, also

$\frac{1}{3} = \frac{\ln(3)}{3} \cdot (-1) + c$, also $c = \frac{\ln(3)}{3} + \frac{1}{3}$

Gleichung der Tangente:

$y = \frac{\ln(3)}{3} \cdot x + \frac{\ln(3)}{3} + \frac{1}{3}$

Schnittpunkt der Tangente mit der x-Achse: $\frac{\ln(3)}{3} \cdot x + \frac{\ln(3)}{3} + \frac{1}{3} = 0$, also $x = -1 - \frac{1}{\ln(3)}$

$N\left(-1 - \frac{1}{\ln(3)} \Big| 0\right)$

Schnittpunkt der Tangente mit der y-Achse: $M\left(0 \Big| \frac{\ln(3)}{3} + \frac{1}{3}\right)$

Flächeninhalt des Dreiecks:

$A = \frac{1}{2} \cdot \left| -1 - \frac{1}{\ln(3)} \right| \cdot \left(\frac{\ln(3)}{3} + \frac{1}{3}\right) = \frac{1}{2}\left(1 + \frac{1}{\ln(3)}\right)\left(\frac{\ln(3)}{3} + \frac{1}{3}\right)$

$= \frac{1}{2}\left(\frac{\ln(3)}{3} + \frac{1}{3} + \frac{1}{3} + \frac{1}{\ln(3)}\right) = \frac{\ln(3)}{6} + \frac{1}{6\ln(3)} + \frac{1}{3} \approx 0{,}67$

Der Flächeninhalt des Dreiecks beträgt ca. 0,67 FE.

b) Die Sekante g geht durch die Punkte

$P\left(-2 \Big| \frac{1}{9}\right)$ und $Q(0|1)$.

Steigung von g: $m = \frac{1 - \frac{1}{9}}{0 - (-2)} = \frac{4}{9}$

g: $y = \frac{4}{9}x + 1$

Flächeninhalt:

$A = \int_{-2}^{0}\left(\frac{4}{9}x + 1 - 3^x\right)dx = \left[\frac{2}{9}x^2 + x - \frac{3^x}{\ln(3)}\right]_{-2}^{0}$

$= -\frac{1}{\ln(3)} - \left(-\frac{10}{9} - \frac{1}{9\ln(3)}\right) = \frac{10}{9} - \frac{8}{9\ln(3)} \approx 0{,}3$

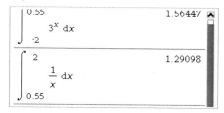

24. a) $f'(x) = \ln(2) \cdot 2^x + \ln(3) \cdot 3^x$

$f'(0) = \ln(2) + \ln(3) = \ln(6) \approx 1{,}79$

b) $f(0) = 2$

$y = \ln(6) \cdot x + c$

$P(0|2)$ liegt auf der Tangente, also $2 = \ln(6) \cdot 0 + c$, $c = 2$

Gleichung der Tangente:

$y = \ln(6) \cdot x + 2$

c) Schnittpunkt der Tangente mit der x-Achse:

$\ln(6) \cdot x + 2 = 0$, also $x = -\frac{2}{\ln(6)} \approx -1{,}12$

$N\left(-\frac{2}{\ln(6)} \Big| 0\right)$

d) Schnittpunkt der Tangente mit der y-Achse: $M(0|2)$:

$A = \frac{1}{2} \cdot \left| -\frac{2}{\ln(6)} \right| \cdot 2 = \frac{2}{\ln(6)} \approx 1{,}12$

157

25. a) $x \approx 0{,}55$ $S(\approx 0{,}55 \,|\approx 1{,}83)$

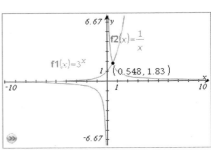

b) $A_1 \approx \displaystyle\int_{-2}^{0{,}55} 3^x \, dx \approx 1{,}56$

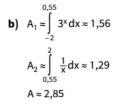

$A_2 \approx \displaystyle\int_{0{,}55}^{2} \frac{1}{x} \, dx \approx 1{,}29$

$A \approx 2{,}85$

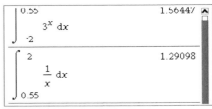

26. Man stellt sich die Vase um 90° gedreht vor und legt den Ursprung in den Mittelpunkt des Bodens. Aus den Maßen ergeben sich die Bedingungen: $f(0) = 4$, $f(19) = 10$
Damit beschreibt $f(x) = 4 \cdot \left(\sqrt[19]{2{,}5}\right)^x$ das Profil.

Für das Fassungsvermögen gilt: $V = \pi \displaystyle\int_{0}^{19} \left(4 \cdot \sqrt[19]{2{,}5}^{\,x}\right)^2 dx \approx 2736{,}02 \,\text{cm}^3$

27. $V = \pi \cdot \displaystyle\int_{1}^{5} \left(\frac{1}{\sqrt{x}}\right)^2 dx = \pi \cdot \left[\ln|x|\right]_{1}^{5}$

$= \pi \left(\ln(5) - \ln(1)\right) = \pi \cdot \ln(5) \approx 5{,}06$

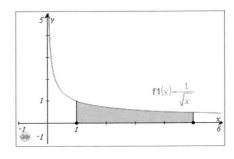

3.1.3 Kettenregel – Lineare Substitution

158

Einstiegsaufgabe ohne Lösung

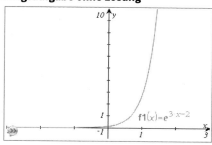

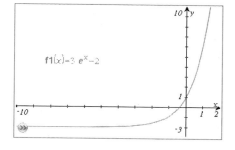

Funktion h_1:

x	3x – 2	e^{3x-2}
–1	–5	$e^{-5} \approx 0{,}007$
2	4	$e^4 \approx 54{,}6$

Bei der Funktion h_1 wird zuerst der Term $3x – 2$ berechnet und anschließend wird die Basis e mit diesem Wert potenziert.

Funktion h_2:

x	e^x	$3 \cdot e^x - 2$
–1	$-e^{-1} = \dfrac{1}{e}$	$3 \cdot \dfrac{1}{e} - 2 \approx -0{,}90$
2	e^2	$3 \cdot e^2 - 2 \approx 20{,}17$

Bei der Funktion h_2 wird zuerst die Basis e mit x potenziert, dieser Wert mit 3 multipliziert und zum Schluss 2 subtrahiert.

160

1. **a)** (1) $f(x) = \sqrt{e^x}$ (2) $g(x) = e^{\sqrt{x}}$
   b) (1) $f(x) = \sqrt{x^2 + 3}$ (2) $g(x) = x + 3;\ x \in \mathbb{R}_+$
   c) (1) $f(x) = \dfrac{1}{e^x}$ (2) $g(x) = e^{\frac{1}{x}};\ x \in \mathbb{R}^{\star}$

2. **a)** $v(x) = 2x - 1$ $u(x) = e^x$ **d)** $u(x) = x^{21}$ $v(x) = x^3 - 2x^2 + 5$
   b) $v(x) = 3x - 2$ $u(x) = \sqrt{x}$ **e)** $u(x) = \dfrac{1}{x}$ $v(x) = 3x - 5$
   c) $v(x) = \dfrac{1}{x}$ $u(x) = \cos x$ **f)** $u(x) = 5^x$ $v(x) = 3x - 4$

161

3. ■ der Graph ist symmetrisch zur y-Achse;
   $f(-x) = e^{1-(-x)^2} = e^{1-x^2} = f(x)$
   ■ keine Schnittpunkte mit der x-Achse;
   $e^{1-x^2} > 0$ für alle $x \in \mathbb{R}$
   ■ Extrempunkt
   $f'(x) = -2x \cdot e^{1-x^2};\ f''(x) = (4x^2 - 2) \cdot e^{1-x^2}$
   f' hat die Nullstelle $x = 0$
   $f''(0) = -2e < 0$, also Hochpunkt $H(0\,|\,e)$
   ■ Wendepunkte
   f'' hat die einfachen Nullstellen (mit VZW)
   $x_1 = \sqrt{\dfrac{1}{2}};\ x_2 = -\sqrt{\dfrac{1}{2}}$
   $W_1\left(\sqrt{\dfrac{1}{2}}\,\middle|\,\sqrt{e}\right);\ W_2\left(-\sqrt{\dfrac{1}{2}}\,\middle|\,\sqrt{e}\right)$

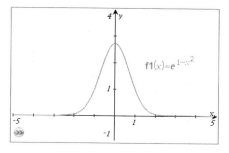

4. ▪ $f(x) = g(e^x) = e^{2x} - 3e^x$

Der Funktionsterm von f ist die Differenz der Exponentialfunktionen mit $y = e^{2x}$ und $y = 3 \cdot e^x$.

▪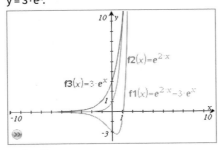

▪ Nullstelle
$f(x) = 0$, also $e^x(e^x - 3) = 0$, somit $x = \ln(3)$

▪ $f'(x) = 2 \cdot e^{2x} - 3 \cdot e^x$; $f''(x) = 4 \cdot e^{2x} - 3 \cdot e^x$
$f'(x) = 0$, also $e^x(2e^x - 3) = 0$, somit $x = \ln(1,5)$
$f''(\ln(1,5)) = 4e^{2 \cdot \ln(1,5)} - 3 \cdot e^{\ln(1,5)} = 4 \cdot e^{\ln(2,25)} - 3 \cdot e^{\ln(1,5)} = 4 \cdot 2,25 - 3 \cdot 1,5 = 4,5 > 0$
Tiefpunkt $T\left(\ln(1,5) \middle| -\frac{9}{4}\right)$

5. ▪ Globalverlauf
$f(x) \to \infty$ für $x \to -\infty$ und für $x \to \infty$

▪ keine Nullstellen
$e^{x^2-x} > 0$ für alle $x \in \mathbb{R}$

▪ $f'(x) = (2x - 1)e^{x^2-x}$; $f''(x) = (4x^2 - 4x + 3) \cdot e^{x^2-x}$
f' hat die Nullstelle $x = \frac{1}{2}$
$f''\left(\frac{1}{2}\right) = 2e^{-\frac{1}{4}} > 0$, also Tiefpunkt $T\left(\frac{1}{2} \middle| e^{-\frac{1}{4}}\right)$

▪ f'' hat keine Nullstelle, der Graph von f hat somit keine Wendepunkte.
Das GTR-Bild gibt den wesentlichen Verlauf des Graphen wieder.

6. a) $f(x) = (3x^2 + 1)^2$
Ableitung mithilfe der Kettenregel
$f'(x) = 2 \cdot (3x^2 + 1)^1 \cdot 6x = 12x \cdot (3x^2 + 1) = 36x^3 + 12x$
Umformung mithilfe der 1. binomischen Formel
$f(x) = 9x^4 + 6x^2 + 1$
$f'(x) = 36x^3 + 12x$

b) $f(x) = (e^x - 1)^2$
Ableitung mithilfe der Kettenregel
$f'(x) = 2 \cdot (e^x - 1)^1 \cdot e^x = 2e^x \cdot (e^x - 1) = 2e^{2x} - 2e^x$
Umformung mithilfe der 2. binomischen Formel
$f(x) = e^{2x} - 2e^x + 1$
$f'(x) = 2 \cdot e^{2x} - 2e^x$

161

6. c) $f(x) = (e^x + e^{-x})^2$

Ableitung mithilfe der Kettenregel

$f'(x) = 2 \cdot (e^x + e^{-x})^1 \cdot (e^x - e^{-x}) = 2 \cdot e^{2x} - 2\,e^{-2x}$

Umformung mithilfe der 1. binomischen Formel

$f(x) = e^{2x} + 2 + e^{-2x}$

$f'(x) = 2 \cdot e^{2x} - 2\,e^{-2x}$

7. Wir schreiben die Basis b als Potenz von e: $b = e^{\ln(b)}$.

Damit lautet der Funktionsterm $f(x) = (e^{\ln(b)})^x = e^{\ln(b) \cdot x}$.

In dieser Form können wir ihn mithilfe der Kettenregel mit innerer linearer Funktion

ableiten: $f'(x) = (\ln(b)) \cdot e^{(\ln b) \cdot x} = \ln(b) \cdot b^x$

8. a) $f'(x) = 4 \cdot e^{4x+5};\ D = \mathbb{R}$ **d)** $f'(x) = \dfrac{x + \frac{1}{2}}{\sqrt{x^2 + x}};\ D = \{x \in \mathbb{R} \mid x \le -1 \text{ oder } x \ge 0\}$

    b) $f'(x) = (2x - 1)\,e^{x^2 - x};\ D = \mathbb{R}$ **e)** $f'(x) = 18x \cdot \cos(x^2);\ D = \mathbb{R}$

    c) $f'(t) = \dfrac{1}{2\sqrt{t}}\,e^{\sqrt{t}};\ D = \mathbb{R}_+$ **f)** $f'(x) = -\sin(x) \cdot e^{\cos(x)};\ D = \mathbb{R}$

9. a) $f'(x) = 2x \cdot \cos(x^2)$ **b)** $f'(x) = 9 \cdot (3x + 1)^2$ **c)** $h'(x) = -(6x - 1)\sin(3x^2 - x)$

10. a) $f'(x) = 2x - 4;\ D = \mathbb{R}$

    b) $f'(x) = 24x^5 + 12x^2;\ D = \mathbb{R}$

    c) $f'(x) = 1 + \dfrac{1}{\sqrt{x}};\ D = \mathbb{R}_+$

    d) $f'(x) = -\dfrac{4}{x^2} - \dfrac{2}{x^3};\ D = \mathbb{R} \backslash \{0\}$

    e) $f'(x) = \dfrac{2}{2x - 4} = \dfrac{1}{x - 2};\ D = \{x \in \mathbb{R} \mid x > 2\}$

    f) $f'(x) = 18(3x - 2)^2;\ D = \mathbb{R}$

    g) $f'(x) = \dfrac{x}{\sqrt{x^2 - 4}};\ D = \{x \in \mathbb{R} \mid |x| \ge 2\}$

    h) $f'(x) = \dfrac{1}{\sqrt{x - 4}} \cdot \dfrac{1}{2\sqrt{x - 4}} = \dfrac{1}{2(x - 4)};\ D = \{x \in \mathbb{R} \mid x > 4\}$

    i) $f'(x) = (16x + 4)(2x^2 + x - 1)^3;\ D = \mathbb{R}$

    j) $f'(x) = 2 \cdot \ln(x) \cdot \dfrac{1}{x} = \dfrac{2\ln(x)}{x};\ D = \mathbb{R}^+ \backslash \{0\}$

    k) $f'(x) = e^x \cdot \dfrac{-1}{(1 + e^x)^2};\ D = \mathbb{R}$

    l) $f'(x) = \dfrac{-(12 + 3e^x)}{(4x + e^x)^2};\ D = \mathbb{R} \backslash \{\approx -0{,}204\}$

11. a) $f'(x) = 2\,e^{x-1}$ $f''(x) = 2\,e^{x-1}$

    b) $f'(x) = k \cdot \ln k \cdot k^x + \ln k \cdot k^{-x}$ $f''(x) = k \cdot (\ln k)^2 \cdot k^x - (\ln k)^2 \cdot k^{-x}$

    c) $f'(z) = \dfrac{2}{2z - 1}$ $f''(z) = \dfrac{-4}{(2z - 1)^2}$

    d) $v'(t) = x \cdot (t + 5)^{x-1}$ $v''(t) = x \cdot (x - 1) \cdot (t + 5)^{x-2}$

12. a) $f^{(n)}(x) = (\ln 2)^n \cdot 2^x$

    b) $f^{(n)}(x) = (\ln b)^n \cdot b^x$

    c) $f^{(n)}(x) = k^n \cdot (\ln 2)^n \cdot 2^{kx} + n!$ (mit $n! = n \cdot (n - 1) \cdot \ldots \cdot 2 \cdot 1$)

    d) $f^{(n)}(x) = (-2)^n \cdot n!$

161

13. a) $f'(x) = 2e^{2x-1} \cdot \cos(e^{2x-1})$ $\qquad$ $g'(x) = \dfrac{\ln(3) \cdot \sqrt{3^x} \cdot \cos(\sqrt{3^x})}{2}$ $\qquad$ $h'(x) = \dfrac{-2 \cdot e^{2x-1}}{(e^{2x-1}+4)^2}$

b) $f'(x) = w'(x) \cdot v'\big(w(x)\big) \cdot u'\big(v\big(w(x)\big)\big)$

162

14. a) $f'(x) = 1 - \dfrac{1}{2}e^{-\frac{1}{2}x}$

Notwendig für Tiefpunkt: $f'(x) = 0$, also $2 = e^{-\frac{1}{2}x}$; also: $x = -2 \cdot \ln(2) \approx -1,386$

$f''(x) = \dfrac{1}{4} \cdot e^{-\frac{1}{2}x}$

$f''(-2 \cdot \ln(2)) = \dfrac{1}{2} > 0$

$f(-2 \cdot \ln(2)) = 2 - 2 \cdot \ln(2)$

$T(-2 \cdot \ln(2) \mid 2 - 2 \cdot \ln(2))$

bzw. näherungsweise $T(\approx -1,39 \mid 0,61)$

b) $\displaystyle\lim_{x \to \infty} \big(f(x) - x\big) = \lim_{x \to \infty}\left(e^{-\frac{1}{2}x}\right) = 0$

Der Graph von f nähert sich der Geraden mit der Gleichung $y = x$ an.

15. Es gilt $e^{\ln x} = x$.

Nun werden beide Seiten nach x abgeleitet. Bei der rechten Seite ist die Ableitung 1, bei der linken folgt mit Kettenregel $(\ln(x))' \cdot e^{\ln x} = (\ln(x))' \cdot x$.

Also: $\quad (\ln(x))' \cdot x = 1$

$\qquad\ \ (\ln(x))' = \dfrac{1}{x}$

16. a) $f(x) = e^{x^2} + c$ $\qquad$ **d)** $f(x) = 2 \cdot e^{x^2} + c$ $\qquad$ **g)** $f(x) = -\dfrac{1}{3}\cos(x^3) + c$

b) $f(x) = e^{4x} + c$ $\qquad$ **e)** $f(x) = e^{x^3} + c$ $\qquad$ **h)** $f(x) = \sqrt{x^3 + 1} + c$

c) $f(x) = \dfrac{1}{2}e^{2x} + c$ $\qquad$ **f)** $f(x) = \sin(x^2) + c$ $\qquad$ **i)** $f(x) = \ln(x^2 + 1) + c$

17. a) Aus Symmetriegründen genügt es, den Schnittpunkt S_1 im 1. Quadranten zu betrachten.

- Schnittpunkt von Kreis und Parabel im 1. Quadranten

  Kreis: $x^2 + y^2 = 1$ $\qquad\qquad$ Parabel: $y = x^2$, also

  $y + y^2 = 1$ bzw. $y^2 + y - 1 = 0$ mit $0 < y < 1$

  $y = \dfrac{1}{2}\big(\sqrt{5} - 1\big) \approx 0,618$

  $x = \sqrt{\dfrac{1}{2}\big(\sqrt{5} - 1\big)} \approx 0,786$

  Schnittpunkt im 1. Quadranten: $S_1(\approx 0,786 \mid \approx 0,618)$

- Tangente in S_1 an die Parabel

  $m_1 = f'(0,786) \approx 1,572$

  t_1: $y = 1,572x - 0,618$

  Schnittpunkt mit den Koordinatenachsen $P_1(0,393 \mid 0)$, $P_2(0 \mid -0,618)$

- Tangente in S_1 an den oberen Halbkreis

  $g(x) = \sqrt{1 - x^2}$; $g'(x) = \dfrac{-x}{\sqrt{1 - x^2}}$

  $m_2 = g'(0,786) \approx -1,271$

  t_2: $y = -1,271x + 1,617$

  Schnittpunkt mit den Koordinatenachsen $P_3(1,272 \mid 0)$, $P_4(0 \mid 1,617)$

162

Entsprechend gilt im 2. Quadranten: $S_2(-0,786\,|\,0,618)$

Tangenten

- an die Parabel

  t_3: $y = -1,572 \cdot x - 0,618$

  Schnittpunkte mit den Koordinatenachsen

  $P_5(-0,393\,|\,0)$, $P_6 = P_2(0\,|-0,618)$

- an den Kreis

  t_4: $y = 1,271 \cdot x + 1,617$

  Schnittpunkte mit den Koordinatenachsen

  $P_7(-1,272\,|\,0)$, $P_8 = P_4(0\,|\,1,617)$

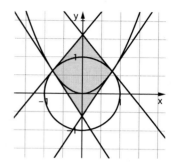

b) Das Viereck ist ein Drachenviereck.

Es besteht aus zwei gleichschenkligen Dreiecken mit der gemeinsamen Basis $\overline{S_1S_2}$.

$|S_1S_2| = 1,572$

Flächeninhalt des Dreiecks $S_2S_1P_4$ mit der Basis $a = 1,572$ und der Höhe

$h_1 = 1,617 - 0,618 = 0,999$

$A_1 = \frac{1}{2} \cdot a \cdot h_1 \approx 0,785$

Flächeninhalt des Dreiecks $S_2P_2S_1$ mit der Basis $a = 1,572$ und der Höhe

$h_2 = 0,618 - (-0,618) = 1,236$

$A_2 = \frac{1}{2}a \cdot h_2 \approx 0,971$

$A = A_1 + A_2 \approx 1,756$

18. $f'(x) = \dfrac{3x^2}{2\sqrt{x^3+5}}$

$f'(1) = \dfrac{\sqrt{6}}{4}$ $\qquad\qquad$ $f'(-1) = \dfrac{3}{4}$ $\qquad\qquad$ $f(1) = \sqrt{6}$ $\qquad\qquad$ $f(-1) = 2$

Tangentengleichung an der Stelle $x = 1$: $\qquad y_1 = \dfrac{\sqrt{6}}{4}x + \dfrac{3\sqrt{6}}{4}$

Tangentengleichung an der Stelle $x = -1$: $\qquad y_2 = \dfrac{3}{4}x + \dfrac{11}{4}$

Gleichsetzen liefert:

$\dfrac{\sqrt{6}}{4}x + \dfrac{3\sqrt{6}}{4} = \dfrac{3}{4}x + \dfrac{11}{4} \Leftrightarrow x = \dfrac{-\left(2\cdot\sqrt{6}+15\right)}{3} \approx -6,63$ und damit $y = \dfrac{-\sqrt{6}}{2} - 1 \approx 2,22$.

Somit: $S\left(\dfrac{-\left(2\cdot\sqrt{6}+15\right)}{3}\,\bigg|\,\dfrac{-\sqrt{6}}{2}-1\right)$

19. $f'(x) = -\dfrac{5}{2}\cdot e^{-\frac{x}{12}}$; $m = f'(38) = -\dfrac{5}{2}\cdot e^{-\frac{19}{6}} \approx -0,105$

$f(38) = 30 \cdot e^{-\frac{19}{6}} \approx 1,26$

Gleichung der Tangente

$y = -\dfrac{5}{2}\cdot e^{-\frac{19}{6}}\cdot x + c$

$30 \cdot e^{-\frac{19}{6}} = -\dfrac{5}{2}\cdot e^{-\frac{19}{6}}\cdot 38 + c$, also $c = 125 \cdot e^{-\frac{19}{6}} \approx 5,27$

In guter Näherung wird die Gleichung der Tangente beschrieben durch

$y = -0,105\,x + 5,27$.

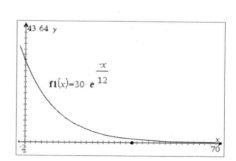

162

20. a) $\frac{1}{m}\,F(mx+n)$ ist der Term einer Stammfunktion zu $f(mx+n)$, denn:

$$\left(\frac{1}{m}\,F(mx+n)\right)' = \frac{1}{m}\cdot F'(mx+n)\cdot m = F'(mx+n) = f(mx+n)$$

b) (1) $\displaystyle\int_{-0,5}^{1,5}(4x-1)^7\,dx = \left[\frac{1}{32}(4x-1)^8\right]_{-0,5}^{1,5} = 12\,002$

(2) $\displaystyle\int_{-1}^{3}(x+4)^{-3}\,dx = \left[-\frac{1}{2\,(x+4)^2}\right]_{-1}^{3} = \frac{20}{441}$

(3) $\displaystyle\int_{-3}^{-1}\sqrt{2-3x}\,dx = \left[-\frac{2}{9}\cdot(2-3x)^{\frac{3}{2}}\right]_{-3}^{-1} = \frac{22}{9}\,\sqrt{11} - \frac{10}{9}\,\sqrt{5} \approx 5,62$

(4) $\displaystyle\int_{0}^{\pi}\sin(3x+1)\,dx = \left[-\frac{1}{3}\cdot\cos(3x+1)\right]_{0}^{\pi} = -\frac{1}{3}\cos(3\pi+1) - \left(-\frac{1}{3}\cos(1)\right)$

$$= \frac{1}{3}\cos(1) + \frac{1}{3}\cos(1) = \frac{2}{3}\cos(1)$$

21. $f_t'(x) = 2\,e^x\cdot(e^x - t);\ f_t''(x) = 2\,e^x\cdot(2\,e^x - t)$

- Nullstellen

  $f_t(x) = 0$, also $x = \ln(t)$

- Extrempunkte

  f_t' hat $x = \ln(t)$ als einzige Lösung

  $f_t''\big(\ln(t)\big) = 2\cdot t^2 > 0$, also $T_t\big(\ln(t)\,|\,0\big)$

- Wendepunkte

  f_t'' hat $x = \ln\left(\frac{t}{2}\right)$ als einfache Nullstelle mit VZW, also $W_t\left(\ln\left(\frac{t}{2}\right)\Big|\frac{t^2}{4}\right)$

- Ortslinie der Tiefpunkte

  $y = 0$ (x-Achse)

- Ortslinie der Wendepunkte

  $x = \ln\left(\frac{t}{2}\right) \rightarrow t = 2\,e^x$

  $y = \frac{t^2}{4} = \frac{(2\,e^x)^2}{4} = e^{2x}$

  Alle Wendepunkte der Schar liegen auf dem Graphen der Funktion mit $y = e^{2x}$.

-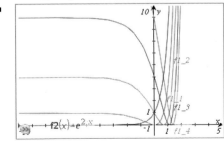

Blickpunkt: Verkettungen von Funktionen – Umkehrfunktionen

163

1.

f(x)	g(x)	f(g(x))	g(f(x))	Reihenfolge
x^2	$\frac{1}{x}$	$\frac{1}{x^2}$; $x \neq 0$	$\frac{1}{x^2}$, $x \neq 0$	Spielt keine Rolle
	$2x$	$4x^2$	$2x^2$	
	$\sqrt{x}$	$(\sqrt{x})^2 = x$, $x > 0$	$\sqrt{x^2} = |x|$, $x \in \mathbb{R}$	
$\frac{1}{x}$	$2x$	$\frac{1}{2x}$, $x \neq 0$	$\frac{2}{x}$; $x \neq 0$	
	$\sqrt{x}$	$\frac{1}{\sqrt{x}}$, $x > 0$	$\sqrt{\frac{1}{x}} = \frac{1}{\sqrt{x}}$, $x > 0$	Spielt keine Rolle
$2x$	$\sqrt{x}$	$2\sqrt{x}$, $x \geq 0$	$\sqrt{2x}$, $x \geq 0$	

2. Ole hat die Verkettung $f(g(x))$ mit $f(x) = \frac{1}{x}$ und $g(x) = 2x$ gewählt.

3. individuelle Schülerlösungen

164

4.

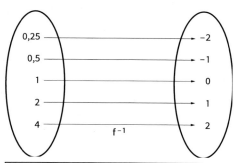

x	0,25	0,5	1	2	4
$y = f^{-1}(x)$	-2	-1	0	1	2

5. $g(x) = x^2$, $D = \mathbb{R}_+$, $W = \mathbb{R}_+$
$g^{-1}(x) = \sqrt{x}$, $D = \mathbb{R}_+$, $W = \mathbb{R}_+$

6. ■ Steigung der Geraden PQ:
$m = \frac{u - v}{v - u} = -1$
Die Gerade PQ ist orthogonal zur
1. Winkelhalbierenden.

■ Mittelpunkt M der Strecke $\overline{PQ}$
$M\left(\frac{u+v}{2} \Big| \frac{u+v}{2}\right)$ liegt auf der 1. Winkelhalbierenden.

Damit ist Q der Bildpunkt von P bei
einer Spiegelung an der 1. Winkelhalbierenden und umgekehrt.

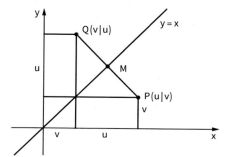

165

7. **a)** $f^{-1'}(y_0) = \frac{b}{a} = \frac{1}{\frac{a}{b}} = \frac{1}{f'(x_0)}$, da die beiden

Steigungsdreiecke kongruent
zueinander sind.
Wir vertauschen die Bezeichnungen
für die Variablen x und y, also

$$f^{-1'}(x_0) = \frac{1}{f'(y_0)} = \frac{1}{f'(f^{-1}(x_0))}$$

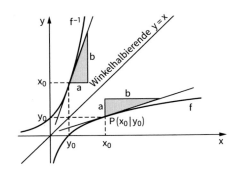

b) $f'(x) = 3x^2; \ f^{-1}(x) = \sqrt[3]{x}$

$$f^{-1'}(x) = \frac{1}{3 \cdot (\sqrt[3]{x})^2} = \frac{1}{3x^{\frac{2}{3}}} = \frac{1}{3} \cdot x^{-\frac{2}{3}}$$

c) $y = f(x) = \sin(x); \ f'(x) = \cos(x)$

$$f^{-1'}(y) = \frac{1}{f'(x)} = \frac{1}{\cos(x)} = \frac{1}{\sqrt{1 - \sin^2(x)}} = \frac{1}{\sqrt{1 - y^2}}$$

Vertauschen von x und y

$$f^{-1'}(x) = \frac{1}{\sqrt{1 - x^2}}$$

3.1.4 Wachstumsprozesse untersuchen

168

1. **a)** $800 \cdot e^{4k} = 3\,000\,000$

$$k = \frac{\ln(3\,750)}{4} \approx 2,0574$$

$$N(t) = 800 \cdot e^{2,0574 \cdot t}$$

b) (1) $1\,600 = 800 \cdot e^{2,0574 \cdot t}$

$$e^{2,0574 \cdot t} = 2$$

$$2,0574 \cdot t = \ln(2)$$

$$t \approx 0,337\,h \approx 20,21\,min \approx 20\,min\,13\,s$$

(2) $3\,200 = 800 \cdot e^{2,0574 \cdot t}$

$$2,0574 \cdot t = \ln(4)$$

$$t \approx 0,674\,h \approx 40,42\,min \approx 40\,min\,25\,s$$

(3) $6\,400 = 800 \cdot e^{2,0574 \cdot t}$

$$t \approx 1,0107\,h \approx 60,64\,min \approx 60\,min\,38\,s$$

Die Zeit für die Verdoppelung beträgt $t = \frac{\ln(2)}{2,0574} \approx 20\,min\,13\,s$;

oder allgemein bei e^{kt}: $\frac{\ln(2)}{k}$.

c) $e^{2,0574 \cdot \frac{\ln(2)}{2,0574}} = e^{\ln(2)} = 2$

169

2. **a)** $f(t) = 0,5 \cdot e^{\ln(0,917)t}$

b) $0,5 \cdot e^{\ln(0,917)t} = 0,32 \ \Rightarrow \ t = 5,15$

c) (1) $t \approx 8$ \qquad (2) $t \approx 16$

Es dauert ca. 8 Tage, bis sich der Bestand jeweils halbiert:
bei (1) von 0,5 mg auf 0,25 mg, bei (2) von 0,25 mg auf 0,125 mg.

d) $e^{-\ln(0,917) \cdot 8} \approx 0,5$

169

3. Es gilt: $k = \frac{f'(0)}{f(0)}$

mit $f(0) = 3500$ und $f'(0) = 200$, also $k = \frac{200}{3500} \approx 0,0571$

$f(t) = 3500 \cdot e^{0,0571 \cdot t}$

Gesucht ist t, sodass $f(t) = 50000$, also $t \approx 46,6$ (GTR).

Es dauert ca. 47 Tage bis der Bestand auf mehr als 50000 Ratten angewachsen ist.

4. Bestimme den Faktor k:

$20000 \cdot e^{k \cdot 5} = 140000$

$e^{k \cdot 5} = 7$

$k = \frac{\ln(7)}{5} \approx 0,39$

Es ergibt sich folgende Gleichung für die Anzahl der Keime

$f(t) = 20000 \cdot e^{0,39t}$

$20000 \cdot e^{0,39t} = 1000000$

$\Rightarrow t \approx 10,03$

Es dauert etwa 10 Stunden, bis die Milch sauer ist.

5. Bestimmen von k:

$e^{k \cdot 30} = \frac{1}{2}$

$k = \frac{\ln\left(\frac{1}{2}\right)}{30} \approx -0,023$

Mit der Annahme, dass die Bodenbelastung proportional zum Cäsiumbestand ist, ergibt sich für die Strahlenbelastung folgender Term:

$f(t) = 55000000 \cdot e^{-0,023t}$

$55000000 \cdot e^{-0,023t} = 35000$

$t \approx 318,5$,

also ca. 319 Jahre.

6. a) Funktionsgleichung für die Lichtstärke in Abhängigkeit von der Wassertiefe:

$f(x) = 0,92^x$

$0,92^3 = 0,779$

In 3 m Wassertiefe hat das Licht noch 77,9 % seiner Lichtstärke.

b) $0,92^x = e^{\ln(0,92) \cdot x} = 0,5$

$x \approx 8,31$

In 8,31 m Tiefe beträgt die Lichtstärke noch die Hälfte der Lichtstärke an der Wasseroberfläche.

7. Die Aussage des Mädchens ist falsch, da kein proportionaler, sondern ein exponentieller Prozess vorliegt. Nach 16 Tagen ist noch ein Viertel des Materials vorhanden.

8. a) Bestimmung des Parameters k:

$$e^{k \cdot 50} = \frac{1}{2}$$

$$k = \frac{\ln(0,5)}{50} \approx -0,014$$

Funktionsgleichung für das Medikament:

$f(t) = a \cdot e^{-0,014t}$, a: Menge des Medikaments in mg

$f(30) = 5 \cdot e^{-0,42} = 3,285$

Beim OP-Beginn sind noch 3,285 mg vorhanden.

b) Nach einer Stunde sind noch 2,159 mg vorhanden, mit zusätzlicher Injektion 7,159 mg.
Es ergibt sich die neue Funktionsgleichung

$f(t) = 7,159 \cdot e^{-0,014t}$

$7,159 \cdot e^{-0,014t} = 1$

$t \approx 140,6$

Der Patient wacht nach etwa 141 min auf.

9. $e^{k \cdot 5730} = 0,5$

$k = -0,000121$

Zerfallsprozess für ^{14}C: $f(t) = e^{-0,000121 \cdot t}$

$e^{-0,000121 \cdot t} = 0,53$

$t = 5248,31$

Ötzi war 1991 ca. 5 250 Jahre alt, er lebte also ca. 3260 v. Chr.

10. $20 \cdot 1,06^{191} = 1\,362\,860$

Die Forderung hat also eine gewisse Grundlage.

11. Es ist falsch, zugleich von exponentiellem Wachstum und einer fixen jährlichen Änderungsrate zu sprechen. Korrekt wäre z. B.: „Legt man exponentielles Wachstum zugrunde, ist damit zu rechnen, dass die Weltbevölkerung im nächsten Jahr um 80 Mio. zunimmt."

12. a) $f'(t) = a \cdot k \cdot e^{k \cdot t} = k \cdot (a e^{k \cdot t}) = k \cdot f(t)$

b) $f'(t) = 0,15 \cdot f(t)$

Lösung der Differenzialgleichung

$f(t) = a \cdot e^{0,15 \cdot t}$ mit $f(0) = 38$, also $a = 38$

$f(t) = 38 \cdot e^{0,15 \cdot t}$

3.1.5 Begrenztes Wachstum

171

Einstiegsaufgabe ohne Lösung

- Der Erwärmungsprozess kann durch die Gleichung $T'(t) = 0{,}1 \cdot (24 - T(t))$ beschrieben werden.

  Der Graph kann näherungsweise mithilfe des diskreten Modells mit

  $T(t+1) = 0{,}1 \cdot (24 - T(t)) + T(t)$, $t \geq 0$ gezeichnet werden.

t	0	1	2	3	4	5	6	7
T(t)	7	8,7	10,2	11,6	12,8	14,0	15,0	15,9

t	8	9	10	11	12	13	14	15
T(t)	16,7	17,4	18,1	18,7	19,2	19,7	20,1	20,5

$$T'(t) = -17 \cdot (-0{,}1) \cdot e^{-0{,}1t} = 0{,}1 \cdot 17 \cdot e^{-0{,}1t}$$
$$= 0{,}1 \cdot (24 - 24 + 17 \cdot e^{-0{,}1t})$$
$$= 0{,}1 \cdot (24 - (24 - 17 e^{-0{,}1t}))$$
$$= 0{,}1 \cdot (24 - T(t))$$

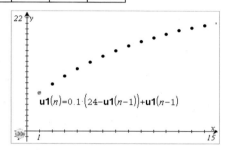

Die Funktion T passt zu dem gegebenen Erwärmungsprozess.

Eigenschaften

- T ist streng monoton wachsend.
- $T(t) \to 24$ für $t \to \infty$
- Der Graph von T hat weder Extrem- noch Wendepunkte.
- Gesucht ist t, sodass $T(t) = 23{,}9$

  $x \approx 51{,}4$

  $$\text{nSolve}\left(24 - 17 \cdot e^{-0{,}1 \cdot x} = 23{,}9, x\right) \qquad 51.358$$

Nach ca. 51 min hat der Saft beinahe Raumtemperatur erreicht.

173

1. (1) Ein linearer Wachstumsprozess kann durch eine lineare Funktion f mit $f(t) = m \cdot t + c$, $m, c \in \mathbb{R}$, beschrieben werden.

   Änderungsrate $f'(t) = m = \text{konst.}$

   Beispiel: Ein Fahrzeug fährt mit einer konstanten Geschwindigkeit. Die Funktion f beschreibt die Länge des zum Zeitpunkt zurückgelegten Weges.

   (2) Ein exponentieller Wachstumsprozess wird durch eine Differenzialgleichung der Form $f'(t) = k \cdot f(t)$ beschrieben.

   Die momentane Änderungsrate f' ist proportional zum Bestand f.

   Beispiel: Die Funktion f mit $f(t) = 0{,}5 \cdot e^{-0{,}087 \cdot t}$ beschreibt den Zerfall eines radioaktiven Isotops mit einer Masse von 0,5mg zu Beginn der Beobachtung.

   (3) Ein begrenzter Wachstumsprozess wird durch eine Differenzialgleichung der Form $f'(t) = k \cdot (S - f(t))$, $k > 0$ beschrieben.

   Die momentane Änderungsrate ist proportional zur Differenz zwischen einer Sättigungsgrenze S und dem augenblicklichen Bestand.

   Beispiel: Die Funktion f mit $f(t) = 20 + 60 \cdot e^{-0{,}15 \cdot t}$ beschreibt die den Temperaturverlauf eines 80°C warmen Getränks bei der Abkühlung in einem 20°C warmen Raum.

174

2. a)

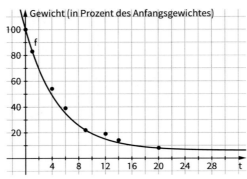

Es gilt: $f(t) \to 6$ für $t \to \infty$,
$f(x)$ Gewicht in Prozent.
Wir verwenden das Modell einer
begrenzten Abnahme.

b) $f(x) = a + b \cdot e^{-kt}$

$\lim\limits_{t \to \infty} f(x) = a = 6$

$f(0) = a + b = 100$, also $b = 94$

Zur Bestimmung von k nehmen wir ein Wertepaar, z. B. $(9\,|\,22)$

Dann gilt:

$6 + 94 \cdot e^{-9k} = 22$, also $k \approx 0,1967$

Der Gewichtsverlauf kann durch die Funktion f mit $f(x) = 6 + 94 \cdot e^{-0,1967 \cdot t}$
näherungsweise beschrieben werden.

3. Man kann davon ausgehen, dass beim Mischen derselben Menge zweier unterschiedlich temperierter Flüssigkeiten die Mischung den Mittelwert der beiden Temperaturen annimmt.

i) $f(t) = 22 + 27\,e^{-0,15t}$

$f(5) = 22 + 27\,e^{-0,15 \cdot 5} \approx 34,75$

$f(10) = 22 + 27\,e^{-0,15 \cdot 10} \approx 28,02$

Also ca. 28 °C, nach zweimal 5 Minuten.

ii) Funktion für Abkühlen vor dem Mischen:

$g_1(t) = 22 + 68 \cdot e^{-0,15t}$ liefert $g_1(5) \approx 54$

und damit eine Temperatur der Mischung von 31 °C.

Funktion für die Abkühlung nach dem Mischen:

$g_2(t) = 22 + 9 \cdot e^{-0,15t}$ liefert $g_2(5) \approx 26,25$

Also hat der Milchkaffee in diesem Fall nach zweimal 5 Minuten etwa 26°C.

4. a) Die Funktion a ist die Ableitung der Funktion f, die den Temperaturverlauf beschreibt.

Für f gilt deshalb: $f(t) = 69 \cdot e^{-k \cdot t} + c$.

Wegen $a(t) < 0$ (für $k > 0$) handelt es sich um einen begrenzten Abnahmeprozess.

b) $f(t) \to 20$ für $t \to \infty$, also $c = 20$

$f(t) = 20 + 69 \cdot e^{-kt}$; $f(0) = 89$

Zu Beginn betrug die Temperatur 89 °C.

c) $20 + 69\,e^{-k \cdot 3} = 73$

$\quad\quad 69\,e^{-k \cdot 3} = 53$

$\quad\quad\quad\quad\quad k \approx 0,0879$

$-69 \cdot 0,0879\,e^{-0,0879t} = -1$

$t \approx 20,51$

Die Temperatur nimmt nach ca. 20 Minuten und 30 Sekunden erstmals um weniger als 1 Grad pro Minute ab.

174

5. Die Abkühlung erfolgt nach der Funktion $f(t) = 20 + (30,5 - 20) \cdot e^{a \cdot t}$.

f(t) in °C, t in Stunden ab Mitternacht

Berechne a aus $f(2) = 24,5$.

$20 + 10,5 \, e^{2 \cdot a} = 24,5 \Leftrightarrow e^{2 \cdot a} = \dfrac{4,5}{10,5} \Leftrightarrow a = \dfrac{1}{2} \cdot \ln \dfrac{4,5}{10,5} \approx -0,423649$

$f(t) = 20 + 10,5 \cdot e^{-0,4236 \cdot t}$

Zum Todeszeitpunkt t kann von einer Körpertemperatur zwischen 36 °C und 37 °C ausgegangen werden.

Bei einer Körpertemperatur von 36 °C: $36 = 20 + 10,5 \cdot e^{-0,4236 \cdot t}$, also $t \approx -0,994$

Bei einer Körpertemperatur von 37 °C: $37 = 20 + 10,5 \cdot e^{-0,4236 \cdot t}$, also $t \approx -1,137$

Damit liegt der Zeitpunkt zwischen ca. 22:50 und 23:00. Zum Zeitpunkt, als Sissi den Nachtclub verlässt, ist die Temperatur bereits auf 34,4 °C gefallen. Sie kommt also nicht als Täterin infrage.

Es werden nur Temperatur- und Zeitangaben beim Newtonschen Abkühlungsgesetz benutzt.

Unberücksichtigt bleiben z. B.
- das Körpergewicht des Opfers
- die tatsächliche Veränderung der Umgebungstemperatur
- Bekleidung des Opfers

175

6. (1) $\vartheta'(t) = 0,12 \cdot (25 - \vartheta(t))$ (2) $\vartheta(t) = 25 - 19 \cdot e^{-0,12 \cdot t}$

7. a)

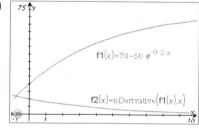

b) $f'(t) = 10 \cdot e^{-0,2t}$

f' streng monoton fallend, da $f''(t) = -2 \cdot e^{-0,2t} < 0$ für alle $t \in \mathbb{R}$

Das Maximum von f' liegt an der Stelle $t = 0$, es beträgt 10 °C pro Minute.

c) Durchschnittstemperatur

$$\frac{1}{10} \int_0^{10} f(t)\, dt \approx 48,4$$

Die Durchschnittstemperatur der ersten 10 Minuten beträgt ca. 48,4 °C.

d) $\lim_{t \to \infty} f(t) = 70$

Gesucht t, sodass $f(t) = 35$, also $t \approx 1,78$

Nach ca. 1,8 min hat sich die Probe auf die Hälfte der Endtemperatur erwärmt.

e) Gesucht t, sodass $f'(t) = 5$, also $t \approx 3,47$

Die anfängliche Erwärmungsgeschwindigkeit hat sich nach ca. 3,5 min halbiert.

175

8. a) $f(0) = 80$, also $a + b = 80$

$k = 0,13$

$f(10) = a + b \cdot e^{-1,3} = 37,1$

somit $80 - b + b \cdot e^{-1,3} = 37,1$, also $b \approx 58,97$

Die Funktion f mit $f(t) = 21 + 59 \cdot e^{-0,13 \cdot t}$ beschreibt den gegebenen Abkühlungsprozess.

b) Gesucht t, sodass $f(t) = 45$, also $t \approx 6,92$

Man muss ca. 7 min warten.

c) $f'(t) = -7,67 \cdot e^{-0,13 t}$

$f'(10) \approx -2,1$

Zum Zeitpunkt $t = 10$ beträgt die Abkühlungsgeschwindigkeit ca. 2,1 Grad pro Minute.

d) Für $t \to \infty$ gilt: $e^{-0,13 t} \to 0$, also $f(t) \to 21$ für $t \to \infty$.

e) In einem Isolierbecher kühlt der Kaffee langsamer ab als in einer Tasse.

Für die Abkühlungsgeschwindigkeit ist der Abkühlungsfaktor k verantwortlich.

Bei der Abkühlung in einem Isolierbecher muss $k < 0,13$ sein.

9. a) Ansatz:

$N(t) = 80 - 68 \cdot e^{k \cdot t}$

Aus $N(2) = 18$ folgt $k = -0,0462$, also ist $N(t) = 80 - 68 \cdot e^{-0,0462 t}$

Nach 46,32 Jahren wären ca. 90 % des maximalen Bestandes erreicht.

b) Bei $t = 0$ mit $N'(0) = -0,0462 \cdot (-68) = 3,1416$.

c) Das Modell geht davon aus, dass sich Umweltbedingungen über die Jahre nicht verändern. Extreme Wetterveränderungen wie z. B. langanhaltende Trockenheiten oder kalte Winter können das Anwachsen der Population tiefgreifend verändern.

10. $T(t) = S + (T(0) - S) \cdot e^{-k \cdot t}$ mit $T(0) = 40$; $S = 36,8$;

$k = 0,8$

Somit: $T(t) = 36,8 + 3,2 \cdot e^{-0,8 \cdot t}$ mit t in Stunden ab Wirkungsbeginn, $T(t)$ in °C

Gesucht ist t, sodass $T(t) = 39$, also $t \approx 0,47$

Die Temperatur ist erstmals ca. 1 Stunde nach der Einnahme des Medikaments um 1° niedriger.

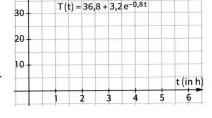

176

11. Die Lösung ist falsch, denn $f(0) = 850$ ist nicht erfüllt.

Richtige Lösung: $f(t) = 2000 - 1150 \cdot e^{-0,05 t}$

12. a) $f'(t) = 9 \cdot e^{-0,01 \cdot t} > 0$ für alle $t \in \mathbb{R}$, somit ist f streng monoton wachsend, die Flüssigkeitsmenge nimmt stets zu.

b) Gesucht ist t, sodass $f(t) = 750$, also $t \approx 18,2$

Nach ca. 18 Minuten ist der Tank zur Hälfte gefüllt.

c) $\frac{1}{60} \int_0^{60} f'(t) \, dt \approx 6,8$

Die mittlere Ölzufuhr in der ersten Stunde beträgt ca. 6,8 Liter pro Minute.

d) $f(t) \to 1500$ für $t \to \infty$

Die Vorschrift wird nicht eingehalten.

176

13. a)

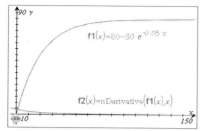

Die Wirkstoffmenge nimmt in den ersten 40 min stark zu, danach ändert sich nur noch wenig.

b) Gesucht ist t, sodass $f'(t) = 1$, also $t \approx 27,7$

Nach ca. 28 min beträgt die momentane Änderungsrate $1\,\frac{mg}{min}$.

c) Gesucht ist t, sodass $f(t+15) - f(t) = 30$, also $t \approx 6,8$

Im Zeitraum $[6,8;\ 21,8]$ ändert sich die Wirkstoffmenge um 30 mg.

d) $f'(t) = 0,05 \cdot 80 \cdot e^{-0,05\,t}$

$\qquad = 0,05 \cdot (80 - 80 + 80 e^{-0,05\,t})$

$\qquad = 0,05 \cdot \left(80 - (80 - 80 \cdot e^{-0,05\,t})\right)$

$\qquad = 0,05 \cdot \left(80 - f(t)\right)$

Die momentane Änderungsrate ist proportional zur Differenz zwischen Sättigungsgrenze und Bestand. Je mehr sich die Wirkstoffmenge der Sättigungsgrenze 80 mg nähert, umso geringer wird die Zunahme. Der Faktor k ist der Proportionalitätsfaktor.

e) Wirkstoffmenge nach 4 Stunden:

$f(240) \approx 79,9995$

Abbau des Medikaments:

$g(t) = 79,9995 \cdot e^{kt}$ mit $t_H = \frac{\ln\left(\frac{1}{2}\right)}{k}$, also $k = \frac{\ln\left(\frac{1}{2}\right)}{300} \approx -0,00231$

Die Funktion g mit $g(t) = 79,9995\,e^{-0,00231 \cdot t}$ beschreibt die Wirkstoffmenge beim Abbau des Medikamentes.

14. a) $f(t) = a \cdot e^{kt}$ mit $f(0) = 616$ und $f(34) = 269$

$616 \cdot e^{34\,k} = 269$, also $k \approx -0,02437$

$f(t) = 616 \cdot e^{-0,02437 \cdot t}$

Einwohnerzahl pro Ärztin/Arzt:

2007: $f(37) \approx 250$

2015: $f(45) \approx 206$

2020: $f(50) \approx 182$

b) $g(t) = 200 + \left(g(0) - 200\right) \cdot e^{-k \cdot t}$ mit $g(0) = 616$ und $g(34) = 269$

$g(34) = 200 + 416 \cdot e^{-34\,k} = 269$, also $k \approx 0,05284$

$g(t) = 200 + 416 \cdot e^{-0,05284 \cdot t}$

2007: $g(37) \approx 259$

2015: $g(45) \approx 239$

2020: $g(50) \approx 230$

c) Im ersten Modell geht die Anzahl der Einwohner pro Ärztin/Arzt langfristig gegen Null. Im zweiten Modell dagegen sind längerfristig 200 Einwohner pro Ärztin/Arzt zu erwarten. Das zweite Modell beschreibt die Entwicklung besser.

3.2 Eigenschaften zusammengesetzter Funktionen

3.2.1 Summe und Differenz von Funktionen

177

Einstiegsaufgabe ohne Lösung

$h(x) = \sin(x) + x - 1$

Nullstellen: $x \approx 0{,}511$

Schnittpunkt mit der y-Achse: $S(0\,|-1)$

Globalverlauf: $\lim\limits_{x \to -\infty} f(x) = -\infty;$

$\lim\limits_{x \to \infty} f(x) = \infty$

Extrempunkte: –

$h(x) = \sin(x) - x$

Nullstellen: $x = 0;$ damit

Schnittpunkt mit der y-Achse: $S(0\,|\,0)$

Globalverlauf: $\lim\limits_{x \to -\infty} f(x) = \infty;$

$\lim\limits_{x \to \infty} f(x) = -\infty$

Extrempunkte: –

$h(x) = \sin(x) + x^2$

Nullstellen: $x \approx -0{,}877$ und $x = 0;$ damit

Schnittpunkt mit der y-Achse: $S(0\,|\,0)$

Globalverlauf: $\lim\limits_{x \to -\infty} f(x) = \infty;$

$\lim\limits_{x \to \infty} f(x) = \infty$

Extrempunkte: Tiefpunkt $T(-0{,}450\,|-0{,}232)$

$h(x) = \sin(x) + x$

Nullstellen: $x = 0;$ damit

Schnittpunkt mit der y-Achse: $S(0\,|\,0)$

Globalverlauf: $\lim\limits_{x \to -\infty} f(x) = -\infty;$

$\lim\limits_{x \to \infty} f(x) = \infty$

Extrempunkte: –

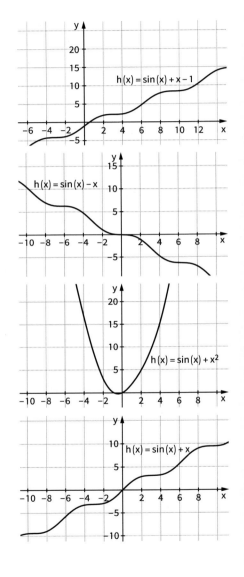

177

$h(x) = \cos(x) + x - 1$
Nullstellen: $x = 0$; damit
Schnittpunkt mit der y-Achse: $S(0|0)$
Globalverlauf: $\lim\limits_{x \to -\infty} f(x) = -\infty$;
  $\lim\limits_{x \to \infty} f(x) = \infty$
Extrempunkte: –

$h(x) = \cos(x) - x$
Nullstellen: $x \approx 0{,}739$;
Schnittpunkt mit der y-Achse: $S(0|1)$
Globalverlauf: $\lim\limits_{x \to -\infty} f(x) = \infty$;
  $\lim\limits_{x \to \infty} f(x) = -\infty$
Extrempunkte: –

$h(x) = \cos(x) + x^2$
Nullstellen: –
Schnittpunkt mit der y-Achse: $S(0|1)$
Globalverlauf: $\lim\limits_{x \to -\infty} f(x) = \infty$;
  $\lim\limits_{x \to \infty} f(x) = \infty$
Extrempunkte: Tiefpunkt $T(0|1)$

$h(x) = \cos(x) + x$
Nullstellen: $x \approx -0{,}739$;
Schnittpunkt mit der y-Achse: $S(0|1)$
Globalverlauf: $\lim\limits_{x \to -\infty} f(x) = -\infty$;
  $\lim\limits_{x \to \infty} f(x) = \infty$
Extrempunkte: –

$h(x) = e^{-x} + x - 1$
Nullstellen: $x = 0$; damit
Schnittpunkt mit der y-Achse: $S(0|0)$
Globalverlauf: $\lim\limits_{x \to -\infty} f(x) = \infty$;
  $\lim\limits_{x \to \infty} f(x) = \infty$
Extrempunkte: Tiefpunkt $T(0|0)$

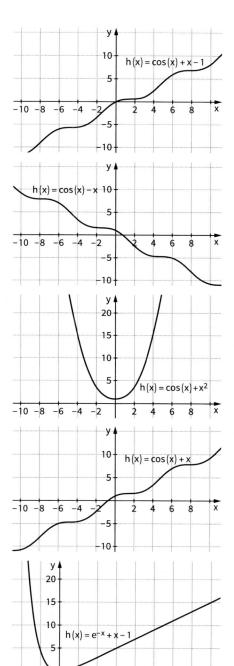

177

$h(x) = e^{-x} - x$
Nullstellen: $x \approx 0{,}567$;
Schnittpunkt mit der y-Achse: $S(0\,|\,1)$
Globalverlauf: $\lim_{x \to -\infty} f(x) = \infty$;
$\qquad\qquad\quad \lim_{x \to \infty} f(x) = -\infty$
Extrempunkte: –

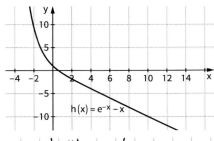

$h(x) = e^{-x} + x^2$
Nullstellen: –
Schnittpunkt mit der y-Achse: $S(0\,|\,1)$
Globalverlauf: $\lim_{x \to -\infty} f(x) = \infty$;
$\qquad\qquad\quad \lim_{x \to \infty} f(x) = \infty$
Extrempunkte: Tiefpunkt $T(0{,}352\,|\,0{,}827)$

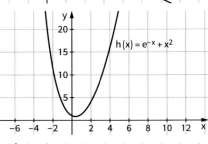

$h(x) = e^{-x} + x$
Nullstellen: –
Schnittpunkt mit der y-Achse: $S(0\,|\,1)$
Globalverlauf: $\lim_{x \to -\infty} f(x) = \infty$;
$\qquad\qquad\quad \lim_{x \to \infty} f(x) = \infty$
Extrempunkte: Tiefpunkt $T(0\,|\,1)$

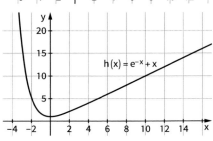

$h(x) = e^{x} + x - 1$
Nullstellen: $x = 0$; damit
Schnittpunkt mit der y-Achse: $S(0\,|\,0)$
Globalverlauf: $\lim_{x \to -\infty} f(x) = -\infty$;
$\qquad\qquad\quad \lim_{x \to \infty} f(x) = \infty$
Extrempunkte: –

$h(x) = e^{x} - x$
Nullstellen: –
Schnittpunkt mit der y-Achse: $S(0\,|\,1)$
Globalverlauf: $\lim_{x \to -\infty} f(x) = \infty$;
$\qquad\qquad\quad \lim_{x \to \infty} f(x) = \infty$
Extrempunkte: Tiefpunkt $T(0\,|\,1)$

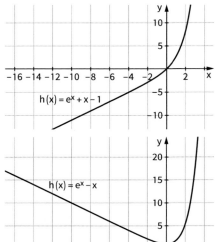

177

$h(x) = e^x + x^2$

Nullstellen: –

Schnittpunkt mit der y-Achse: $S(0|1)$

Globalverlauf: $\lim\limits_{x \to -\infty} f(x) = \infty$;

$\lim\limits_{x \to \infty} f(x) = \infty$

Extrempunkte: Tiefpunkt $T(-0{,}352 | 0{,}827)$

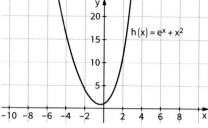

$h(x) = e^x + x$

Nullstellen: $x \approx -0{,}567$

Schnittpunkt mit der y-Achse: $S(0|1)$

Globalverlauf: $\lim\limits_{x \to -\infty} f(x) = -\infty$;

$\lim\limits_{x \to \infty} f(x) = \infty$

Extrempunkte: –

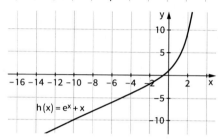

179

1. Schreibe den Funktionsterm als Summe:

$f(x) = f_1(x) + f_2(x)$ mit $f_1(x) = e^x$ und $f_2(x) = -x^2$

- Wegen $-x^2 \leq 0$ verläuft der Graph zu f unterhalb des Graphen zu f_1. An der Stelle $x = 0$ berühren sich die Graphen.
- Wegen $\lim\limits_{x \to -\infty} f_1(x) = 0$ nähert sich der Graph von f für $x \to \infty$ der Parabel $f_2(x) = -x^2$ an.
- $f(x) \to \infty$ für $x \to \infty$, denn eine Exponentialfunktion steigt schneller als eine quadratische Funktion.
- Nullstelle $x \approx -0{,}703$
- Wendepunkt: Löse $f''(x) = 0 \Leftrightarrow e^x - 2 = 0 \Leftrightarrow x = \ln 2$
  Damit Wendepunkt $W\left(\ln(2) | 2 - (\ln(2))^2\right)$
  Da $f'(\ln 2) = 2 - 2\ln 2 \neq 0$ ist W kein Sattelpunkt.

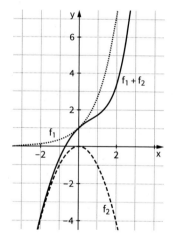

2. a)

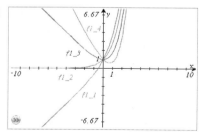

b) $f_a'(x) = e^x - a$; $f_a''(x) = e^x$

$f_a'(x) = 0$ für $x = \ln(a)$ und $a > 0$

$f_a''(\ln(a)) = a > 0$, $f_a(\ln(a)) = a - a \cdot \ln(a)$

Für $a > 0$ haben die Funktionsgraphen den Tiefpunkt $T_a(\ln(a) | a - a \cdot \ln(a))$

179

Ortslinie der Tiefpunkte:

$x = \ln(a)$, also $a = e^x$

$y = a \cdot (1 - \ln(a)) = (1 - x)e^x$

c) ■ Gemeinsame Punkte der Graphen zu f_{a_1} und f_{a_2} $(a_1 \neq a_2)$:

$e^x - a_1 x = e^x - a_2 x$, also $x = 0$

$f_{a_1}(0) = e^0 = 1$

$P(0 \mid 1)$ ist der gemeinsame Punkt aller Funktionsgraphen.

■ Untersuchung auf gleiche Steigung

$f'_{a_1}(x) = f'_{a_2}(x)$, also $e^x - a_1 = e^x - a_2$.

Diese Gleichung hat für $a_1 \neq a_2$ keine Lösung.

d) $e^x - a \cdot x = 0$, also $e^x = a \cdot x$

$a < 0$: die Gerade mit der Gleichung $y = a \cdot x$ verläuft im 2. und im 4. Quadranten. Sie hat mit dem Graphen der e-Funktion genau eine Schnittstelle im 2. Quadranten.

Für $a < 0$ hat f_a genau eine Nullstelle.

$a > 0$:

■ die Gerade mit der Gleichung $y = e \cdot x$ berührt den Graphen der e-Funktion an der Stelle $x = 1$.

■ die Geraden mit der Gleichung $y = m \cdot x$ und $0 < m < e$ haben keine gemeinsamen Punkte mit dem Graphen der e-Funktion.

■ die Geraden mit der Gleichung $y = m \cdot x$ und $m > e$ haben zwei Schnittpunkte mit dem Graphen der e-Funktion.

Ergebnis:

keine Nullstelle für $0 \leq a < e$

eine Nullstelle für $a < 0$ oder $a = e$

zwei Nullstellen für $a > e$

180

3. **a)**

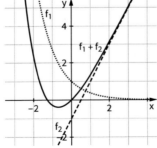

b)

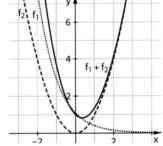

c)

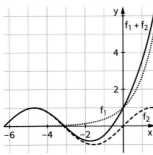

4. a) Teilfunktion   Summe

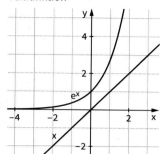

- Für $x \to +\infty$ gilt: $f(x) \to \infty$; für $x \to -\infty$ gilt: $f(x) \to -\infty$;
- Es existiert eine Nullstelle bei $x \approx -0{,}567$.
- $f(x) < 0$ für $x < -0{,}567$, $f(x) > 0$ für $x > -0{,}567$
- f überall streng monoton wachsend, da $f'(x) = e^x + 1 > 0$.

b) $f(x) = e^x + (-x^4)$

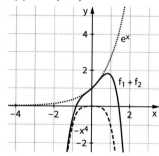

- $f'(x) = e^x - 4x^3$ $f''(x) = e^x - 12x^2$
- $e^x - 12x^2 = 0$, analytisch nicht lösbar. Näherungslösungen sind:
  $x_1 \approx 6{,}1022$; $x_2 \approx 0{,}3426$; $x_3 \approx -0{,}2542$
- Mit $f'''(x_1) \neq 0$; $f'''(x_2) \neq 0$; $f'''(x_3) \neq 0$ gilt: Bei x_1, x_2 und x_3 liegen Wendepunkte vor.

5. a) Die Gerade mit der Gleichung $y = 2x$ ist schräge Asymptote des Graphen von f für
$x \to -\infty$, denn $f(x) - 2x = -e^x \to 0$ für $x \to -\infty$.

b) Der Graph von g hat keine schräge Asymptote.

c) Die Gerade mit der Gleichung $y = 7x + 3$ ist schräge Asymptote des Graphen von h für
$x \to \infty$, denn $h(x) - (7x + 3) = -e^{-x} \to 0$ für $x \to \infty$.

d) Der Graph von k hat keine schräge Asymptote. Die Funktion mit $y = x^2$ ist quadratische
Näherungsfunktion des Graphen von k.

180

6. **a)** $f_1(x) = e^x$; $f_2(x) = \frac{1}{2}x$
- eine Nullstelle bei $x \approx -0{,}85$
- Für $x \to \infty$ gilt: $f(x) \to \infty$;
  für $x \to -\infty$ gilt: $f(x) \to -\infty$;
- f monoton wachsend

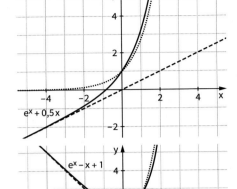

b) $f_1(x) = e^x$; $f_2(x) = -x + 1$
- keine Nullstelle
- Für $x \to -\infty$ gilt: $f(x) \to \infty$;
- f monoton fallend für $x < 0$;
  f monoton wachsend für $x > 0$

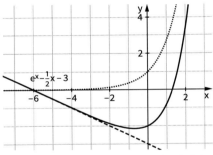

c) $f_1(x) = e^x$; $f_2(x) = -\frac{1}{2}x - 3$
- Für $x \to \pm\infty$ gilt: $f(x) \to \infty$;
- Nullstellen: $-5{,}995$; $1{,}294$;
  dazwischen negativ, sonst positiv
- monoton fallend für $x < \ln\left(\frac{1}{2}\right)$;
  monoton wachsend für $x > \ln\left(\frac{1}{2}\right)$

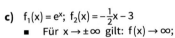

d) $f_1(x) = e^{-x}$; $f_2(x) = \frac{1}{4}x^2$
- Für $x \to \pm\infty$ gilt: $f(x) \to \infty$;
- keine Nullstelle, immer positiv
- Für $x < 0{,}853$ monoton fallend;
  für $x > 0{,}853$ monoton wachsend

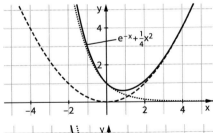

e) $f_1(x) = e^{-x}$; $f_2(x) = -\frac{1}{2}x^2$
- Für $x \to -\infty$ gilt: $f(x) \to \infty$;
  für $x \to \infty$ gilt: $f(x) \to -\infty$
- Nullstelle bei $x \approx 1$
- monoton fallend
- Für $x < 1$: $f(x) > 0$,
  für $x > 1$: $f(x) < 0$

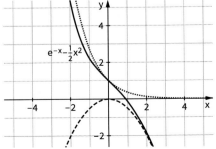

180

f) $f_1(x) = \sin(x)$; $f_2(x) = -e^{-x}$

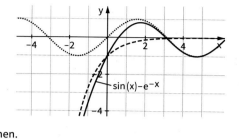

- Für $x \to -\infty$ gilt: $f(x) \to -\infty$;
  Näherungsfunktion: f_2
  Für $x \to \infty$ gilt: $f(x)$ divergiert;
  Näherungsfunktion: f_1
- Nullstellen: f besitzt unendlich
  viele Nullstellen auf der positiven
  x-Achse, die für große x den
  Nullstellen von sin immer näher kommen.
  $x_1 \approx 0{,}589$; $x_2 \approx 3{,}096$; $x_3 \approx 6{,}285 \ldots$
- Extremstellen: f besitzt unendlich viele Extremstellen auf der positiven x-Achse,
  die für große x den Extremstellen von sin immer näher kommen.
  $x_1 \approx 1{,}746$; $x_2 \approx 4{,}703$; $x_3 \approx 7{,}854 \ldots$

7. (1)

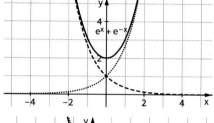

(2)

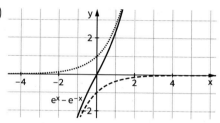

(3)

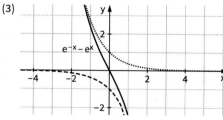

8. a)

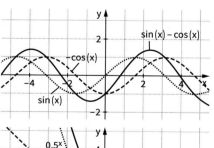

b)

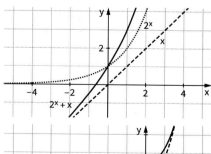

c)

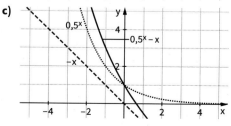

d)

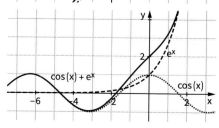

9. a) Nullstellen: 0; k
Symmetrie:
achsensymmetrisch zu $x = \frac{k}{2}$
Extrempunkte:
Hochpunkt H $\left(\frac{k}{2} \middle| \frac{k^2}{4}\right)$

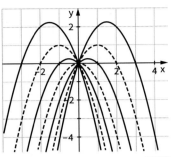

b) Nullstellen:
k > 0:
$-\frac{\sqrt{k}}{k}, \frac{\sqrt{k}}{k}, 0$;
k ≤ 0: 0
Symmetrie:
symmetrisch zur y-Achse
Extrempunkte: k > 0:
$H_1\left(-\frac{\sqrt{2k}}{2k} \middle| \frac{1}{4k}\right)$,
$H_2\left(\frac{\sqrt{2k}}{2k} \middle| \frac{1}{4k}\right)$ Hochpunkte,
O (0|0) Tiefpunkt;
k ≤ 0: O (0|0) Tiefpunkt

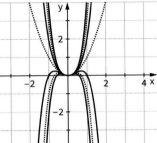

c) Nullstellen: 0; k
Symmetrie: symmetrisch
zum Wendepunkt W $\left(\frac{k}{3} \middle| -\frac{2k^3}{27}\right)$
Extrempunkte: k < 0:
H $\left(\frac{2k}{3} \middle| -\frac{4k^3}{27}\right)$ Hochpunkt,
O (0|0) Tiefpunkt
k = 0: O (0|0) Sattelpunkt

k > 0: H $\left(\frac{2k}{3} \middle| -\frac{4k^3}{27}\right)$ Tiefpunkt,
O (0|0) Hochpunkt

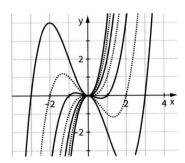

d) Nullstellen:
k ≥ 0: $0, -\sqrt{k}, \sqrt{k}$;
k < 0: 0
Symmetrie: symmetrisch
zum Ursprung
Extrempunkte: k < 0:
H $\left(-\frac{\sqrt{15k}}{5} \middle| \frac{6k^2\sqrt{15k}}{125}\right)$ Hochpunkt,
O (0|0) Sattelpunkt;
T $\left(\frac{\sqrt{15k}}{5} \middle| -\frac{6k^2\sqrt{15k}}{125}\right)$ Tiefpunkt
k ≥ 0: O (0|0) Sattelpunkt

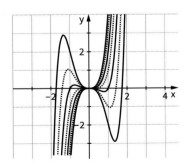

181

10. (1) Der Graph von f hat die Gerade mit der Gleichung $y = x$ als schräge Asymptote sowohl für $x \to -\infty$ als auch für $x \to \infty$.

Zu (1) gehört der Graph (A)

(2) $e^{-2x} \to 0$ für $x \to \infty$.

Für $x \to \infty$ spielt nur der Summand $\sin(2x)$ eine Rolle.

Deshalb gehört der Graph (C) zu (2).

(3) Der Graph von f hat die Gerade mit der Gleichung $y = 3x - 3$ als schräge Asymptote für $x \to \infty$.

Zu (3) gehört der Graph (B)

11. (1) $e^x > x$ für alle $x \in \mathbb{R}$

(2) $\sin(x) \geq -1$ für alle $x \in \mathbb{R}$

$e^x > 0$ für alle $x \in \mathbb{R}$, also

$\sin(x) + e^x \geq -1$ für alle $x \in \mathbb{R}$

(3) $0{,}5^x > -x$ für alle $x \in \mathbb{R}$

12. a)

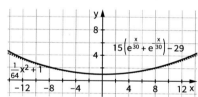

Die Graphen sind nahezu deckungsgleich. Beide können als Modell für die Brücke dienen. Marias Lösung erfüllt allerdings die Randbedingung $g(\pm 8) = 2$ nicht.

b) Die Abweichung ist an den Rändern bei $x = \pm 8$ am größten.

c) Die Brücke besteht aus einem homogenen Material.

d) Alle Kurven besitzen den Tiefpunkt $T(0 \mid 1)$. Die Kurven hängen für Werte > 30 weniger und für Werte < 30 stärker durch.

13. a) ■ der Graph von f ist symmetrisch zur y-Achse, denn

$f(-x) =) e^{(-x)^2} - 1 = e^{x^2} - 1 = f(x)$

■ $f(x) \to \infty$ für $x \to -\infty$ und für $x \to \infty$

■ Nullstellen:

$f(x) = 0$ für $x = 0$

■ Extremstellen:

$f'(x) = 2x \cdot e^{x^2}$; $f''(x) = (4x^2 + 2) \cdot e^{x^2}$

f' hat die Nullstelle $x = 0$

$f''(0) = 2 > 0$, also Tiefpunkt $T(0 \mid 0)$

■ Wendestellen:

f'' hat keine Nullstellen, somit hat der Graph von f keinen Wendepunkt.

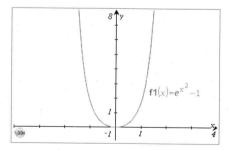

181   **b)** Es gilt:

(1) $g(0) = 0$ und $g'(0) = 0$

(2) $f(0) = 0$ und $f'(0) = 0$

Die beiden Graphen berühren sich Koordinatenursprung.

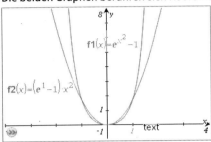

Die beiden Graphen scheiden sich außerdem in den Punkten $P_1(-1 \mid e - 1)$ und $P_2(1 \mid e - 1)$.

c) Differenz der Funktionswerte in $[0; 1]$:

$$d(x) = g(x) - f(x)$$

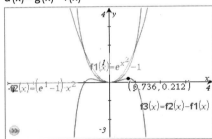

Die Differenz der Funktionswerte ist im Intervall $[0; 1]$ maximal für $x \approx 0{,}74$.

3.2.2 Produkte von Funktionen

185   **1. a)**

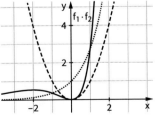

b)

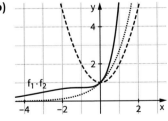

c)

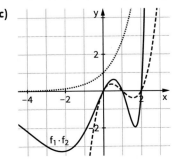

d)

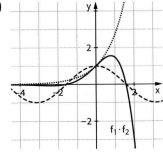

185

2. (1) Definitionsbereich: $D = \mathbb{R}$

(2) Nullstellen: $x = 0 \vee x = \frac{\pi}{2} + k \cdot \pi,\ k \in \mathbb{Z}$

Die Nullstellen von f sind die Nullstellen von f_1 oder von f_2,

also $x = 0$, $x = \pm\frac{\pi}{2}$, $x = \pm\frac{3}{2}\pi$, ...

(3) Gemeinsame Punkte der Graphen

An der Stelle $x = 1$ besitzen f und f_2 den gleichen Funktionswert.

An den Stellen $x = 2k \cdot \pi,\ k \in \mathbb{Z}$ besitzen f und f_1 den gleichen Funktionswert.

An der Stelle $x = -1$ besitzen f und f_2 den gleichen Funktionswert mit umgekehrtem Vorzeichen.

An den Stellen $x = (2k + 1) \cdot \pi,\ k \in \mathbb{Z}$ besitzen f und f_1 den gleichen Funktionswert mit umgekehrtem Vorzeichen.

3. a) ■ $f_1(x) = x;\ f_2(x) = e^x$

■ Für $x \to -\infty$ gilt: $f(x) \to 0$;
für $x \to \infty$ gilt: $f(x) \to \infty$

■ Nullstelle bei $x = 0$

■ $f(x) < 0$ für $x < 0$ und $f(x) \geq 0$
für $x \geq 0$

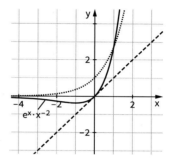

$e^x \cdot x^{-2}$

b) ■ $f_1(x) = -x;\ f_2(x) = \cos(x)$

■ $f(x)$ divergiert für $x \to \pm\infty$

■ Nullstellen:
Die Nullstellen von f sind die Nullstellen von f_1 bzw. f_2, also
$x = 0$, $x = \pm\frac{\pi}{2}$, $x = \pm\frac{3}{2}\pi$, ...
$f(x) < 0$ für $0 < x < \frac{\pi}{2}$,
$\frac{3}{2}\pi < x < \frac{5}{2}\pi$, ...
$f(x) > 0$ für $\frac{\pi}{2} < x < \frac{3}{2}\pi$,
$\frac{5}{2}\pi < x < \frac{7}{2}\pi$, ...

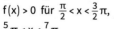

$-x \cdot \cos(x)$

■ $f(x) < 0$ für $x \in {]}0;\frac{\pi}{2}{[}$ und $x \in {]}\frac{\pi}{2} + (2k-1)\pi;\ \frac{\pi}{2} + 2k\pi{[}$ für $k \in \mathbb{Z}^*$
$f(x) > 0$ für $x \in {]}-\frac{\pi}{2};\ 0{[}$ und $x \in {]}\frac{\pi}{2} + 2k\pi;\ \frac{\pi}{2} + (2k+1)\pi{[}$ für $k \in \mathbb{Z}^*\backslash\{-1\}$

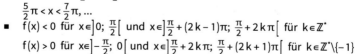

c) ■ $f_1(x) = 2x - 1;\ f_2(x) = e^{-x}$

■ Für $x \to -\infty$ gilt: $f(x) \to -\infty$;
für $x \to \infty$ gilt: $f(x) \to 0$

■ Nullstelle bei $x = \frac{1}{2}$;

■ $f(x) < 0$ für $x < \frac{1}{2}$ und $f(x) > 0$
sonst;

■ monoton wachsend für $x < 1,5$
monoton fallend für $x > 1,5$

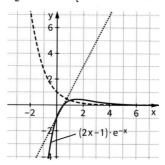

$(2x-1) \cdot e^{-x}$

185

d) ▪ $f_1(x) = 1 - x^2$; $f_2(x) = e^{-x}$

▪ Für $x \to -\infty$ gilt: $f(x) \to -\infty$;
für $x \to \infty$ gilt: $f(x) \to 0$

▪ Nullstellen bei -1 und 1

▪ $f \geq 0$ auf $[-1; 1]$;
$f < 0$ auf $]-\infty; -1[$ und $]1; \infty[$

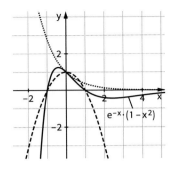

4. f_1 hat $x = 2$ als einzige Nullstelle, also gehört (1) zu f_1.

f_2 hat $x = -2$ als einzige Nullstelle und es gilt $f_2(x) \to 0$ für $x \to \infty$. Somit gehört (3) zu f_2.

f_3 hat die beiden Nullstellen $x = -2$ und $x = 2$, also gehört (2) zu f_3.

f_4 hat $x = -2$ als einzige Nullstelle und es gilt $f_4(x) \to \infty$ für $x \to \infty$, somit gehört (4) zu f_4.

5. a) Der Graph von f hat tatsächlich an der Stelle $x = 0$ einen Tiefpunkt.

Lenas Argumentation stimmt aber nicht, da die Eigenschaften von f von beiden Teilfunktionen abhängig sind.

b) Für $x \to -\infty$ gilt: $x^2 \to \infty$ und $e^{-x} \to \infty$, also auch $f(x) \to \infty$

Für $x \to \infty$ gilt: $x^2 \to \infty$ und $e^{-x} \to 0$.

Das Verhalten von e^{-x} überwiegt, somit $f(x) \to 0$

Die Teilfunktion f_1 hat an der Stelle $x = 0$ eine Nullstelle, somit ist $x = 0$ auch Nullstelle von f.

Die Teilfunktion f_2 hat keine Nullstelle, deshalb ist $x = 0$ die einzige Nullstelle von f.

Für $x = -1$ und für $x = 1$ gilt $f_1(x) = 1$

Somit $f(-1) = f_2(-1)$ und $f(1) = f_2(1)$

6. a) Der Graph beschreibt die Auslenkung der Saite in mm in Abhängigkeit von der Zeit in ms.

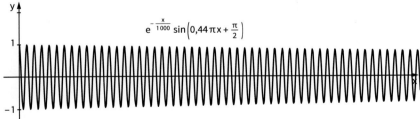

b) Gesucht ist der Zeitpunkt t_0, ab dem $|x(t)| < 0,05$ für alle $t \geq t_0$ erfüllt ist.

Löse die Gleichungen $x(t) = 0,05$ und $x(t) = -0,05$.

Für $t > 2\,995,471$ ms beträgt die Auslenkung weniger als 5 %, d. h. nach ca. 3 s ist der Ton nicht mehr hörbar.

3.2.3 Produktregel – Wachstumsvergleich von e-Funktionen und ganzrationalen Funktionen

186

Einstiegsaufgabe ohne Lösung

- Alle drei Funktionen haben $x = 0$ als einzige Nullstelle. Zur Unterscheidung benutzen wir die Vielfachheit der Nullstelle.

  Die Funktion f_2 hat an der Stelle $x = 0$ eine doppelte Nullstelle ohne Vorzeichenwechsel. Der Graph von f_2 hat an dieser Stelle einen Extrempunkt. Zur Funktion f_2 gehört deshalb der Graph (C).

  Die Funktion f_3 hat an der Stelle $x = 0$ eine dreifache Nullstelle mit Vorzeichenwechsel, ihr Graph berührt an dieser Stelle die x-Achse.

  Somit gehört der Graph (A) zu f_3 und der Graph (B) zu f_1.

  (Die Funktion f_1 hat an der Stelle $x = 0$ eine einfache Nullstelle mit Vorzeichenwechsel.)

- Die beiden Wertetabellen zeigen Funktionswerte der drei Funktionen für immer größer bzw. immer kleiner werdende x-Werte.

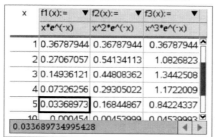

Für $x \to \infty$ erkennen wir:

Die Funktionswerte sind immer positiv, werden aber immer kleiner. Sie streben bei allen drei Funktionen gegen 0, wenn $x \to \infty$.

Betrachtet man die Faktoren x^n und e^{-x}, aus denen die Funktionsterme zusammengesetzt sind, so gilt für $x \to \infty$: $x^n \to \infty$ und $e^{-x} \to 0$

Offensichtlich überwiegt aber das Verhalten des Faktors e^{-x}.

Für $x \to -\infty$ erkennen wir:

- Bei f_1 und f_3 sind die Funktionswerte immer negativ, sie werden unbeschränkt kleiner.
- Bei f_2 sind die Funktionswerte immer positiv, sie werden unbeschränkt größer.

Betrachtet man die Faktoren x^n und e^{-x}, aus denen die Funktionsterme zusammengesetzt sind, so gilt für $x \to -\infty$:

$$e^{-x} \to \infty \text{ und } x^n \to \begin{cases} \infty \\ -\infty \end{cases} \text{ falls } \begin{array}{l} n \text{ gerade} \\ n \text{ ungerade} \end{array}$$

Wir vermuten also:

$$x^n \cdot e^{-x} \to 0 \text{ für } x \to \infty$$

$$x^n \cdot e^{-x} \to \begin{cases} \infty \\ -\infty \end{cases} \text{ falls } \begin{array}{l} n \text{ gerade} \\ n \text{ ungerade} \end{array}, \text{ für } x \to -\infty$$

- Am Graphen von f_1 erkennen wir, dass etwa an der Stelle $x = 1$ ein Hochpunkt liegt. Bildet man die Ableitung von f_1 so wie Leon, hätte aber die Gleichung $f'(x) = 0$ keine Lösung.

  $(-1) \cdot e^{-x}$ kann also nicht die Ableitung von f_1 sein.

189

1. a) $f'(x) = 5 \cdot e^{-x} + (5x - 2) \cdot (-1) \cdot e^{-x} = (5 - 5x + 2) \cdot e^{-x} = (7 - 5x) \cdot e^{-x}$

b) $f'(x) = 2x \cdot e^{2x+1} + (x^2 + 1) \cdot 2 \cdot e^{2x+1} = (2x + 2x^2 + 2) \cdot e^{2x+1} = (2x^2 + 2x + 2) \cdot e^{2x+1}$

c) $f'(x) = 20x \cdot e^{-0,2x} + 10x^2 \cdot (-0,2) \cdot e^{-0,2x} = (20x - 2x^2) \cdot e^{-0,2x} = 2x(10 - x) \cdot e^{0,2x}$

d) $f'(x) = 2x \cdot e^{2x} + x^2 \cdot 2 \cdot e^{2x} - 3 = (2x^2 + 2x)e^{2x} - 3$

e) $f'(x) = 2x \cdot (e^x + e^{-x}) + x^2 \cdot (e^x - e^{-x}) = 2x \cdot e^x + 2x \cdot e^{-x} + x^2 \cdot e^x - x^2 \cdot e^{-x}$
$\quad = (x^2 + 2x)e^x + (2x - x^2) \cdot e^{-x}$

f) $f'(x) = 2 \cdot e^{1-x} + (2x + 1) \cdot (-1) \cdot e^{1-x} = (2 - 2x - 1) \cdot e^{1-x} = (1 - 2x) \cdot e^{1-x}$

g) $f'(x) = 2 \cdot e^{x^2+1} + (2x + 1) \cdot 2x \cdot e^{x^2+1} = (4x^2 + 2x + 2) \cdot e^{x^2+1}$

h) $f'(x) = 3x^2 \cdot e^{1-x^2} + x^3 \cdot (-2x) \cdot e^{1-x^2} = (-2x^4 + 3x^2) \cdot e^{1-x^2}$

i) $f(x) = (2x + 1)^{\frac{1}{2}} \cdot e^{-x^2}$
$f'(x) = \frac{1}{2} \cdot (2x + 1)^{-\frac{1}{2}} \cdot 2 \cdot e^{-x^2} + (2x + 1)^{\frac{1}{2}} \cdot (-2x) \cdot e^{-x^2}$
$\quad = \frac{e^{-x^2}}{\sqrt{2x+1}} - 2x \cdot \sqrt{2x+1} \cdot e^{-x^2} = \frac{(-4x^2 - 2x + 1) \cdot e^{-x^2}}{\sqrt{2x+1}}$

2. a) mit Produktregel: $f(x) = (e^x)^2 = e^x \cdot e^x$
$\qquad\qquad\qquad\qquad\qquad f'(x) = e^x \cdot e^x + e^x \cdot e^x = 2 \cdot (e^x)^2 = 2 \cdot e^{2x}$

     ohne Produktregel: $f'(x) = 2 \cdot e^{2x}$

b) mit Produktregel: $f'(x) = 0 \cdot e^x + 5 \cdot e^x = 5 \cdot e^x$

     ohne Produktregel: $f'(x) = 5 \cdot e^x$

c) mit Produktregel: $f'(x) = 3 \cdot e^{3x} \cdot e^{5x} + e^{3x} \cdot 5 \cdot e^{5x} = (3 + 5) \cdot e^{3x} \cdot e^{5x} = 8 \cdot e^{3x+5x} = 8\,e^{8x}$

     ohne Produktregel: $f(x) = e^{3x+5x} = e^{8x}$
$\qquad\qquad\qquad\qquad\qquad f'(x) = 8 \cdot e^{8x}$

d) mit Produktregel: $f(x) = (e^{2x} + 1) \cdot (e^{2x} + 1)$
$\qquad\qquad\qquad\qquad\qquad f'(x) = 2 \cdot e^{2x} \cdot (e^{2x} + 1) + (e^{2x} + 1) \cdot 2 \cdot e^{2x} = 4 \cdot e^{2x}(e^{2x} + 1)$
$\qquad\qquad\qquad\qquad\qquad\qquad\qquad = 4 \cdot e^{4x} + 4 \cdot e^{2x}$

     ohne Produktregel: $f(x) = e^{4x} + 2\,e^{2x} + 1$
$\qquad\qquad\qquad\qquad\qquad f'(x) = 4 \cdot e^{4x} + 4 \cdot e^{2x}$

3. a) $f(x) = x^2 \cdot e^{-x} \to 0$ für $x \to \infty$

b) $f(x) = x^3 \cdot e^{-x} \to -\infty$ für $x \to -\infty$,
     da $x^3 \to -\infty$ und $e^{-x} \to \infty$

c) $f(x) \to 0$ für $x \to \infty$, da das Verhalten von $e^{-0,5x}$ überwiegt.

d) Der Term $\frac{e^x - 1}{x}$ ist an der Stelle $x = 0$
nicht definiert.
Für $x < 0$ gilt $f(x) \to 1$.
Für $x > 0$ gilt $f(x) \to 1$.
Somit gilt $f(x) \to 1$ für $x \to 0$.

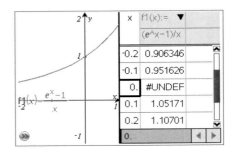

4. a) $f'(x) = 2 \cdot e^x + (2x - 3) \cdot e^x = (2x - 1) \cdot e^x$
$\quad f''(x) = 2 \cdot e^x + (2x - 1) \cdot e^x = (2x + 1) \cdot e^x$
$\quad f'''(x) = 2 \cdot e^x + (2x + 1) \cdot e^x = (2x + 3) \cdot e^x$

189

b) $f'(x) = 2x \cdot e^x + (x^2 + 1) \cdot e^x = (x^2 + 2x + 1) \cdot e^x$
$f''(x) = (2x + 2) \cdot e^x + (x^2 + 2x + 1) \cdot e^x = (x^2 + 4x + 3) \cdot e^x$
$f'''(x) = (2x + 4) \cdot e^x + (x^2 + 4x + 3) \cdot e^x = (x^2 + 6x + 7) \cdot e^x$

c) $f'(x) = 10x \cdot e^{-x} + (5x^2 + 1) \cdot (-1) \cdot e^{-x} = (-5x^2 + 10x - 1) \cdot e^{-x}$
$f''(x) = (-10x + 10) \cdot e^{-x} + (-5x^2 + 10x - 1) \cdot (-1) \cdot e^{-x}$
$\quad = (-10x + 10 + 5x^2 - 10x + 1) \cdot e^{-x} = (5x^2 - 20x + 11) \cdot e^{-x}$
$f'''(x) = (10x - 20) \cdot e^{-x} + (5x^2 - 20x + 11) \cdot (-1) \cdot e^{-x}$
$\quad = (10x - 20 - 5x^2 + 20x - 11) \cdot e^{-x} = (-5x^2 + 30x - 31) \cdot e^{-x}$

d) $f'(x) = 10x \cdot e^{-\frac{1}{4}x} + 5x^2 \cdot \left(-\frac{1}{4}\right) \cdot e^{-\frac{1}{4}x} = \left(10x - \frac{5}{4}x^2\right) \cdot e^{-\frac{1}{4}x}$
$f''(x) = \left(10 - \frac{5}{2}x\right) \cdot e^{-\frac{1}{4}x} + \left(10x - \frac{5}{4}x^2\right) \cdot \left(-\frac{1}{4}\right) \cdot e^{-\frac{1}{4}x} = \left(10 - \frac{5}{2}x - \frac{5}{2}x + \frac{5}{16}x^2\right) \cdot e^{-\frac{1}{4}x}$
$\quad = \left(\frac{5}{16}x^2 - 5x + 10\right) \cdot e^{-\frac{1}{4}x}$
$f'''(x) = \left(\frac{5}{8}x - 5\right) \cdot e^{-\frac{1}{4}x} + \left(\frac{5}{16}x^2 - 5x + 10\right) \cdot \left(-\frac{1}{4}\right) \cdot e^{-\frac{1}{4}x} = \left(\frac{5}{8}x - 5 - \frac{5}{64}x^2 + \frac{5}{4}x - \frac{5}{2}\right) \cdot e^{\frac{1}{4}x}$
$\quad = \left(-\frac{5}{64}x^2 + \frac{15}{8}x - \frac{15}{2}\right) \cdot e^{-\frac{1}{4}x}$

Klammert man vor jeder höheren Ableitung zuerst aus, muss man die Produktregel bei jeder Ableitung nur einmal anwenden.

5. a) $f'(x) = (x - 4) \cdot e^x$; $f''(x) = (x - 3) \cdot e^x$
Vermutung: $f'''(x) = (x - 2) \cdot e^x$; $f^{(IV)}(x) = (x - 1) \cdot e^x$
Stammfunktion: $F(x) = (x - 6) \cdot e^x$
Wegen $F'(x) = f(x)$, $F''(x) = f'(x)$, usw. kann die Ableitungsreihe zur Bestimmung der Stammfunktion in die entgegengesetzte Richtung fortgesetzt werden.

b) $f'(x) = (x + 2) \cdot e^x$; $f''(x) = (x + 3) \cdot e^x$
Vermutung: $f'''(x) = (x + 4) \cdot e^x$; $f^{(IV)}(x) = (x + 5) \cdot e^x$
Stammfunktion: $F(x) = x \cdot e^x$

c) $f'(x) = (-x - 2) \cdot e^{-x}$; $f''(x) = (x + 1) \cdot e^{-x}$
Vermutung: $f'''(x) = -x \cdot e^{-x}$; $f^{(IV)}(x) = (x - 1) \cdot e^{-x}$
Stammfunktion: $F(x) = (-x - 4) \cdot e^{-x}$

190

6. a) Der 2. Summand in der Ableitung ist falsch.
Richtig muss es heißen: $f'(x) = e^{2x} + x \cdot 2 \cdot e^{2x}$

b) Die Ableitung ist richtig.

c) Der 1. Summand in der Ableitung ist falsch.
Richtig muss es heißen: $f'(x) = 0 \cdot e^{2x+1} + 4 \cdot e^{2x+1} \cdot 2 = 8 \cdot e^{2x+1}$

7. a) Für $x \to \infty$: $f(x) \to \infty$
Für $x \to -\infty$: $f(x) \to 0$
$f'(x) = (x^2 + 2x - 8) \cdot e^x$;
$f''(x) = (x^2 + 4x - 6) \cdot e^x$
$f'(x) = 0$ hat die Lösungen
$x_1 = -4$; $x_2 = 2$.
$f''(-4) = -6 \cdot e^{-4} < 0$; $f(-4) = 8 \cdot e^{-4} \approx 0{,}15$
Hochpunkt $H(-4 \mid 8 \cdot e^{-4})$
$f''(2) = 6 \cdot e^2 > 0$; $f(2) = -4 \cdot e^2 \approx -29{,}6$
also Tiefpunkt $T(2 \mid 4e^2)$

b)

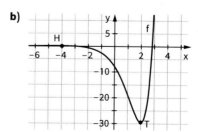

8. a) Nullstelle $x = 0$
Für $x \to \infty$; $f(x) \to 0$
Für $x \to -\infty$; $f(x) \to -\infty$ $\left(f(x) < 0 \text{ für } x < 0\right)$

b) $f'(x) = (4 - 2x) \cdot e^{-0{,}5x}$; $f''(x) = (x - 4) \cdot e^{-0{,}5x}$
Nullstelle von f'': $x = 4$ mit VZW
$f(4) = 16 \cdot e^{-2} \approx 2{,}2$
Wendepunkt $W(4 \mid 16 \cdot e^{-2})$

c) Steigung der Wendetangente: $m = f'(4) = -4 \cdot e^{-2}$
Gleichung: $y = -4 \cdot e^{-2} \cdot x + c$
W liegt auf der Tangente, also
$16 \cdot e^{-2} = -16 \cdot e^{-2} + c$, also $c = 32 \cdot e^{-2}$
w: $y = -4 \cdot e^{-2} \cdot x + 32 \cdot e^{-2}$

9. a) $F'(x) = (-4x - 8) \cdot e^{-\frac{1}{2}x} + (-2x^2 - 8x - 16) \cdot \left(-\frac{1}{2}\right) \cdot e^{-\frac{1}{2}x}$
$= (-4x - 8 + x^2 + 4x + 8) \cdot e^{-\frac{1}{2}x} = x^2 \cdot e^{-\frac{1}{2}x} = f(x)$
D. h. F ist eine Stammfunktion zu f.

b) $A = \int\limits_{0}^{2} f(x)\,dx = [F(x)]_0^2 = -40 \cdot e^{-1} - (-16) = 16 - \dfrac{40}{e} \approx 1{,}28$

10. Für die Funktion f gilt:
Nullstelle $x = 3$; Schnittpunkt mit der y-Achse $M(0 \mid -3)$. Der zweite Graph gehört zur Funktion f.
Der Graph von f hat an der Stelle $x \approx 1$ einen Tiefpunkt, d. h. der Graph von f' hat an dieser Stelle eine Nullstelle mit einem VZW von Minus nach Plus. Somit gehört der 3. Graph zu f'.
Der 1. Graph gehört zu F, da dieser Graph bei $x = 3$ einen Tiefpunkt hat und f bei $x = 3$ eine Nullstelle mit VZW von − nach +.

11. a) Nullstelle von f: $x = -1$, also $N(-1 \mid 0)$
$f'(x) = -x \cdot e^{1-x}$; $f''(x) = (x - 1) \cdot e^{1-x}$
Nullstelle von f'': $x = 1$ mit VZW
$f(1) = 2$, also Wendepunkt $W(1 \mid 2)$

b) Steigung der Wendetangente: $m = f'(1) = -1$
Gleichung der Tangente: $y = -x + c$
W liegt auf der Tangente, also $2 = -1 + c$, somit $c = 3$
Wendetangente: $y = -x + 3$
Schnittpunkt der Wendetangente mit der x-Achse $S(3 \mid 0)$
Länge der Dreiecksseiten:
$|NS| = 4$
$|NW| = \sqrt{(1 - (-1))^2 + (2 - 0)^2} = \sqrt{8}$
$|SW| = \sqrt{(3 - 1)^2 + (0 - 2)^2} = \sqrt{8}$
Die Seiten $\overline{NW}$ und $\overline{SW}$ sind gleich lang, somit ist das Dreieck NSW gleichschenklig.

190

12. a) Beide Funktionen haben $x = 0$ als einzige Nullstelle. $x = 0$ ist eine einfache Nullstelle der Funktion f, aber eine doppelte Nullstelle der Funktion g. Somit gehört Graph (1) zu g und Graph (2) zu f.

b) ▪ Hochpunkt des Graphen von g
$g'(x) = (10x^2 + 20x) \cdot e^x;\ g''(x) = (10x^2 + 40x + 20) \cdot e^x$
$g'(x) = 0$ hat die Lösungen $x_1 = -2;\ x_2 = 0$
$g''(-2) = -20 \cdot e^{-2} < 0;\ g(-2) = 40 \cdot e^{-2} \approx 5,4$
Hochpunkt $H(-2 \mid 40 \cdot e^{-2})$

▪ Wendepunkt des Graphen von f
$f'(x) = (-20x - 20) \cdot e^x;\ f''(x) = (-20x - 40) \cdot e^x$
$f''(x) = 0$ hat die Lösung $x = -2$ (Nullstelle von f'' mit VZW)
$f(-2) = 40 \cdot e^{-2}$, also $W(-2 \mid 40 \cdot e^{-2})$
Der Hochpunkt des Graphen von g und der Wendepunkt des Graphen von f fallen zusammen.

191

13. Alle vier Funktionen haben $x = 1$ als einzige Nullstellen. Bei der Funktion f ist $x = 1$ eine doppelte Nullstelle ohne VZW, während bei den drei anderen Funktionen $x = 1$ eine einfache Nullstelle mit VZW ist.
Deshalb kommt nur der Graph (D) als Graph der Funktion f infrage.
Für die drei restlichen Funktionen betrachten wir das Verhalten für $x \to \infty$ bzw. $x \to -\infty$.

Für $x \to \infty$: $g(x) \to \infty$
                        $h(x) \to -\infty$
                        $i(x) \to 0$
Für $x \to -\infty$: $g(x) \to 0$
                        $h(x) \to 0$
                        $i(x) \to -\infty$

Damit ergibt sich folgende Zuordnung

Funktion	f	g	h	i
Graph	D	C	A	B

14. Es gilt: $F'(x) = f(x)$ und $F''(x) = f'(x)$
▪ Die Nullstellen von f mit VZW sind Extremstellen von F.
Der Graph von F hat an der Stelle $x = -1$ einen Hochpunkt, da f dort eine Nullstelle mit einem VZW von + nach – hat.
Der Graph von F hat an der Stelle $x = 2$ einen Tiefpunkt, da f dort eine Nullstelle mit einem VZW von – nach + hat.
▪ Die Extremstellen von f sind die Wendestellen von F.
Der Graph von F besitzt Wendepunkte an den Stellen $x = 0$ und $x = 5$.
▪ Über die Nullstellen von F kann man keine Aussage machen, da man aus der Kenntnis des Graphen von $F' = f$ nur Aussagen über die Steigungen von F, nicht aber über die Funktionswerte von F machen kann.

15. a) Nullstellen von f_k:

$(1 - kx^2) \cdot e^x = 0$; also $x_{1,2} = \pm\sqrt{\dfrac{1}{k}}$

Der Graph (1) hat die Nullstellen $x_{1,2} = \pm 2$, also $k = \dfrac{1}{4}$.

Der Graph (2) hat die Nullstellen $x_{1,2} = \pm 1$, also $k = 1$.

b) Nur die Funktionen f_k mit $k > 0$ besitzen Nullstellen. Nur die Graphen dieser Funktionen haben diesen Verlauf.

c) Gemeinsame Punkte der Funktionen f_{k_1} und f_{k_2} mit $k_1 \neq k_2$:

$(1 - k_1 x^2) \cdot e^x = (1 - k_2 x^2) \cdot e^x$, also $(k_2 - k_1) \cdot x^2 = 0$, somit $x = 0$

$f_k(0) = 1$

Alle Graphen der Schar haben den Punkt $(0 \mid 1)$ gemeinsam.

d) $f_k'(x) = (-kx^2 - 2kx + 1) \cdot e^x$

$f_k'(0) = 1$

Alle Graphen berühren sich im Punkt $P(0 \mid 1)$.

e) $F_k'(x) = (-2kx + 2k) \cdot e^x + (-kx^2 + 2kx - 2k + 1) \cdot e^x$

$\qquad = e^x \cdot [-2kx + 2k - kx^2 + 2kx - 2k + 1]$

$\qquad = (-kx^2 + 1) \cdot e^x = f_k(x)$

Somit ist F_k eine Stammfunktion zu f_k.

f) $A = \displaystyle\int_{-\sqrt{\frac{1}{k}}}^{\sqrt{\frac{1}{k}}} f_k(x)\,dx = [F_k(x)]_{-\sqrt{\frac{1}{k}}}^{\sqrt{\frac{1}{k}}} = \left(-\dfrac{1}{k} + 2k\sqrt{\dfrac{1}{k}} - 2k + 1\right) \cdot e^{\sqrt{\frac{1}{k}}} - \left(-\dfrac{1}{k} - 2k \cdot \sqrt{\dfrac{1}{k}} - 2k + 1\right) \cdot e^{-\sqrt{\frac{1}{k}}}$

3.3 Modellieren mit zusammengesetzten Funktionen

Einstiegsaufgabe ohne Lösung

- Das Fieber steigt in den ersten fünf Stunden stark an bis zu einem Höchstwert von etwa 40 °C. Danach nehmen die Temperaturen allmählich ab, bis am Ende des ersten Tages ca. 37 °C erreicht werden. Der stärkste Temperaturrückgang ist etwa nach 10 Stunden.

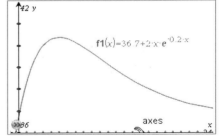

- Dem Graphen können wir den Hochpunkt $H(5 \mid 40,4)$ entnehmen. Nach 5 Stunden ist die Temperatur mit ca. 40,4 °C am höchsten.

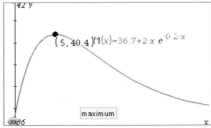

192

- Dem Graphen von f' entnehmen wir einen Tiefpunkt an der Stelle x = 10.
  Der Temperaturrückgang ist am stärksten nach 10 Stunden.

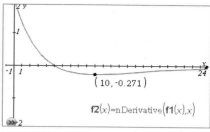

Wir bestimmen die Schnittpunkte des Graphen mit der Geraden mit der Gleichung y = 38.
Benötigt wird nur der Schnittpunkt nach dem Hochpunkt des Graphen.
Wir erhalten x ≈ 16,02.
Nach etwa 16 Stunden sinkt das Fieber erstmals nach dem Höchststand unter 38 °C.

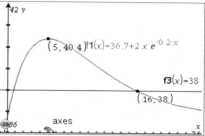

- t → ∞: f(t) → 36,7
  Die Körpertemperatur beträgt 36,7 °C.

195

1. **a)** Die Konzentration steigt in den ersten vier Stunden stark an, nach etwa 4 Stunden ist die höchste Konzentration erreicht. Danach nimmt die Konzentration ständig ab.
   Am Graph lesen wir den Hochpunkt H(4|4,41) ab.
   Nach 4 Stunden wird mit 4,41 $\frac{mg}{l}$ die höchste Konzentration erreicht.

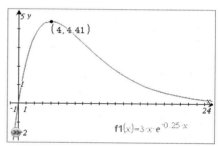

   b) Wir bestimmen die Schnittstellen der Funktionsgraphen mit der Geraden mit der Gleichung y = 2.
   $x_1 ≈ 0,8$; $x_2 ≈ 11,3$
   Die Wirkungsdauer beträgt ca. 10,5 h.

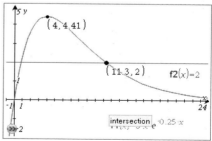

Die Gleichung f(t) = 2 kann auch mit dem nsolve-Befehl gelöst werden.

195

c) Wir bestimmen den Wendepunkt des Graphen.

- mithilfe des GTR
  Die Extremstelle von f′ liegt bei
  $x \approx 8{,}0$.

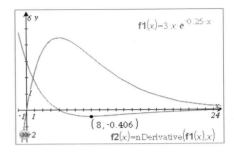

- rechnerisch
  $$f''(t) = \left(\frac{3}{16}t - \frac{3}{2}\right) \cdot e^{-0{,}25t}$$
  Nullstelle von f″: $t = 8$ mit VZW
  Die Konzentration nimmt zum Zeitpunkt $t = 8$ am stärksten ab.

- $W\left(8 \,\middle|\, \frac{24}{e^2}\right)$
  Gleichung der Tangente im Punkt W.
  Steigung $m = f'(8) = -\frac{3}{e^2}$
  Gleichung: $y = -\frac{3}{e^2} \cdot x + c$
  W liegt auf der Tangente, also $\frac{24}{e^2} = -\frac{3}{e^2} \cdot 8 + c$, also $c = \frac{48}{e^2}$
  Tangente: $y = -\frac{3}{e^2} \cdot x + \frac{48}{e^2}$

- Schnittpunkt der Tangente mit der x-Achse
  $-\frac{3}{e^2}x + \frac{48}{e^2} = 0$, also $x = 16$
  Der Wirkstoff ist nach diesem Modell nach 16 h vollständig abgebaut.

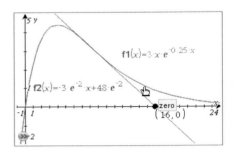

196

2. a) Nach ca. 2 bis 3 Tagen steigt die Anzahl der Erkrankten am stärksten an. Die höchste Erkrankungsrate ist nach ca. 8 Tagen erreicht.
Danach ist die Erkrankungsrate rückläufig, am stärksten nimmt sie nach ca. 14 Tagen ab.

- Höchststand der Erkrankungsrate
  Am Graphen lesen wir ein Maximum bei $t = 8$ ab. Nach 8 Tagen erkranken die meisten Personen

- Für $x > 8$ ist f streng monoton fallend, da
  $$f'(t) = \frac{-125\,t \cdot (t-8)}{2} \cdot e^{-0{,}25t} < 0$$
  für alle $t > 8$.
  (Denn es gilt: $t - 8 > 0$ für $t > 8$)
  D. h., für $t > 8$ ist die Erkrankungsrate rückläufig.

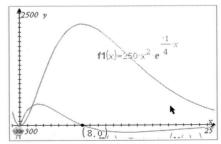

196

- Am Graphen von f' erkennen wir 2 Extremstellen. Das Minimum liegt bei $t \approx 13{,}7$.
  Zum Zeitpunkt $t \approx 13{,}7$ nimmt die Erkrankungsrate am stärksten ab.

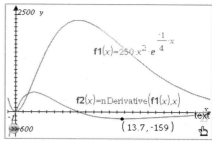

b) Anzahl der Erkrankten nach 14 Tagen:

$$N = \int_0^{14} f(t)\,dt \approx 21\,733$$

In den ersten 14 Tagen sind ca. 21 733 Personen neu erkrankt.

- $F(t) = -1\,000 \cdot (t^2 + 8t + 32) \cdot e^{-\frac{1}{4}t}$

  $F'(t) = -1\,000 \cdot \left((2t + 8) \cdot e^{-\frac{1}{4}t} + (t^2 + 8t + 32) \cdot \left(-\frac{1}{4}\right) \cdot e^{-\frac{1}{4}t} \right)$

  $\qquad = -1\,000 \cdot e^{-\frac{1}{4}t} \cdot \left(2t + 8 - \frac{1}{4}t^2 - 2t - 8 \right)$

  $\qquad = -1\,000 \cdot e^{-\frac{1}{4}t} \cdot \left(-\frac{1}{4}t^2 \right) = 250\,t^2 \cdot e^{-\frac{1}{4}t} = f(t)$

- Maximale Anzahl an Erkrankten

  Wir betrachten $\int_0^u f(t)\,dt = F(u) - F(0)$ für $u \to \infty$

  Es gilt: $F(u) \to 0$ für $u \to \infty$.

  Zudem gilt: $F(0) = -32\,000$

  Also gilt: $\int_0^u f(t)\,dt = 0 - (-32\,000) = 32\,000$ für $u \to \infty$

  Nach diesem Modell liegt die Gesamtzahl der Erkrankten bei 32 000 und damit unter 35 000.

3. **a)** Die dem Wasser zugewandte ist die Seite des Deichs für $4 \leq x \leq 15$.
Diese Seite des Deichs ist im unteren Bereich des Deichs deutlich flacher, sodass das auflaufende Wasser nicht so stark gegen die Deichwand prallt und weniger Schäden verursacht.

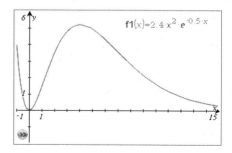

196

b) Der Hochpunkt des Graphen hat die Koordinaten H $(4 \mid \approx 5,2)$.

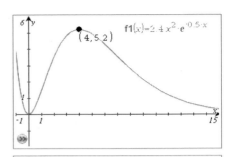

c) Das maximale Gefälle der Böschung liegt im Wendepunkt des Graphen für $4 \leq x \leq 15$.

Dem Graphen von f' entnehmen wir einen Tiefpunkt an der Stelle $x \approx 6,8$. Die Steigung an dieser Stelle beträgt ca. $-0,76$.

Aus $\tan(\alpha) \approx -0,76$ erhält man $\alpha \approx -37,2°$.

Das maximale Gefälle auf der Wasserseite ist mit $37,2°$ kleiner als $45°$.

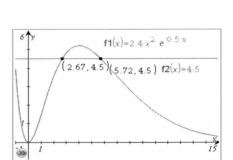

d) Wir bestimmen die Schnittstellen des Graphen mit der Geraden $y = 4,5$.

$x_1 \approx 2,7$; $x_2 \approx 5,7$

Der Radweg wird ca. 3 m breit.

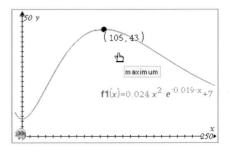

e) Querschnittsfläche der abzutragenden Erde

$$A = \int_{2,7}^{5,7} (f(x) - 4,5)\, dx \approx 1,39$$

$V = A \cdot 1\,000 \approx 1\,390$

Es müssten ca. 1 390 m³ Erde abgetragen werden.

4. a) Der Graph von f hat einen Hochpunkt H $(\approx 105 \mid \approx 43)$.

Nach diesem Modell würde die größte CO_2-Emission etwa im Jahr 2055 stattfinden.

Die maximale Emission pro Jahr würde dann ca. 43 Millionen Tonnen betragen.

196

Schnitt des Graphen mit der Geraden
y = 21,5
Wir bestimmen die Schnittstelle nach
dem Hochpunkt: x ≈ 240
Erst ab dem Jahr 2190 würde sich
der jährliche Ausstoß auf weniger als
die Hälfte des maximalen Ausstoß
verringern.

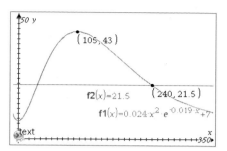

b) Gesamtausstoß der Jahre 2000 bis 2020

$$\int_{50}^{70} f(t)\,dt \approx 689,4$$

In den Jahren 2000 bis 2020 würden ca. 689 Milliarden Tonnen CO_2 ausgestoßen.

c) $g'(t) = a \cdot \left(2t - \dfrac{t^2}{45}\right) \cdot e^{-\frac{t}{45}}$

(1) $g'(90) = 0$, d. h. waagerechte Tangente an den Graphen von f an der Stelle $t = 0$

(2) $g(90) = 8\,100 \cdot a \cdot e^{-2} + 7 = 31$

$a = \dfrac{24 \cdot e^2}{8\,100} \approx 0,022$

Also: $g(t) = 0,022 \cdot t^2 \cdot e^{-\frac{1}{45}t} + 7$

d) Ausstoß in den Jahren 2020 bis 2050

Szenario A: $\displaystyle\int_{70}^{100} f(t)\,dt \approx 1\,235$ Szenario B: $\displaystyle\int_{70}^{100} g(t)\,dt \approx 924$

Es könnten in den Jahren 2020 bis 2050 ca. 311 Milliarden Tonnen CO_2 vermieden werden.

197

5. a) Wir legen ein Koordinatensystem fest, z. B. die x-Achse liegt im Querschnitt auf der Straße, die y-Achse geht durch den Tiefpunkt des Kabels.

(1) Beschreibung durch eine zur y-Achse symmetrische Parabel mit $f(x) = ax^2 + b$

Bedingungen: (A) $f(0) = 20$, also $b = 20$

(B) $f(640) = 152$, also $a = \dfrac{33}{102\,400} \approx 0,000322$; $f(x) = 0,000322\,x^2 + 20$

(2) Beschreibung durch eine Kettenlinie

$g(x) = a \cdot (e^{bx} + e^{-bx})$

Bedingungen:

(A) $g(0) = 20$,

also $a = 10$

(B) $g(640) = 152$,

also $10 \cdot (e^{640b} + e^{-640b}) = 152$

197

Die Näherungslösung dieser
Gleichung mithilfe eines GTR ergibt
$b \approx 0{,}004245$
Ergebnis:
$g(x) = 10 \cdot \left(e^{0{,}004245x} + e^{-0{,}004245x}\right)$

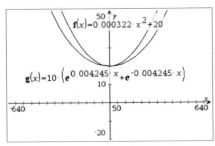

- Unterschied zwischen den beiden
  Kurven. Aus Symmetriegründen
  können wir uns auf die Differenz im
  1. Quadranten beschränken.
  Es gilt: $d(x) = f(x) - g(x)$, $0 \le x \le 640$
  Am Graphen der Funktion d lesen
  wir ein Maximum an der Stelle
  $x \approx 465$ ab.
  An der Stelle $x \approx 465$ ist die Differenz am größten, sie beträgt an
  dieser Stelle ca. 16,2 Meter.

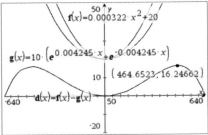

b) Wir betrachten wieder den 1. Quadranten:
$d'(x) = f'(x) - g'(x)$, $0 \le x \le 640$
Am Graphen der Ableitungsfunktion d'
lesen wir die Nullstelle $x \approx 465$ ab.
Die Parabel steigt somit im Bereich
$[-465; 465]$ schneller als die Kettenlinie.

- Steigung an der Pfeilerspitze
  $f'(640) \approx 0{,}41$; $g'(640) \approx 0{,}64$

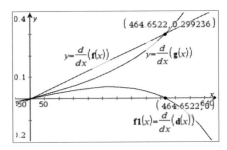

6. a) Die Anzahl der pro Minute ankommen-
den Besucher nimmt in den ersten
30 min ständig zu.
Nach einer halben Stunde ist ein
Höchststand mit etwa 6 Besuchern
pro Minute erreicht. Danach nimmt
die Anzahl ständig ab. Kurz vor Beginn
der Vorführung kommt noch ca. ein
Besucher pro Minute.

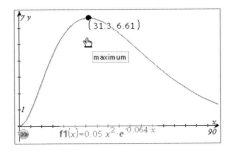

197

b) ▪ Am Graphen lesen wir den Hochpunkt H$(31,25 \mid \approx 6,6)$ ab.
31 min nach Öffnung der Kassen,
also um 20:01 Uhr, kommen die
meisten Besucher pro Minute an.
Es sind ca. 7 Personen pro Minute.

▪ Wir lesen die Schnittstelle $x \approx 67,8$
ab. Ab 20:18 Uhr kommen weniger
als 3 Personen pro Minute an der
Kasse an.

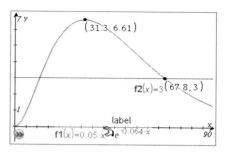

c) $G(x) = -0,78125 \cdot (x^2 + 31,25x + 488,28125) \cdot e^{-0,064x}$

$G'(x) = -0,78125 \cdot [(2x + 31,25) \cdot e^{-0,064x} + (x^2 + 31,25x + 488,28125) e^{-0,064x} \cdot (-0,0064)]$

$= -0,78125 \cdot e^{-0,064x} \cdot [2x + 31,25 - 0,064x^2 - 2x - 31,25]$

$= -0,78125 \cdot e^{-0,064x} \cdot (-0,064x^2) = 0,05x^2 \cdot e^{-0,064x} = f(x)$

D. h. die Funktion G ist eine Stammfunktion zu f.

▪ Gesamtzahl der angekommenen Personen zum Zeitpunkt t.

$$H(t) = \int_0^t f(x)\,dx = G(t) - G(0) \approx 381,5 - 0,78125\,(t^2 + 31,25t + 488,28125) \cdot e^{-0,064t}$$

Um 21 Uhr, also 90 Minuten nach Kassenöffnung sind $H(90) \approx 353$ Personen an
den Kassen angekommen.

d) Zwischen 19:30 Uhr und 19:50 Uhr sind ca. $H(20) \approx 53$ Personen an den Kassen angekommen. Jemand, der um 19:50 Uhr an die Kasse kommt, muss also zwischen 5 und
6 Minuten warten.

7. a) Am Graphen lesen wir den Hochpunkt
H$(\approx 9,8 \mid \approx 5\,600)$ ab.
Nach ca. 9,8 Tagen ist die Zuflussrate mit
ca. $5\,600\,\frac{m^3}{Tag}$ am größten.

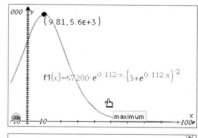

b) $\int_0^{100} w(t)\,dt \approx 149\,992$

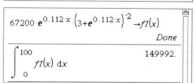

Nach 100 Tagen sind ca. $149\,992\,m^3$ im
Staubecken. Der Plan ist also realistisch.

c) $\int_0^u (w(t)\,dt = 75\,000$

Näherungsweise Lösung mit einem GTR
ergibt $u \approx 14,37$.

Die verbleibenden $75\,000\,m^3$ werden mit einer konstanten Zuflussrate von $1\,250\,m^3$ pro
Tag gefüllt.

$$\frac{75\,000\,m^3}{1\,250\,\frac{m^3}{Tag}} = 60\,Tage$$

Der gesamte Füllvorgang dauert nun 74,37 Tage.

8. a)

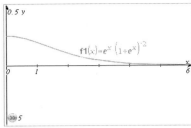

$f(x) = \dfrac{e^x}{(1+e^x)^2} \to 0$ für $x \to \infty$

$f'(x) = e^x \cdot (1+e^x)^{-2} + e^x \cdot (-2) \cdot (1+e^x)^{-3} \cdot e^x = e^x \cdot (1+e^x)^{-3} \cdot [1+e^x - 2e^x] = \dfrac{e^x(1-e^x)}{(1+e^x)^3} < 0$

für $x > 0$, da $1 - e^x < 0$, $e^x > 0$, $(1+e^x)^3 > 0$

Der Fischbestand nimmt nicht ab, sondern weiter zu, da die momentane Änderungsrate f für alle $x > 0$ positiv ist.

b) $F'(x) = -(-1) \cdot (1+e^x)^{-2} \cdot e^x = e^x \cdot (1+e^x)^{-2} = f(x)$

$B(t) = 2 + \displaystyle\int_0^t f(x)\,dx = 2 + [-(1+e^x)^{-1}]_0^t = 2{,}5 - \dfrac{1}{e^t + 1}$

Bestand nach 2 Jahren: $B(2) = 2{,}5 - \dfrac{1}{e^2 + 1} \approx 2{,}38$

Nach 2 Jahren sind ca. 2,4 Millionen Fische vorhanden.

$B(t) \to 2{,}5$ für $t \to \infty$

Langfristig sind 2,5 Millionen Fische zu erwarten.

9. a)

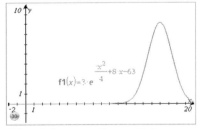

$f(t) = 4$, also $t_1 \approx 14{,}3$; $t_2 \approx 17{,}7$

Im Zeitintervall $[\approx 14{,}3; \approx 17{,}7]$ sind mehr als 4 Millionen Bazillen vorhanden.

$f'(t) = 3 \cdot \left(-\tfrac{1}{2}t + 8\right) \cdot e^{-\frac{1}{4}t^2 + 8t - 63} = \dfrac{3}{2}(16 - t) \cdot e^{-\frac{1}{4}t^2 + 8t - 63}$

f' hat die Nullstelle $t = 16$ mit einem Vorzeichenwechsel von $+$ nach $-$.

$f(16) = 3e \approx 8{,}15$

Nach 16 Stunden ist der maximale Bestand erreicht, er beträgt ca. 8,15 Millionen Bazillen.

b)

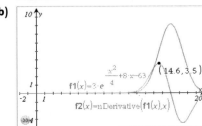

Das Maximum von f' liegt an der Stelle $t \approx 14{,}6$. Es beträgt $\approx 3{,}5$.

Die momentane Änderungsrate ist in diesem Zusammenhang die Wachstumsgeschwindigkeit. Sie beträgt ca. 3,5 Millionen Bazillen pro Stunde zum Zeitpunkt $t \approx 14{,}6$.

c) Wir bestimmen t, sodass $f(t+1) = 2 \cdot f(t)$, also $t \approx 14{,}1$

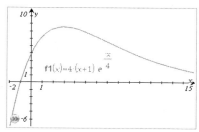

Im Zeitraum $[14{,}1;\ 15{,}1]$ verdoppelt sich der Bestand.

10. a)

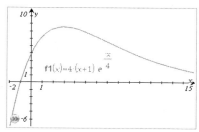

- Globalverhalten
  $f(x) \to -\infty$ für $x \to -\infty$
  $f(x) \to 0$ für $x \to \infty$
- Nullstelle $x = -1$
- $f'(x) = 4 \cdot e^{-\frac{1}{4}x} + 4 \cdot (x+1) \cdot \left(-\frac{1}{4}\right) \cdot e^{-\frac{1}{4}x} = (3-x) \cdot e^{-\frac{1}{4}x}$

  $f''(x) = (-1) \cdot e^{-\frac{1}{4}x} + (3-x) \cdot \left(-\frac{1}{4}\right) \cdot e^{-\frac{1}{4}x} = \left(\frac{x}{4} - \frac{7}{4}\right) \cdot e^{-\frac{1}{4}x}$

  f' hat die Nullstelle $x = 3$

  $f''(3) = -e^{-\frac{3}{4}} < 0$

  Hochpunkt $H\left(3 \,\middle|\, 16\,e^{-\frac{3}{4}}\right)$
- Wendepunkt

  f'' hat die einfache Nullstelle $x = 7$ mit einem Vorzeichenwechsel

  Wendepunkt $W\left(7 \,\middle|\, 32 \cdot e^{-\frac{7}{4}}\right)$

b) $V = \pi \cdot \int\limits_{0}^{10} [f(x)]^2 \, dx = \pi \cdot \int\limits_{0}^{10} 16 \cdot (x+1)^2 \cdot e^{-\frac{1}{2}x} \, dx \approx 1189{,}7$

Der Innenraum hat ein Volumen von ca. 1190 cm³.

$V_1 = \pi \cdot \int\limits_{0}^{7} [f(x)]^2 \, dx \approx 991{,}2$

In diesem Fall befinden sich ca. 991 cm³ Wasser in der Vase.

c) Durchmesser an der breitesten Stelle: $d_1 = 2 \cdot f(x_{max}) = 2 \cdot f(3) = 32 \cdot e^{-\frac{3}{4}} \approx 15{,}1$
Durchmesser an der Öffnung der Vase: $d_2 = 2 \cdot f(10) \approx 7{,}2$

198

11. a)

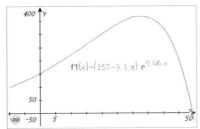

Die Erdölförderung nimmt zu und erreicht etwa im Jahr 2034 ihr Maximum. Danach nimmt sie sehr schnell ab. Etwa ab 2050 wird kein Erdöl mehr gefördert.

b) $f'(x) = -3{,}1 \cdot e^{0{,}06x} + (153 - 3{,}1x) \cdot e^{0{,}06x} \cdot 0{,}06 = (6{,}08 - 0{,}186x) \cdot e^{0{,}06x}$

$f''(x) = -0{,}186 \cdot e^{0{,}06x} + (6{,}08 - 0{,}186x) \cdot e^{0{,}06x} \cdot 0{,}06 = (0{,}1788 - 0{,}01116x) \cdot e^{0{,}06}$

f' hat die Nullstelle $x \approx 32{,}7$

$f''(32{,}7) \approx -1{,}3 < 0$; $f(32{,}7) \approx 367{,}3$

Im Jahr 2034 ist die Fördermenge maximal. Sie beträgt zu diesem Zeitpunkt ca. $367 \cdot 10^8$ Tonnen Erdöl.

f'' hat die einfache Nullstelle $x \approx 16{,}0$ mit einem Vorzeichenwechsel.

Etwa im Jahr 2017 ist der Zuwachs maximal.

c) $f(x) = 200$, also $x_1 \approx 7{,}0$; $x_2 \approx 45{,}0$

Zwischen 2008 und 2045 werden mehr als $200 \cdot 10^8$ Tonnen gefördert.

d) $f(x) = 0$, also $x \approx 49{,}4$

Gesamtfördermenge: $\displaystyle\int_0^{49{,}4} f(x)\,dx \approx 13\,228{,}0$

Der Gesamtförderzeitraum läuft von 2001 bis 2050.

Die Fördermenge in diesem Zeitraum beträgt ca. $13\,228 \cdot 10^8 \approx 1{,}3 \cdot 10^{12}$ Tonnen Erdöl.

3.4 Aspekte von Funktionsuntersuchungen mit e-Funktionen

199

Einstiegsaufgabe ohne Lösung

- Verlauf und Eigenschaften von f:
  - Keine Symmetrie erkennbar
  - Nullstelle $N(0\,|\,0)$
  - Extrempunkte:

    $f'(x) = \left(3 - \dfrac{3}{2}x\right) \cdot e^{-\frac{1}{2}x}$; $f''(x) = \left(\dfrac{3}{4}x - 3\right) \cdot e^{-\frac{1}{2}x}$

    Nullstelle von f': $x = 2$

    $f''(2) = -\dfrac{3}{2e} < 0$, also Hochpunkt $H\left(2\,\middle|\,\dfrac{6}{e}\right)$

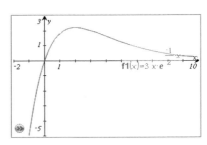

- Wendepunkt:

  Nullstelle von f'': $x = 4$ Nullstelle mit VZW

  Wendepunkt $W\left(4\,\middle|\,\dfrac{2}{e^2}\right)$

199

- Die maximale Konzentration ist nach 2 Stunden erreicht. Sie beträgt $\frac{6}{e} \approx 2{,}21$ mg pro Liter Blut. Der Abbau ist am stärksten nach 4 Stunden.
- Wir bestimmen die Schnittstellen der Graphen mit der Geraden $y = 0{,}75$.
$x_1 \approx 0{,}29$; $x_2 \approx 6{,}52$
Die Wirkungsdauer beträgt ca. 6,23 Stunden, also ca. 6 Stunden 14 Minuten.

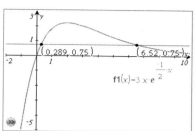

202

1.
- Schnittpunkt des Graphen mit der y-Achse: $f(0) = 2$, also $M(0|2)$
- $f'(x) = \frac{1}{2} \cdot e^{\frac{1}{2}x}$
  Steigung der Tangente $m_1 = f'(0) = \frac{1}{2}$, also $y = \frac{1}{2}x + c$
  M liegt auf der Tangente, also $2 = \frac{1}{2} \cdot 0 + c$, $c = 2$
  Tangentengleichung: $y = \frac{1}{2}x + 2$
  Steigung der Normalen: $m_2 = -\frac{1}{m_1} = -2$
  also $y = -2x + c$, $c = 2$
  Normalengleichung: $y = -2x + 2$
- Schnittpunkt der Tangente mit der x-Achse
  $\frac{1}{2}x + 2 = 0$, also $x_1 = -4$; $S_1(-4|0)$
- Schnittpunkt der Normalen mit der x-Achse
  $-2x + 2 = 0$; also $x = 1$; $S_2(1|0)$
- Flächeninhalt des Dreiecks $S_1 S_2 M$
  Wir zerlegen das Dreieck in die beiden Teildreiecke $S_1 OM$ und $OS_2 M$.
  $A_{S_1 OM} = \frac{1}{2} \cdot 4 \cdot 2 = 4$ und $A_{OS_2 M} = \frac{1}{2} \cdot 1 \cdot 2 = 1$
  $A_{S_1 S_2 M} = 5$

2. a)
- Nullstellen von f:
  $f(x) = 0$, also $x = -1$
- Verhalten für $x \to \infty$ und $x \to -\infty$:
  $x \to \infty$: $f(x) \to 0$
  $x \to -\infty$: $f(x) \to -\infty$
  y-Achsenabschnitt: $f(0) = 5$; $A(0|5)$

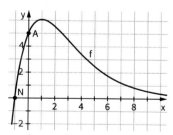

b)
- Wendepunkt des Graphen: $f'(x) = \left(\frac{5}{2} - \frac{5}{2}x\right) \cdot e^{-\frac{x}{2}}$; $f''(x) = \left(\frac{5}{4}x - \frac{15}{4}\right) \cdot e^{-\frac{x}{2}}$
  Nullstelle von f'': $x = 3$ einfache Nullstelle mit VZW
  $f(3) = 20 \cdot e^{-\frac{3}{2}}$, also $W\left(3 \Big| 20 \cdot e^{-\frac{3}{2}}\right)$

202

- Steigung der Wendetangente:

$m = f'(3) = -5 \cdot e^{-\frac{3}{2}}$

- Wendetangente:

$y = -5 e^{-\frac{3}{2}} \cdot x + c$

W liegt auf der Tangente, also $20 \cdot e^{-\frac{3}{2}} = -5 \cdot e^{-\frac{3}{2}} \cdot 3 + c$ somit $c = 35 \cdot e^{-\frac{3}{2}}$

Gleichung der Wendetangente: $y = -5 \cdot e^{-\frac{3}{2}} \cdot x + 35 \cdot e^{-\frac{3}{2}}$

c) $F(x) = -10 \cdot (x + 3) \cdot e^{-\frac{x}{2}}$

$F'(x) = -10 \left(1 \cdot e^{-\frac{x}{2}} + (x + 3) \cdot e^{-\frac{x}{2}} \cdot \left(-\frac{1}{2} \right) \right) = -10 \cdot e^{-\frac{x}{2}} \cdot \left(1 - \frac{1}{2}x - \frac{3}{2} \right)$

$= -10 \cdot e^{-\frac{x}{2}} \cdot \left(-\frac{1}{2}x - \frac{1}{2} \right) = 5 \cdot (x + 1) \cdot e^{-\frac{x}{2}} = f(x)$

d) $A = \int_{-1}^{0} f(x)\, dx = F(0) - F(-1) = -30 - (-20 \cdot \sqrt{e}) \approx 2{,}97$

3. a)

- Schnittpunkt mit der y-Achse: $f(0) = 0$, also $M(0|0)$
- Schnittpunkte mit der x-Achse (Nullstellen): $e^{2x} - 6 e^x + 5 = 0$

Substitution $e^x = u$

$u^2 - 6u + 5 = 0$, also $u_1 = 1$; $u_2 = 5$

Rücksubstitution: $e^x = 1$, also $x_1 = 0$

$e^x = 5$, also $x_2 = \ln(5) \approx 1{,}60949$

$N_1(0|0) = M$, $N_2(\ln(5)|0)$

- Extrempunkte: $f'(x) = 2 e^{2x} - 6 e^x$;

$f''(x) = 4 e^{2x} - 6 e^x$

Nullstellen von f': $2 \cdot e^x (e^x - 3) = 0$; $e^x \neq 0$

$x_3 = \ln(3) \approx 1{,}09861$

$f''(\ln(3)) = 18 > 0$, also $T(\ln(3)|-4)$

- Verhalten für $x \to \infty$ und $x \to -\infty$:

$x \to \infty$: $f(x) \to \infty$

$x \to -\infty$: $f(x) \to 5$

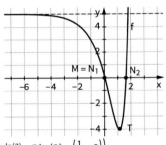

b) $A = -\int_{0}^{\ln(3)} f(x)\, dx = -\left[\frac{1}{2}e^{2x} - 6 e^x + 5x \right]_{0}^{\ln(3)} = -\left(\frac{1}{2}e^{2\ln(3)} - 6 e^{\ln(3)} + 5\ln(3) - \left(\frac{1}{2} - 6 \right) \right)$

$= -\left(5 \cdot \ln(3) - \frac{27}{2} - \left(-\frac{11}{2} \right) \right) = -\left(5\ln(3) - 8 \right) = 8 - 5\ln(3) \approx 2{,}5$

4. a) Schnitt der Graphen von f und g

$f(x) = g(x)$, also $(x - 1) \cdot e^{x+1} = e^{x+1}$

$(x - 1) \cdot e^{x+1} - e^{x+1} = 0$

$(x - 2) e^{x+1} = 0$

$x = 2$

$f(2) = e^3 \approx 20{,}1$, also $S(2|e^3)$

202

b) Die Parallele zur y-Achse hat die Gleichung
$x = u$ $(u < 2)$
Länge der ausgeschnittenen Strecke:
$d(u) = g(u) - f(u) = (2 - u) \cdot e^{u+1}$
$d'(u) = (1 - u) \cdot e^{u+1}$; $d''(u) = -u \cdot e^{u+1}$
Nullstelle von d': $u = 1$
$d''(1) = -e^2 < 0$
Die Strecke hat die maximale Länge für $u = 1$.

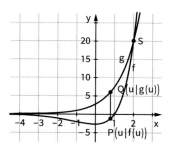

5. a) ■ Verhalten für $x \to \infty$ und $x \to -\infty$
Für $x \to \infty$ gilt: $f(x) \to 0$
Für $x \to -\infty$ gilt: $f(x) \to -\infty$
■ Hochpunkt des Graphen
$f'(x) = 10 \cdot (1 - x) \cdot e^{-x}$; $f''(x) = 10 \cdot (x - 2) \cdot e^{-x}$
Nullstelle von f': $x = 1$
$f''(1) = -10 \cdot e^{-1} < 0$, also Hochpunkt
$H\left(1 \middle| \dfrac{10}{e} \approx 3{,}7\right)$

Der Graph hat nur einen einzigen Extrempunkt,
nämlich den Hochpunkt $H(1 \mid \approx 3{,}7)$.
Aufgrund des Globalverhaltens liegt damit der
Graph unterhalb der Geraden $y = 4$.

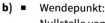

b) ■ Wendepunkt:
Nullstelle von f'': $x = 2$ einfache Nullstelle
mit VZW
$f(2) = \dfrac{20}{e^2}$, also Wendepunkt $W\left(2 \middle| \dfrac{20}{e^2}\right)$
■ Steigung der Wendetangente:
$m = f'(2) = -\dfrac{10}{e^2}$
■ Wendetangente: $y = -\dfrac{10}{e^2} \cdot x + c$
W liegt auf der Tangente: $\dfrac{20}{e^2} = -\dfrac{10}{e^2} \cdot 2 + c$, also
$c = \dfrac{40}{e^2}$
Gleichung der Wendetangente: $y = -\dfrac{10}{e^2} \cdot x + \dfrac{40}{e^2}$
■ Schnittpunkte der Tangente mit den Koordinatenachsen: $M\left(0 \middle| \dfrac{40}{e^2}\right)$; $N(4 \mid 0)$
$A = \dfrac{1}{2} \cdot 4 \cdot \dfrac{40}{e^2} = \dfrac{80}{e^2} \approx 10{,}8$

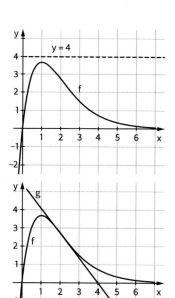

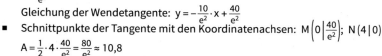

202

6. a) $f'(x) = 1 - e^{1-x};\ f''(x) = e^{1-x}$

Nullstelle von f': $x = 1$

$f''(1) = 1 > 0;\ f(1) = 2$

Der Graph von f hat einen Extrempunkt, nämlich den Tiefpunkt $T(1\,|\,2)$.

Die Gleichung $f''(x) = e^{1-x} = 0$ hat keine Lösung, somit hat der Graph keinen Wendepunkt.

b) $f(x) - x = e^{1-x} > 0$ für alle $x \in \mathbb{R}$.

Der Graph läuft somit immer oberhalb der 1. Winkelhalbierenden.

Für $x \to \infty$ gilt: $f(x) - x = e^{1-x} \to 0$

D. h. der Graph von f nähert sich immer mehr der 1. Winkelhalbierenden an.

c) $A(u) = \int_0^u \left(f(x) - x\right) dx = \int_0^u e^{1-x} dx = \left[-e^{1-x}\right]_0^u = e - e^{1-u}$

Für $u \to \infty$ gilt: $e^{1-u} \to 0$, also $A(u) \to e$

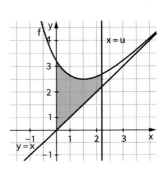

203

7. a) Korrektur der Aufgabenstellung in der 1. Auflage:

„**Bestimmen** Sie" ... statt „Berechnen Sie"

- Schnittpunkt mit der y-Achse: $f(0) = -0{,}0065 + 1{,}3 = 1{,}2935$, also $M(0\,|\,1{,}2935)$

Nullstelle: $f(x) = 0$

Bestimmung der Nullstelle von f mithilfe des GTR:

$N(\approx 17{,}66\,|\,0)$

(Hinweis: Der GTR gibt rechts statt $y = 0$ an: $y = 5{,}820766 \cdot 10^{-11}$)

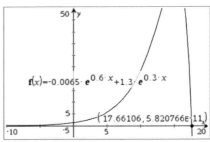

(Für die exakte Berechnung muss man Substitution anwenden: $e^{0,6x} = \left(e^{0,3x}\right)^2$

$0{,}0065\,e^{0,6x} + 1{,}3\,e^{0,3 \cdot x} = 0$

$0{,}0065\left(e^{0,3 \cdot x}\right)^2 + 1{,}3\,e^{0,3 \cdot x} = 0 \quad |:(-0{,}0065)$

$\left(e^{0,3 \cdot x}\right)^2 - 200\,e^{0,3 \cdot x} = 0$

$e^{0,3x} \cdot \left(e^{0,3 \cdot x} - 200\right) = 0$

$e^{0,3x} = 200$

$x = \dfrac{\ln(200)}{0{,}3} \approx 17{,}66)$

203

- Extrempunkte: $f'(x) = 0$
  Bestimmung der Nullstelle von f'
  mithilfe des GTR
  $f'(x) = -0,0039 \cdot e^{0,6x} + 0,39 \cdot e^{0,3x} = 0$
  $x \approx 15,35$
  $f''(x) = -0,00234 \cdot e^{0,6x} + 0,117 \cdot e^{0,3x}$
  $f''(15,35) \approx -11,7 < 0$, also Hochpunkt bei 15,35
  $f(15,35) \approx 65,0$, also Hochpunkt
  $H(\approx 15,35 \mid \approx 65)$

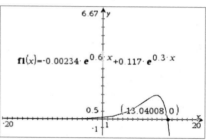

(Exakte Berechnung der Nullstelle von f': Wiederum mithilfe der Substitution
$e^{0,6x} = (e^{0,3x})^2$:

$$-0,0039 \cdot e^{0,6x} + 0,39\, e^{0,3x} = 0 \quad | \cdot \frac{1\,000}{39}$$
$$-e^{0,6x} + 100\, e^{0,3x} = 0$$
$$-(e^{0,3x})^2 + 100\, e^{0,3x} = 0$$
$$-e^{0,3x} \cdot (e^{0,3x} - 100) = 0$$
$$x = \frac{\ln(100)}{0,3} \approx 15,35)$$

- Wendepunkt: $f''(x) = 0$
  Bestimmung der Nullstelle von f''
  mithilfe des GTR:
  $x \approx 13,04$ einfache Nullstelle von
  f'' mit VZW, also Wendepunkt bei
  13,04.

  $f(13,04) \approx 48,75$, also Wendepunkt
  $W(\approx 13,04 \mid 48,75)$

(Exakte Berechnung der Nullstelle von f'': wiederum mithilfe der Substitution
$e^{0,6x} = (e^{0,3x})^2$:

$$-0,00234 \cdot e^{0,6x} + 0,117 \cdot e^{0,3x} = 0 \quad | \cdot \frac{100\,000}{117}$$
$$-2\, e^{0,6x} + 100 \cdot e^{0,3x} = 0$$
$$-e^{0,3x} \cdot (2\, e^{0,3x} - 100) = 0$$
$$x = \frac{\ln(50)}{0,3} \approx 13,04)$$

- Verhalten für $x \to \infty$ und $x \to -\infty$
  Für $x \to \infty$ gilt: $f(x) \to -\infty$
  Für $x \to -\infty$ gilt: $f(x) \to 0$

203

b) $A = \int_0^{17,7} f(x)\,dx \approx 428{,}95$

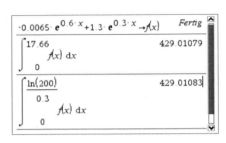

c) $f(0) \approx 1{,}3$

Es waren zum Zeitpunkt $t = 0$ ca. 1,3 Millionen Stechmückenlarven vorhanden.

d) Die Population wuchs am stärksten an der Wendestelle des Graphen, also etwa am 13. Tag. Die maximale Anzahl von Mückenlarven war an der Extremstelle des Graphen vorhanden, also nach ca. 15,35 Tagen.

Nach diesem Modell sind zum Zeitpunkt $t = 17{,}7$ alle Larven vernichtet.

8. a) ■ Schnittpunkte mit den Koordinatenachsen

$f(0) = 4$, also $M(0|4)$

$f(x) = 0$, also $x = -2$, $N(-2|0)$

■ Extrempunkte

$f'(x) = \left(-\frac{4}{3}x - \frac{2}{3}\right) \cdot e^{-\frac{2}{3}x}$, $f''(x) = \left(\frac{8}{9}x - \frac{8}{9}\right) \cdot e^{-\frac{2}{3}x}$

Nullstelle von f': $x = -\frac{1}{2}$

$f''\left(-\frac{1}{2}\right) = -\frac{4}{3} \cdot e^{\frac{1}{3}} < 0$; $f\left(-\frac{1}{2}\right) = 3 \cdot e^{\frac{1}{3}} \approx 4{,}2$; also Hochpunkt $H\left(-\frac{1}{2}\middle|3\,e^{\frac{1}{3}}\right)$

■ Wendepunkt

Nullstelle von f'': $x = 1$ einfache Nullstelle mit VZW

$f(1) = 6 \cdot e^{-\frac{2}{3}} \approx 3{,}1$

Wendepunkt $W\left(1\middle|6 \cdot e^{-\frac{2}{3}}\right)$

■ Verhalten für $x \to \infty$ und $x \to -\infty$

Für $x \to \infty$ gilt: $f(x) \to 0$

Für $x \to -\infty$ gilt: $f(x) \to -\infty$

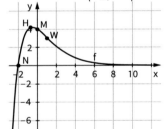

b) Die Höhe des Deichs ist der Funktionswert an der Extremstelle. Sie beträgt ca. 4,2 m.

Die Landseite ist der Teil des Graphen für $x < -\frac{1}{2}$, die Wasserseite der Teil für $x > -\frac{1}{2}$.

Für $-2 \le x < -\frac{1}{2}$ ist die maximale Steigung $f'(-2) \approx 7{,}6$.

Für $x > -\frac{1}{2}$ liegt das maximale Gefälle an der Wendestelle: $f'(1) \approx -1{,}0$

Der Deich muss auf der Wasserseite deutlich flacher sein, damit die Wellen nicht gegen die Deichwand prallen, sondern eher den Deich hinauflaufen können.

c) Querschnittsfläche:

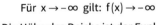

$A = \int_{-2}^{6} f(x)\,dx \approx 16{,}55$

$V = 16{,}55\,m^2 \cdot 100\,m = 1\,655\,m^3$

Der Deich hat auf einer Länge von 100 m ein Volumen ca. $1\,655\,m^3$.

203

d) ▪ Wir legen eine Gerade durch den Wendepunkt mit der Steigung $m = -0{,}3$.
Sie hat die Gleichung
$y = -0{,}3x + 3{,}4$

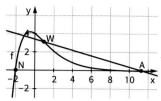

▪ Schnitt der Geraden mit der x-Achse: $-0{,}3x + 3{,}4 = 0$, also $x \approx 11{,}3$.
Der Deich ist nach der Aufschüttung ca. $2\,m + 11{,}3\,m$, also $13{,}3\,m$ breit.

9. a) $h'(x) = -a \cdot x \cdot e^{1-x}$; $h''(x) = a \cdot (x-1) \cdot e^{1-x}$
Nullstelle von h'': $x = 1$ einfache Nullstelle mit VZW
$h(1) = 2a$; wegen $h(1) = 6$ folgt $a = 3$
$h(x) = 3 \cdot (1+x) \cdot e^{1-x}$
Aus $h'(x) = 0$ folgt $x = 0$.
$h''(x) = -3e < 0$
$h(0) = 3e \approx 8{,}15$
Die Steilküste ist ca. $8{,}15\,m$ hoch.

b) Neue Höhe der Steilküste:
$0{,}9 \cdot 8{,}15\,m \approx 7{,}34\,m$
Der Graph der Funktion i hat den Hochpunkt $H(0\,|\,7{,}34)$
$i(x) = a \cdot (1+x) \cdot e^{1-x}$
mit $i(0) = 7{,}34$ erhält man $a \approx 2{,}70$
also $i(x) = 2{,}7 \cdot (1+x) \cdot e^{1-x}$

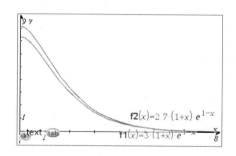

204

10. a) ▪ $f(-x) = \frac{1}{4} \cdot (e^{-x} + e^{-(-x)}) = \frac{1}{4}(e^{-x} + e^{x}) = f(x)$
Der Graph ist achsensymmetrisch zur y-Achse.

▪ Tiefpunkt:
$f'(x) = \frac{1}{4}(e^{x} - e^{-x})$; $f''(x) = \frac{1}{4}(e^{x} + e^{-x})$
Nullstelle von f': $x = 0$
$f''(0) = \frac{1}{2} > 0$; $f(0) = \frac{1}{2}$
Tiefpunkt $T\left(0\,\middle|\,\frac{1}{2}\right)$

▪ Tiefe des Kanals
$f(3) \approx 5{,}03$
$f(3) - \frac{1}{2} \approx 4{,}53$
Der Kanal ist ca. $4{,}53\,m$ tief.

204

b)
- Die Wasseroberfläche liegt auf der Geraden mit der Gleichung $y = 3,5$.
- Schnittstellen zwischen dem Graphen und der Geraden mit $y = 3,5$:
$x_1 \approx 2,63$; $x_2 \approx -2,63$

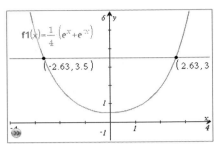

- Querschnittsfläche:
$$A = 2 \int_0^{2,63} (3,5 - f(x))\, dx \approx 11,51$$

- Wasservolumen:
$V \approx 11,51\, m^2 \cdot 100\, m = 1\,151\, m^3$
Das Wasservolumen beträgt ca. 1 151 m³.

c)
- Aus Symmetriegründen reicht es aus, die Gerade g_2 im 1. Quadranten zu betrachten. Sie geht durch die Punkte $P(1,5 \mid f(1,5))$ und $Q(3 \mid 4)$
Steigung von g_2: $m = \dfrac{4 - f(1,5)}{3 - 1,5} \approx 1,88$
- Gleichung von g_2: $y = 1,88 \cdot x + c$
Q liegt auf g_2, also $4 = 1,88 \cdot 3 + c$, somit $c \approx -1,64$
- Geradengleichungen:
g_2: $y = 1,88 \cdot x - 1,64$
g_1: $y = -1,88 \cdot x - 1,64$
- Querschnittsflächen:
$$A_1 = 2 \int_0^{1,5} (f(1,5) - f(x))\, dx \approx 1,40$$
Der zweite Teil der Querschnittsfläche ist ein Trapez mit der Höhe $h = 3,5 - f(1,5) \approx 2,32$ und den beiden parallelen Seiten $a = 3$ und b.
Für b gilt: $3,5 = 1,88 \cdot \dfrac{b}{2} - 1,64$, also $b \approx 5,47$
Trapezfläche: $A_2 = \dfrac{1}{2} \cdot 2,32 \cdot (3 + 5,47) \approx 9,83$
Gesamte Querschnittsfläche: $A_1 + A_2 \approx 11,23$
- Wasservolumen: $V = 11,23\, m^2 \cdot 100\, m = 1\,123\, m^3$
Das Wasservolumen beträgt jetzt 1 123 m³.

11. a) $f(0) = 1\,451$
Am ersten Tag wurden 1 451 Smartphones verkauft.
Durchschnittliche Verkaufszahlen in der ersten Woche:
$$\frac{f(1) + f(2) + f(3) + f(4) + f(5) + f(6) + f(7)}{7} \approx 1\,649$$

204

b) Am Graphen ermitteln wir den Hoch-
punkt H $(\approx 35,1 \,|\approx 3\,709)$
Die maximalen Verkaufszahlen wurden
am 35. Tag mit ca. 3 709 verkauften
Smartphones erreicht.

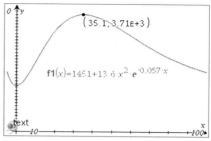

Die Zunahme war am größten an der
Wendestelle, die vor dem Hochpunkt
liegt.
$x \approx 10,3$
Die Zunahme war am 10. Tag am
größten.

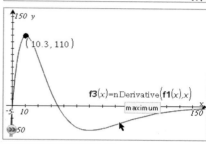

Wir schneiden den Graphen von f
mit der Geraden mit der Gleichung
$y = 2\,000$.
Schnittstellen: $x_1 \approx 8,0$; $x_2 \approx 94,8$
Im Zeitraum zwischen dem 8. und dem
95. Tag wurden mehr als 2 000 Smartphones täglich verkauft.

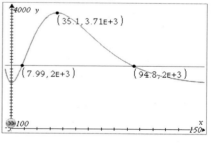

c) $\int\limits_{10}^{50} f(x)\,dx \approx 134\,444$

Diese Zahl gibt die Gesamtzahl der vom 10. bis zum 50. Tag verkauften
Smartphones an.

12. a) In den ersten beiden Tagen nimmt
der Algenbefall ab, danach steigt die
Konzentration ständig an.

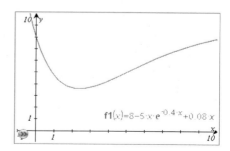

b) ■ $f(0) = 8$
Zu Beginn beträgt die Konzentration 8 g pro Liter.
■ Der Tiefpunkt des Graphen liegt an der Stelle $t \approx 1,7$.
Nach 1,7 Tagen war die Konzentration am niedrigsten.

204

- Schnitt des Graphen mit der Geraden $y = 8$:
  Schnittstelle $t \approx 10{,}3$
  Nach 10,3 Tagen ist die Konzentration wieder höher als zu Beginn.

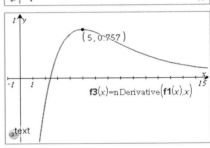

c) Die stärkste Zunahme liegt an der Wendestelle des Graphen.
   Dies ist die Stelle $t = 5$.

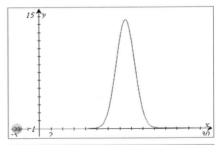

- $f'(t) = (2t - 5) \cdot e^{-0{,}4t} + 0{,}8 > 0$ für $t > 1{,}71$, d. h. f ist für $t > 1{,}71$ streng monoton wachsend.
  $f(14) \approx 18{,}9$ ist der höchste Wert während der ersten zwei Wochen.

13. a) Verhalten für $x \to \infty$ und $x \to -\infty$:
   Für $x \to \infty$: $f(x) \to 0$
   Für $x \to -\infty$: $f(x) \to 0$
   Extrempunkt: Hochpunkt $H(15 \,|\approx 13{,}6)$
   Wendepunkte:
   $W_1(\approx 13{,}4 \,|\, 8{,}1)$; $W_2(\approx 16{,}6 \,|\, 8{,}1)$

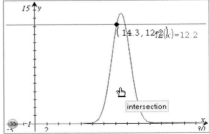

b) 90 % des Maximum: $0{,}9 \cdot 13{,}6 \approx 12{,}2$
   Schnitt des Graphen mit der Geraden $y = 12{,}2$
   Schnittstelle von dem Hochpunkt $x \approx 14{,}3$.
   Nach 14,3 h hat der Bestand erstmals 90 % des Maximums erreicht.

204

Der Bestand wächst am schnellsten an der Wendestelle mit positiver Steigung, also nach 13,4 h.

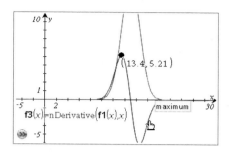

c) Gesucht ist der Zeitpunkt x_0, sodass gilt:
$f(x_0 + 1) = 2 \cdot f(x_0)$
Lösung mit dem GTR ergibt $x_0 \approx 12,8$
Der Bestand nach 13,8 Stunden ist etwa doppelt so groß wie der nach 12,8 Stunden.

$$5 \cdot e^{\frac{-1}{5} \cdot x^2 + 6 \cdot x - 44} \rightarrow f1(x) \qquad Done$$

$$nSolve(f1(x+1) = 2 \cdot f1(x), x) \qquad 12.7671$$

205

14.

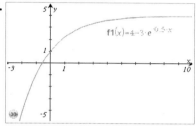

- Globalverlauf
  $f(x) \rightarrow -\infty$ für $x \rightarrow -\infty$
  $f(x) \rightarrow 4$ für $x \rightarrow \infty$
  Die Gerade $y = 4$ ist waagrechte Asymptote.
- Nullstelle
  $4 - 3e^{-0,5x} = 0$, also $x = 2 \cdot \ln\left(\frac{3}{4}\right) \approx -0,58$
- Extrempunkte
  $f'(x) = \frac{3}{2} \cdot e^{-0,5x} > 0$ für alle $x \in \mathbb{R}$
  keine Extrempunkte
- Wendepunkte
  $f''(x) = -\frac{3}{4} \cdot e^{-0,5x} < 0$ für alle $x \in \mathbb{R}$
  keine Wendepunkte
  $$A(u) = \int_0^u (4 - f(x))\, dx = [-6 \cdot e^{-0,5x}]_0^u = 6 - 6e^{-0,5u}$$
  $A(u) = 3$, also $u = -2 \cdot \ln\left(\frac{1}{2}\right) \approx 1,39$

b) $A(u) = 6 - 6e^{-0,5u} < 6$, da $6 \cdot e^{-0,5u} > 0$ für alle $u \in \mathbb{R}$

c) Es gilt: $h(0) = a - b - 1 = 1$
$\lim\limits_{t \rightarrow \infty} h(t) = a = 4$
Somit $a = 4$; $b = 2$
$h(t) = 4 - 2 \cdot e^{-0,5 \cdot t} - \frac{1}{t+1}$; $t \geq 0$
Gesucht ist t, sodass $h(t) = 3$, also $t \approx 2,15$

205

Nach ca. 2,15 Wochen hat die Pflanze 75 % ihrer Endhöhe erreicht.
Gesucht ist t, sodass $h'(t) = 0,1$; also $t \approx 5,2$
Etwa ab Mitte der 6. Woche kann geerntet werden.

15. a)

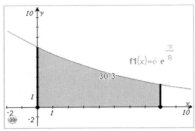

$$A = \int_0^8 f(x)\,dx = \left[-48\,e^{-\frac{1}{8}x}\right]_0^8 = 48 - 48 \cdot e^{-1} \approx 30,3$$

b) $V_1 = \pi \int_0^8 (f(x))^2\,dx = \pi \int_0^8 36\,e^{-\frac{1}{4}x}\,dx = \pi \cdot \left[-144 \cdot e^{-\frac{1}{4}x}\right]_0^8 = \pi(144 - 144 \cdot e^{-2}) \approx 391,2$

Der Innenraum hat ein Volumen von ca. 391 cm³.
$d = 2 \cdot f(8) = 12 \cdot e^{-1} \approx 4,4$
Der Durchmesser beträgt ca. 4,4 cm.

$$V(u) = \pi \cdot \int_0^u (f(x))^2\,dx = \pi \cdot \left[-144 \cdot e^{-\frac{1}{4}x}\right]_0^u = \left(144 - 144 \cdot e^{-\frac{1}{4}u}\right) \cdot \pi$$

Gesucht ist u, sodass $V(u) = 200$, also $u = -4 \cdot \ln\left(1 - \frac{25}{18\pi}\right) \approx 2,3$
Das Wasser steht ca. 2,3 cm hoch.

c) Es gilt: $g(x) = f(x) + 0,4$

$$V_2 = \pi \cdot \int_0^8 (g(x))^2\,dx \approx 471,4$$

Volumen der Vase
$V_{Vase} = V_2 - V_1 \approx 80,2$
$m = \varrho \cdot V_{Vase} = 2,5 \frac{g}{cm^3} \cdot 80,2\,cm^3 = 200,5$
Die Masse der Vase beträgt ca. 200 g.

16. a) Nullstellen:
$(x^2 + t - 1) \cdot e^x = 0$, also $x^2 = 1 - t$
$x_{1,2} = \pm\sqrt{1 - t}$
keine Nullstellen, falls $t > 1$
eine Nullstelle $x = 0$, falls $t = 1$
zwei Nullstellen, falls $t < 1$
Schnittstellen der Funktionen f_{t_1} und f_{t_2} $(t_1 \neq t_2)$:
$(x^2 + t_1 - 1)e^x = (x^2 + t_2 - 1) \cdot e^x$, also $e^x(t_1 - t_2) = 0$ keine Lösung
Es gibt keine Funktionen der Schar, deren Graphen sich schneiden.

b) $f'_t(x) = (x^2 + 2x + t - 1) \cdot e^x$
$f'_t(x) = 0$, also $x^2 + 2x + t - 1 = 0$
mit den Lösungen
$x_1 = -1 + \sqrt{2 - t}$; $x_2 = -1 - \sqrt{2 - t}$

205

keine Punkte mit waagerechter Tangente, falls $t > 2$

ein Punkt mit waagerechter Tangente, falls $t = 2$

zwei Punkte mit waagerechter Tangente, falls $t < 2$

Ortslinie der Punkte mit waagerechter Tangente:

- $f_t\left(-1 + \sqrt{2-t}\right) = \left(2 - 2\sqrt{2-t}\right) \cdot e^{-1+\sqrt{2-t}}$

  $x = -1 + \sqrt{2-t}$, also $t = -x^2 - 2x + 1$, $x \geq -1$

  $y = \left(2 - 2\sqrt{2-t}\right) \cdot e^{-1+\sqrt{2-t}} = \left(2 - 2 \cdot (x+1)\right) \cdot e^{-1+x+1}$

  $y = -2x \cdot e^x$, $x \geq -1$

- $f_t\left(-1 - \sqrt{2-t}\right) = \left(2 + 2\sqrt{2-t}\right) \cdot e^{-1-\sqrt{2-t}}$

  $x = -1 - \sqrt{2-t}$, also $\sqrt{2-t} = -x - 1$, $x \leq -1$

  $y = \left(2 + 2\sqrt{2-t}\right) \cdot e^{-1-\sqrt{2-t}} = \left(2 + 2(-x-1)\right) \cdot e^{-1-(-x-1)}$

  $y = -2x \cdot e^x$; $x \leq -1$

Die Punkte mit waagerechter Tangente liegen auf dem Graphen der Funktion mit der Gleichung $y = -2x \cdot e^x$

206   **17. a)** $f_t'(x) = \frac{1}{t} \cdot (-x - t + 1) \cdot e^{t-x}$

Schnittpunkte der Graphen von f_t und f_t': $\left(\frac{x}{t} + 1\right) \cdot e^{t-x} = \left(-\frac{x}{t} - 1 + \frac{1}{t}\right) \cdot e^{t-x}$, also

$e^{t-x}\left(\frac{x}{t} + 1 + \frac{x}{t} + 1 - \frac{1}{t}\right) = 0$ bzw. $x = \frac{1}{2} - t$

$f_t\left(\frac{1}{2} - t\right) = \dfrac{e^{2t-\frac{1}{2}}}{2t}$

Für jeden Wert von $t > 0$ haben die Graphen von f_t und f_t' genau einen Punkt, nämlich

$S_t\left(\frac{1}{2} - t \left| \dfrac{e^{2t-\frac{1}{2}}}{2t}\right.\right)$ gemeinsam.

b)

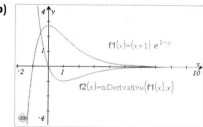

$s(t) = f_t(1) - f_t'(1) = \left(2 + \frac{1}{t}\right) \cdot e^{t-1}$

$s'(t) = \left(2 + \frac{1}{t} - \frac{1}{t^2}\right) \cdot e^{t-1}$

$s''(t) = \left(2 + \frac{1}{t} - \frac{2}{t^2} + \frac{2}{t^3}\right) \cdot e^{t-1}$

s' hat die Nullstellen $t = -1$ oder $t = \frac{1}{2}$

Wegen $t > 0$ kommt nur $t = \frac{1}{2}$ in Frage.

$s''\left(\frac{1}{2}\right) = 12 \cdot e^{-\frac{1}{2}} > 0$

Die Länge dieser Strecke ist für $t = \frac{1}{2}$ am kleinsten.

18. a)   ■   Nullstellen

$e^{2x} - 4t e^x + 3t^2 = 0$

Lösung mithilfe der Substitutionen $e^x = z$

Also $z^2 - 4t \cdot z + 3t^2 = 0$, somit $z_1 = 3t$; $z_2 = t$

206

Rücksubstitution:

$e^x = 3t; \ x = \ln(3t)$

$e^x = t; \ x = \ln(t)$

keine Nullstellen, falls $t \le 0$

zwei Nullstellen; falls $t > 0$

- Extremstellen

  $f_t'(x) = 2 \cdot e^{2x} - 4t \cdot e^x = 2e^x \cdot (e^x - 2t)$

  f_t' hat die Nullstelle $x = \ln(2t)$

  $f_t''(x) = 4e^x - 4te^x; \ f_t''(\ln(2t)) = 8t^2 > 0$

  eine Extremstelle, falls $t > 0$

  keine Extremstelle, falls $t \le 0$

  Es muss gelten: $\ln(t) < 0$, also $0 < t < 1$

  $\ln(3t) > 0$, also $t > \frac{1}{3}$

  Für $\frac{1}{3} < t < 1$ gibt es eine negative und eine positive Nullstelle.

b) $f_1(x) = e^{2x} - 4e^x + 3$

$f_{-1}(x) = e^{2x} + 4e^x + 3$

$f_1(x) = e^{2x} - 4e^x + 3 < e^{2x} - 4e^x + 3 + 8e^x$, da $8e^x > 0$

$e^{2x} - 4e^x + 3 + 8e^x = e^{2x} + 4e^x + 3 = f_{-1}(x)$

Also gilt: $f_1(x) < f_{-1}(x)$ für alle $x \in \mathbb{R}$

Der Graph von f_{-1} liegt immer oberhalb des Graphen von f_1.

c) $A(u) = \int\limits_u^0 (f_{-1}(x) - f_1(x)) \, dx = \int\limits_u^0 8e^x \, dx = 8 - 8e^u < 8$

$\lim\limits_{u \to -\infty} A(u) = 8$

Diese Fläche hat für jeden Wert von u einen endlichen Inhalt.

19. a) $f_k(x) \to 0$ für $x \to \infty$, falls $k < 0$

$f_k(x) \to 0$ für $x \to -\infty$, falls $k > 0$

$f_0(x) = 1$

Also gilt: rot: $k = 1$; gelb: $k = -2$

blau: $k = 0$; violett: $k = 1$; grün: $k = 2$

b) Zu den Graphen von b) gehört die Funktionenschar mit $f_k(x) = (x^2 - k) \cdot e^x$

Nullstellen $x_1 = -\sqrt{k}; \ x_2 = \sqrt{k}$, falls $k > 0$

keine Nullstellen für $k < 0$

eine Nullstelle $x = 0$ für $k = 0$

Also gilt:

$k = -1$ gelb $\left(\text{Schnittpunkt mit der y-Achse } M(0|1)\right)$

$k = -2$ grün $\left(\text{Schnittpunkt mit der y-Achse } M(0|2)\right)$

$k = 0$ violett

$k = 1$ rot

$k = 2$ blau

c) Zu den Graphen von c) gehört die Funktionenschar mit $f_k(x) = (x - k) \cdot e^x$

Nullstelle von f_k: $x = k$

Also gilt:

$k = -2$ grün; $k = -1$ gelb

$k = 0$ violett; $k = 1$ rot

$k = 2$ blau

206

d) Nullstellen von f_k

$x_1 = 0;\ x_2 = k$

Also gilt:

$k = -2$ grün; $k = -1$ gelb

$k = 0$ violett; $k = 1$ rot; $k = 2$ blau

20. a) Nullstelle von f_t: $x = -t$; $N_t(-t\,|\,0)$

Ableitungen:

$f_t'(x) = \left(-\frac{x}{t} - 1 + \frac{1}{t}\right) \cdot e^{t-x}$

$f_t''(x) = \left(\frac{x}{t} + 1 - \frac{2}{t}\right) \cdot e^{t-x}$

f_t'' hat die einfache Nullstelle $x = 2 - t$ mit einem Vorzeichenwechsel.

$f_t(2-t) = \frac{2}{t} \cdot e^{2t-2}$, also $W_t\left(2-t\,\Big|\,\frac{2}{t}e^{2t-2}\right)$

$m = f_t'(2-t) = -\frac{1}{t}e^{2t-2}$

$y = -\frac{1}{t}e^{2t-2} \cdot x + c$, also $\frac{2}{t} \cdot e^{2t-2} = -\frac{1}{t}e^{2t-2} \cdot (2-t) + c$, somit $c = \left(\frac{4}{t} - 1\right) \cdot e^{2t-2}$

Wendetangente:

$y = -\frac{1}{t} \cdot e^{2t-2} \cdot x + \left(\frac{4}{t} - 1\right) \cdot e^{2t-t}$

Schnittpunkt der Wendetangente mit der x-Achse $-\frac{1}{t} \cdot e^{2t-2} \cdot x + \left(\frac{4}{t} - 1\right) \cdot e^{2t-2} = 0$, also

$x = 4 - t$ $S_t(4-t\,|\,0)$

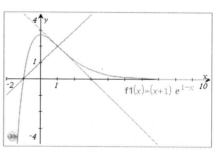

W_t liegt auf der Mittelsenkrechten der Strecke $N_t S_t$, damit ist das Dreieck auf jeden Fall gleichschenklig.

Seitenlänge des Dreiecks $N_t S_t W_t$:

$|N_t S_t| = 4 - t - (-t) = 4$

$|N_t W_t| = \sqrt{(2-t+t)^2 + \left(\frac{2}{t} \cdot e^{2t-2} - 0\right)^2}$

$\qquad\quad = \sqrt{4 + \frac{4}{t^2} \cdot e^{4t-4}} \neq 4$

Das Dreieck ist nicht gleichseitig.

b) Steigung der Geraden $N_t W_t$:

$m_2 = \dfrac{\frac{2}{t} \cdot e^{2t-2}}{2 - t - (-t)} = \frac{1}{t} \cdot e^{2t-2}$

Das Dreieck ist rechtwinklig, falls der Winkel an der Spitze bei W_t 90°. beträgt.

Also: $\frac{1}{t} \cdot e^{2t-2} \cdot \left(-\frac{1}{t} \cdot e^{2t-2}\right) = -1$ somit

$\frac{1}{t} \cdot e^{2t-2} = 1$

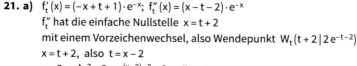

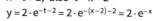

mit den Lösungen $t_1 = 1$; $t_2 \approx 0{,}203$

Für $t = 1$ oder für $t \approx 0{,}203$ ist das Dreieck rechtwinklig (und gleichschenklig).

21. a) $f_t'(x) = (-x + t + 1) \cdot e^{-x}$; $f_t''(x) = (x - t - 2) \cdot e^{-x}$

f_t'' hat die einfache Nullstelle $x = t + 2$

mit einem Vorzeichenwechsel, also Wendepunkt $W_t(t+2\,|\,2\,e^{-t-2})$

$x = t + 2$, also $t = x - 2$

$y = 2 \cdot e^{-t-2} = 2 \cdot e^{-(x-2)-2} = 2 \cdot e^{-x}$

206

Die Ortslinie der Wendepunkte hat die Gleichung $y = 2 \cdot e^{-x}$.
Gemeinsame Punkte von f_{t_1} und f_{t_2} $(t_1 \neq t_2)$:
$(x - t_1) \cdot e^{-x} = (x - t_2) \cdot e^{-x}$, also $(t_2 - t_1) \cdot e^{-x} = 0$
Diese Gleichung hat keine Lösung.

b) $V = \pi \cdot \int_0^3 \left(f_{-3}(x) \right)^2 \, dx \approx 19{,}47$

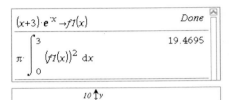

c) Die Spitze des Kegels liegt im Punkt
$S(3 \mid 0)$.
Wir suchen einen Punkt $B(u \mid f(u))$,
$0 < u < 3$, so dass die Tangente in B
durch S geht.
$B\left(u \mid (u+3)\, e^{-u} \right)$;
$m = f'_{-3}(u) = (-u - 2) \cdot e^{-u}$
$y = (-u - 2) \cdot e^{-u} \cdot x + c$
B liegt auf der Tangente, also
$(u + 3) \cdot e^{-u} = (-u - 2) \cdot e^{-u} \cdot u + c$, somit
$c = (u^2 + 3u + 3) \cdot e^{-u}$
Tangente: $y = (-u - 2) \cdot e^{-u} \cdot x + (u^2 + 3u + 3) \cdot e^{-u}$
$S(3 \mid 0)$ liegt auf der Tangente, also
$0 = (-u - 2) \cdot e^{-u} \cdot 3 + (u^2 + 3u + 3) \cdot e^{-u}$ also $0 = (u^2 - 3) \cdot e^{-u}$ mit den Lösungen
$u_1 = -\sqrt{3}$; $u_2 = \sqrt{3}$
Wegen $0 < u < 3$ kommt nur $u = \sqrt{3}$ in Frage.
$B\left(\sqrt{3} \mid \sqrt{3} + 3) e^{-\sqrt{3}} \right)$
y-Achsenabschnitt der Tangente
$c = (u^2 + 3u + 3) \cdot e^{-4} = \left(3\sqrt{3} + 6 \right) \cdot e^{-\sqrt{3}} \approx 1{,}98$
Der Grundkreisradius des Kegels beträgt ca. 2 LE.

Bildquellen:

|Avenue Images GmbH, Hamburg: Peter Eberts/agefotostock Titel. |Brinkmann, Sibylle, Espenau: 75, 76.

Wir arbeiten sehr sorgfältig daran, für alle verwendeten Abbildungen die Rechteinhaberinnen und Rechteinhaber zu ermitteln. Sollte uns dies im Einzelfall nicht vollständig gelungen sein, werden berechtigte Ansprüche selbstverständlich im Rahmen der üblichen Vereinbarungen abgegolten.